中国科协
十年优秀工作案例

中国科学技术协会　主编

中国科学技术出版社
·北　京·

图书在版编目（CIP）数据

中国科协十年优秀工作案例 / 中国科学技术协会主
编 . —北京：中国科学技术出版社，2022.12
ISBN 978-7-5046-9891-9

Ⅰ. ①中… Ⅱ. ①中… Ⅲ. ①中国科学技术协会－工
作－案例 Ⅳ. ① G322.25

中国版本图书馆 CIP 数据核字（2022）第 247649 号

责任编辑	赵　佳	
封面设计	中文天地	
正文设计	中文天地	
责任校对	焦　宁	
责任印制	李晓霖	

出　　版	中国科学技术出版社	
发　　行	中国科学技术出版社有限公司发行部	
地　　址	北京市海淀区中关村南大街 16 号	
邮　　编	100081	
发行电话	010-62173865	
传　　真	010-62173081	
网　　址	http://www.cspbooks.com.cn	

开　　本	787mm×1092mm　1/16
字　　数	540 千字
印　　张	29.5
版　　次	2022 年 12 月第 1 版
印　　次	2022 年 12 月第 1 次印刷
印　　刷	河北鑫兆源印刷有限公司
书　　号	ISBN 978-7-5046-9891-9 / G·995
定　　价	128.00 元

序 言

科技立则民族立，科技强则国家强。从党的十八大到党的二十大，十载开拓，十载奋进，十载辉煌，以习近平同志为核心的党中央领导下的科技事业走过光辉历程。

十年来，中国科协以习近平新时代中国特色社会主义思想为指导，切实履行"四服务"职责定位，积极发挥"桥梁纽带"作用，守正创新、开拓奋进，团结引领广大科技工作者加快建设科技强国，为实现高水平科技自立自强作出新的贡献。

为全面展现党的十八大以来科协系统的工作成果，中国科协面向全国学会、地方科协、高校科协、企业科协、中国科协机关及直属单位开展优秀工作案例征集选树活动，从各单位推荐的 590 个案例中遴选出 111 个优秀案例编撰成册，旨在树立新时代科协组织新形象，为实现高水平科技自立自强积累科协智慧，汇聚磅礴力量。

大力弘扬科学家精神，为实现科技自立自强提供精神动力；构筑高水平学术交流平台，着眼提升国家创新体系整体效能；扩大组织覆盖和工作覆盖，强化基层科协组织建设，一个个鲜活的案例从不同侧面展现了科协系统助力创新驱动发展、实现高水平科技自立自强的价值追求。

从"时代精神耀香江主题展"，到"老科学家学术成长资料采集工程"，再到"科普中国平台建设"和"科技会堂论坛"，我们看到的是科协组织创造的可喜成绩，这些案例是科协系统十年成绩的折射，也是科协工作者使命和初心的生动见证。

从"新型冠状病毒肺炎科研成果学术交流平台"，到"建立'一带一路'国际护理交流机制，提升国际影响力"，再到"国家重点实验室科技创新联合体"，我们看到的是全国学会发挥专业优势，在各自行业领域树立起更多标杆、品牌的不懈努力。

从"'社区书院'打造家门口的科普生态圈"，到"打造企业科协联合会，助力老工业基地转型升级"，再到"兰考县'一懂两爱'科技志愿服务"，我们看到的是各省区市科协创新性开展工作，组织科技工作者助力地方经济社会发展的务实成果。

十年砥砺奋进、十年初心如磐，111 个优秀典型案例既是科协系统工作的标杆，也是今后科协工作互相借鉴、共同努力的起点。

习近平总书记在党的二十大报告中强调，"必须坚持科技是第一生产力、人才是第一资源、创新是第一动力，深入实施科教兴国战略、人才强国战略、创新驱动发展战略，开辟发展新领域新赛道，不断塑造发展新动能新优势"。

习近平总书记的重要讲话精神，激发着每一位科技工作者奋勇向前的力量，也为科协组织进一步团结带领广大科技人才立足新时代、奋进新征程指明了前进方向。

新征程的蓝图已绘就，中国科协将更广泛地把广大科技工作者团结在以习近平同志为核心的党中央周围，以更加丰硕的科技成果报效国家、服务人民，向着实现第二个百年奋斗目标的宏伟蓝图不断前进！

中国科协党组书记、分管日常工作副主席、书记处第一书记

张玉卓

2022 年 12 月

目 录
CONTENTS

五、服务政府决策咨询 ······································ **211**

一、
加强思想政治引领

立根铸魂　夯实党建之基

中国自动化学会

中国自动化学会是发展我国自动化、信息与智能科技事业的重要社会力量。自 2017 年正式成立中国自动化学会党委以来，学会不断夯实党建基础，创新工作机制，始终坚持以党建促学会为宗旨，以服务广大科技工作者为己任，推动自动化、信息与智能科学技术的不断发展。

在多年努力下，学会党建工作得到了中国科协党委的充分肯定，连续 10 年荣获党建强会项目"优秀组织奖"，于 2018 年荣获全国学会"星级党组织"称号（八星级），并在建党百年之际被中国科协评为"2018—2020 年度中国科协党建工作先进学会"。

完善制度　形成长效工作机制

学会自成立以来始终坚持党建引领，不断增强全面从严治党的政治自觉：构建以"理事会党委－办事机构党支部－分支机构党的工作小组"为一体的三级学会党组织体系。

经由中国科协科技社团党委批复，学会于 2017 年正式成立中国自动化学会党委，由理事长郑南宁担任党委书记，并按照学会客观情况进行具体分工，保证学会各项工作的有序健康开展；在学会办事机构层面，中国自动化学会秘书处党支部于 2010 年 1 月成立，属于单独成立的基层党组织；在分支机构党的工作小组层面，中国自动化学会贯彻落实中国科协科技社团党委关于学会党组织建设的相关要求，提出《关于分支机构党小组"两个全覆盖"工作指导意见》，秉承应建尽建原则，进一步催建分支机构成立党的工作小组，实现分支机构党的工作小组覆盖率达 60% 以上。

2017 年中国自动化学会成立理事会功能型党委

　　学会党委成立后，加强制度建设，建立议事规则，严格执行学会理事会党委"三重一大"前置审议程序，强化"两单"落实，筑牢意识形态阵地，不断推动学会从严治党向纵深发展，切实发挥党组织的政治引领作用和战斗堡垒作用。

　　中国自动化学会始终将加强党员思想建设放在重要日程，不断"优结构、提水平"，努力建设一支肯干事、能干事、干成事的党员队伍。以党的政治建设为统领，不断加强思想建设，建立学会理事长、知名科学家讲党课常态化机制，邀请国务院国资委研究中心黄日涵研究员、中央党校中共党史教研部祝彦教授、厦门大学马克思主义学院副院长原宗丽教授作报告；开展"不忘初心，牢记使命"、学习贯彻党的二十大精神、习近平总书记在历次中央经济工作会议上的重要讲话精神等专项政治学习活动，用党的创新理论指导学会发展实践。

　　学会理事会党委充分发挥政治保障作用，参与学会"三重一大"事项研究，保障学会的正确政治方向。在建党 100 周年之际，组织召开党史学习教育动员会，积极开展学会党史学习教育动员部署工作；在党的二十大召开之际，广泛征集感想感悟，组织召开"党的二十大精神宣讲报告会"，通过不断增强党委自身建设，切实在学会的建设中发挥政治核心、思想引领和组织保障作用。

　　学会围绕"学党章党规、做合格党员"开展主题党日活动，以线上线下形式学

中国自动化学会开展系列专项政治学习

习《中国共产党章程》；以"重温入党志愿、传承革命精神"为主题，联合开展双融双聚党日活动；参观"伟大的变革——庆祝改革开放 40 周年大型展览"，了解改革开放 40 周年历史变迁与巨大成就；深入学习贯彻党的十九大精神，并在中国科协科技社团党委组织的知识问答中荣获优秀组织奖；参观中国共产党"进京赶考"第一站——双清别墅、爱国主义教育基地——颐和园耕织图水操学堂、卢沟桥、中国共产党历史展览馆、圆明园等，重温红色情怀，传承红色精神；组织开展"学党史续会史线上答题活动"，贯彻落实习近平总书记在党史学习教育动员大会上的讲话精神；开展"阅读红色书籍，传承革命精神"的读书交流会，营造浓厚的红色读书氛围，强化学会党员"不忘初心，牢记使命"的担当意识。

以党建促会建　筑牢党建强会主阵地

学会党支部自 2012 年至今连续 10 年积极承担中国科协党建强会计划。中国自动化学会党员先锋队足迹遍布全国，南至云南省红河州弥勒市第三中学、五山乡中心学校，北入北京市昌平区延寿镇黑山寨村党支部，西抵陕西省榆林市横山县武镇中心小学，东至浙江省宁波市修人学校、宁波市江北新城外国语学校，用妙趣横生的科普报告、生动形象的实践操作、活灵活现的现场展示等形式，为地方学生普及了自动化学科知识，为他们带去了自动化之光。

根植社会责任，学会切实开展"科技精准扶贫"系列活动。在云南、贵州、甘肃、山西等全国 20 多个省（自治区、直辖市），走访 30 多所中小学校，建立 20 多所智航助学助教基地、2 座爱心图书馆、10 多所智慧教育实验基地，专项设立助学金、奖学金，全面推进智航助学助教工作，开展智能基础教育、青少年心理健康教育师资网络培训等，普及科技新知，助力乡村振兴，打通科普工作"最后一公里"，作为唯一一个国家级学会，入选国务院扶贫办扶贫司公示的"社会组织扶贫 50 佳案例"名单。

价值引领　传承老一辈科学家精神

疫情伊始，中国自动化学会发布《坚决打赢新型冠状病毒肺炎疫情阻击战——致中国自动化学会全体党员会员的公开信》，确保党中央重大决策部署贯彻落实，让党旗在疫情防控斗争第一线高高飘扬。

中国自动化学会坚守诚信自律，引领学术生态建设，制定《中国自动化学会学术道德规范（试行）》，使用"科技期刊学术不端文献检测系统"，维护期刊学术声誉；尤其是面对"IEEE 审稿门"事件，学会第一时间向国际学术界发声，恪守科研诚信，筑牢意识形态阵地。

科学成就离不开精神支撑，科学家精神是科技工作者在长期科学实践中积累的宝贵精神财富。秉承尊重历史、以史为鉴、弘扬传承的理念，中国自动化学会于2015 年特别打造"口述历史"系列访谈栏目，深度采访"七一勋章获得者"百岁院士陆元九等与学会建设和学科发展息息相关的老一辈科学家，以科学家精神引领时代风尚。

同时，中国自动化学会依托学会通讯、网站、微信、微博等平台，打造"互联网＋党建"文化品牌，及时传达落实党中央精神，引导科技工作者筑牢意识形态阵地。一方面，学会充分发挥纸媒传统优势，在学会通讯中开辟"党建强会"和"形势通报"专栏，集中学习传达党中央与中国科协文件精神；另一方面，充分利用新媒体宣传工具，变被动宣传为主动宣传，大力提高党建宣传工作的针对性和时效性。

我国自动化科学技术开拓者、
"七一勋章"获得者
陆元九院士

我国智能控制论与
人工智能专家
戴汝为院士

我国互联网专家
胡启恒院士

我国控制理论专家
黄琳院士

我国信号处理与
智能控制专家
李衍达院士

我国控制理论专家
陈翰馥院士

我国自动控制专家
吴澄院士

我国工业自动化专家
孙优贤院士

中国自动化学会持续开展"口述历史"系列活动

点评

　　中国自动化学会突出政治引领，多年来充分团结广大科技工作者，不断创新党建工作机制，以"党建＋服务"不断增强学会组织凝聚力，推动学会从严治党向纵深发展，建设有温度的科技工作者之家。

党建引领　劳模先行

中国国土经济学会

　　人民创造历史，劳动开创未来。劳动模范始终是我国工人阶级中一个闪光的群体，享有崇高声誉，备受人民尊敬。

　　在推动乡村振兴，全面建设社会主义现代化国家新征程的关键时期，从 2019 年起，中国国土经济学会（以下简称学会）发挥优势，精心打造乡村振兴发展模式，搭建乡村振兴合作平台，高质量服务于乡村振兴。

　　全国劳模九村合作会议，正是学会发扬劳模精神，助力乡村振兴的典型案例。

合作交流　个体变群体

　　"劳模九村"的各个成员都是各地的先进村、明星村，都具有良好的产业基础，村庄带头人都是国家级或者省级的劳动模范，在地方上也具有一定的影响力。

　　但在乡村全面振兴的道路上，单个村发展上遇到了各自瓶颈，需要借助外界的力量，做到村与村之间的资源互补、经验共享。学会在服务乡村发展的过程中，也一直在探索"村际合作"这样一种全新的区域合作组织形式。作为一种创新的村庄组织模式，这种新型合作体在实践中摸索前行。

　　2019 年，在学会的牵头组织下，来自全国 8 个省、市的 9 个劳模村聚集在山东莒县陵阳街村，举行首届"全国劳模九村代表合作会议"，致力于通过创建合作平台、资源共享平台、互动交流平台，推动村级人才队伍建设，共同推进乡村经济和文化产业发展。

　　合作的目标包括扩大知名度和影响力，借助外力实现产业提升，联合抵御产业风险等。首届会议确立了合作组织的轮值制度，约定每年在一个成员村召开一次正式会议的形式，形成了发挥党建引领、九村基层组织结对助力乡村振兴发展新模式的共识。

2020 年，学会主办的全国劳模九村合作会议第二次联席会议在重庆市高新区白市驿镇海龙村举行，形成了"全国劳模 9+9"的合作机制，新的劳模"村官"的加入，壮大了全国劳模这个巨大的荣誉品牌，使劳模合作的群体效应不断增强，形成了通过打造乡村特色农产品线上线下平台和劳模合作产业园形成实质性集体的共识。

2021 年 3 月，科创中国·乡村振兴联合体（以下简称联合体）正式成立。同年 6 月，由学会和联合体共同主办的 2021"劳模九村 +"合作会议在山西省大同市杨家窑村召开，"劳模九村 +"合作会议成员整体列入科创中国乡村振兴联合体共建单位。

"劳模九村 +"合作会议与会人员听取杨家窑村小学生讲解村史和红色教育学习

在建党 100 周年之际，党建引领成为会议的突出主题，学会将宣讲和弘扬劳模精神、"三牛"精神，讲好劳模故事，将劳模精神、"三牛"精神作为一项党史重温学习讲读重要内容，并且在乡村振兴实践中发扬光大。

共享共赢　协同发展

"劳模九村 +"作为一个以劳模为主题的合作平台，既为劳模村自身提升发展提供舞台，也为全国的乡村振兴提供经验。经过学会三年的协同助力，"党建引领　支部共建劳模九村+"已经成为一个具有标志性的乡村振兴服务品牌。

"劳模九村+"合作机制最大的亮点，在于凸显了一个"+"号。从第一届会议的9个村，到第二次会议的18个村，再到本次会议的27个村，未来平台既可以与更多的劳模村、先进村、文明村、特色村相"+"，还可以与乡村振兴战略实施进程中各种各样的资源与要素相"+"，更可以与各种高端智库、高端学（协）会、各种专家资源和政策信息相"+"，形成政策、信息、技术、人才、产业、项目、资金等的汇聚平台，打造三农领域产学研创新深度融合的新机制、新样板。

"党建引领　支部共建劳模九村+"需要落到实处。通过签订共建协议，学会以党建为引领，进一步利用科研平台、利用联合体专家资源，务实服务"劳模九村+"合作成员。

学会长期服务于合作组织成员单位山西长治振兴村，早在2011年就签署党支部共建协议。多年来，通过策划设计、文化赋能、招商引资等方式，学会先后帮助振兴村建设农民讲习所和党建初心园，深化以党建为引领的乡村发展。特别是2017年，学会向振兴村党员代表赠阅了《长治县振兴新区振兴村学习十九大金句365条手册》，创新了学习形式，形成了党建引领乡村发展的热潮。

受益于"劳模九村+"合作组织的平台助力，成员村庄的合作不断，结出硕果。在组织成员帮助下，湖南怀化楠木桥村先后建成了"1+8"扶贫产业园、返乡农民工创业园、大学生村官产业园，形成了规模化农业发展，并带动周边村庄的发展；贵州铜仁鱼良溪村地处国家级自然保护区梵净山境内，生态环境十分优良，平台组织成员深入考察，帮助村里整合生态农业资源，打造了总面积10万亩的鱼良溪农业公园，建成了一个集高科技农业聚集区、农旅结合示范区、现代农业体验区等于一体的休闲旅游度假区。

党建引领　弘扬劳模精神

2010年，在中国科协科技社团党委的坚强领导和帮助下，学会成立了党支部，同年启动并组织实施了党支部共建工程。通过与会员单位基层党组织的共建发展，强化党支部的战斗堡垒作用和党建引领作用，全面推动学会工作。

2018年11月，学会举办党建论坛助力乡村振兴，邀请了10个省的16个基层党支部书记、部分宣传、组织部门的负责同志参加。党建论坛后，共建单位增加到了 19 个，覆盖全国 12 个省、市。

以"劳模九村+"合作组织为平台，学会将为劳模村庄二次创业打基础、搭平台、形合力，为全国乡村振兴出模式、出实践、出经验。中国国土经济学会将持续以党建服务为平台，以弘扬劳模精神为抓手，把新时代践行绿色、低碳、循环、生态发展理念和弘扬劳模精神和科技自立自强相结合，为我国生态环境保护和实现美丽中国梦以及乡村振兴共同富裕贡献力量。

点评

党建引领"劳模九村+"是学会党建工作的新举措。劳模精神反映劳动模范在生产实践中的职业素养、职业能力、职业品质，弘扬劳模精神强调用劳模的先进思想、模范行动影响和带动全社会。"劳模九村+"的劳模成员都来自乡村，弘扬劳模精神对引领人民坚信劳动致富，加强责任担当，体现人生价值，助力乡村振兴，实现中华民族伟大复兴中国梦具有重要意义。

让爱国主义和时代精神闪耀香江

中国科协宣传文化部

中国科协会同有关部门组织赴港举办"时代精神耀香江"之百年中国科学家主题展，旨在增进国家认同，更好争取人心回归。展览用 310 多张图片、近百件套实物，讲述 160 余位科学家故事，在香港各界特别是青少年中产生强烈反响，弘扬科学家精神成为香港与内地思想认同、情感认同、精神认同的共同话题。

把握时机　服务大局

中国科协深入贯彻落实习近平总书记关于"促进香港同内地加强科技合作，支持香港成为国际创新科技中心"的指示要求，抓住喜迎中国共产党百年华诞及香港回归祖国 24 周年重要时间节点，彰显科协组织作为祖国科学家共同体的身份特征，超前谋划、高位策划，主动联系中宣部、香港中联办、国家航天局、航天科技集团等单位，在 2021 年"七一"前夕成功赴港举办主题展及系列活动，成为 2019 年

"时代精神耀香江"之百年中国科学家主题展暨月壤入港揭幕仪式现场

观众现场合影留念

反修例风波和新冠肺炎疫情暴发以来首个内地官方赴港组织的大型活动，向香港各界特别是科技界传达了清晰的政治信号，在消弭隔阂、稳定人心、提振信心方面发挥了特殊作用。

守正创新　激发共鸣

展览以 2021 年 5 月 30 日全国科技工作者日前夕在国家博物馆展出的"众心向党 自立自强——党领导下的科学家"主题展为基础，结合香港实际进行大量调整补充，突出爱国爱港和科技创新这两个核心元素，将香港各界认同度最高的航天领域作为展览切入点和展示重点。经多方协调联系，实现月壤、"嫦娥五号"返回舱降落伞、织物国旗、月壤存储器、表取采样装置实物赴港展出。祖国载人航天伟大成就引发香港民众强烈共鸣，大量重磅实物展项首次入港引爆参观热潮，11 天展期共开放 40 多个场次，在开展当天全部预约爆满，一票难求。同时，展览还以香港理工大学参与共同研发的探月、探火科学装置为基础，开辟香港理工大学专题展区，在"爱国奋斗 走向复兴"专题版块展出近年来香港与内地合作开展的重大科研成果，充分彰显香港在国家科技创新和经济社会发展大局中发挥的不可替代的重要作用。展览开幕式当天，香港特别行政区行政长官林郑月娥在致辞中幽默地讲道："港人对探月感到亲切，不是因为他们的行政长官名字里有'月娥'两字，而是因为包括探月工程在内的祖国航天事业，有香港人的参与和贡献。"

聚焦青年　价值引领

展览将"两弹一星"精神、西迁精神、载人航天精神、探月精神等党的革命精神谱系融入其中，将习近平总书记对科技事业和广大科技工作者的关心关爱融入其中，生动讲述百年来科技工作者投身科学救国、科技报国、兴国、强国伟大事业的感人故事，深刻证明祖国的繁荣昌盛是香港的底气所在，也是香港的机遇所在，潜移默化引导港人提升国家认同感和民族自豪感，润物无声植入爱国爱港种子。展览前，科协会同有关部门组织开展了系列预热活动，戚发轫、龙乐豪等老一辈航天科学家和"北斗三号""天问一号""嫦娥四号"等重大项目总工程师，走进香港理工大学、香港大学和 6 所中学与师生面对面交流，以亲身经历讲述几代航天人的爱国奋斗故事。航天科学家特别能吃苦、特别能战斗、特别能攻关、特别能奉献的载人航天精神，与一代又一代港人坚持的刻苦拼搏、自强不息、同舟共济的狮子山精神相契合，得到莘莘学子热烈回应。香港培侨书院的一名小学生为航天科学家画了一幅画，并写道："我将以你们为榜样，努力学习，顽强拼搏，创造中华民族未来的星辰大海。"很多家长带孩子参观展览，有的青少年观展后主动向工作人员要国旗合影留念，向祖国致敬，向科学家们学习。两位香港少年观展后留言："伟大中国，加油！我爱中国。"

密集宣传　扩大影响

此次展览共吸引超过 3 万名香港市民、约 150 个团体前来参观。在中宣部和中联办指导下，宣传工作早启动、早布局，最大限度保障宣传力度和深度。《人民日报》《光明日报》《经济日报》《科技日报》、中新社等纷纷配发评论员文章，播发系列特写、重点通讯、侧记等。央视《新闻联播》连续 4 天播发报道，《焦点访谈》《新闻 1+1》播出专题节目。《星岛日报》《文汇报》《凤凰卫视》、香港中通社等多家港区媒体密集报道，并通过多种新媒体平台对外开展宣传。《大公报》发行"时代精神耀香江"特刊《逐梦穹苍》超 10 万份。在建党百年前夕掀起一轮科学家精神报道热潮。

点评

　　中国科协立足履行桥梁纽带职责，发挥资源优势、组织优势、人才优势，配合中央宣传大局，成功赴港举办专题展览及系列活动，突出爱国爱港，体现血浓于水、命运与共，以科学家精神为核心，广泛传播伟大建党精神和党的精神谱系，增进香江两岸国家认同，是深化党史学习教育、迎接建党百年的有益实践。

互联互通精准联系科情民意

中国科协战略发展部

　　善于运用网络了解民意、开展工作是新时代群团走好群众路线的基本要求。2018 年 9 月,"科情在线"调查平台正式上线,并与微信、网上科技工作者之家等系统逐步打通。5 年来,围绕中央关切,"科情在线"联合并服务中办、国办、财政部、发改委、科技部、工商联等部门及全国学会和地方科协开展了近 600 次调查,回收有效问卷近 300 万份,精心打造零距离听取科技工作者观点诉求通道。通过不断积累,截至 2022 年 12 月,已实现平台样本库以科技工作者为主,可调查用户人数761.77 万人,涵盖 13 个学科门类、20 个行业领域,覆盖 32 个省级行政区、328个地级行政区,基本匹配全国 R&D 人员队伍结构。2021 年初,中央领导同志点名肯定了"科情在线"平台在联系服务方面发挥的积极作用,2021 年 7 月、2022 年9 月,中央领导对中办、国办提交的依托"科情在线"平台开展的专项调查给予高度重视。"科情在线"正在成为科技界唯一,中国科协了解科技工作者、贴近科技工作者、及时把握科技工作者急难愁盼的重要平台。

围绕中心　服务大局

　　围绕中心、服务大局,提升网上联系、引导、动员和服务科技工作者的能力。习近平总书记指出,调查研究不仅是一种工作方法,而且是关系党和人民事业得失成败的大问题。习总书记在中央党的群团工作会议上强调,群团组织要下大力气开展网上工作。2018 年,按中央巡视整改要求,以建设联系广泛、服务精准、调查便捷、网络活跃的科技工作者状况网上调查平台为目标,通过集中多次调查、有效利用科协系统内外资源,充分汲取了 500 多个全国科技工作者状况线下调查站点的 5万余名用户,并依托微信服务号的用户裂变,形成首批 13 万科技工作者调查样本库,

"科情在线"界面

"科情在线"调查平台

中国科协于 2018 年 9 月正式创建"科情在线"平台并上线运行。"科情在线"建立并持续完善入库样本筛选算法、科技工作者身份标签体系、标准化基础题库等,形成从调研方案设计、问卷编程、精准推送、高效回收、数据筛选,到数据分析、报告生成的全周期流程化管理规范。开展线上调查并完成分析报告平均可在 4.5 天内完成,问卷有效回收率超过 40%,成为中国科协科技界调查主要支持平台,不断提升广泛联系、快速响应、准确感知科技界动态的能力,为中央即时掌握科技工作者所思所想所盼提供基础数据支撑。

融通平台　拓宽网络

融通平台、拓宽网络,充分运用云计算、大数据等现代信息技术完善精准服务,实现样本库主要学科门类、行业领域全覆盖。"科情在线"平台在支持调查任务中不断优化迭代功能设计,精准性、覆盖面和样本代表性进一步丰富完善。近年来,"科情在线"与微信、网上科技工作者之家、全国学会组织管理系统、科学家精神汇交平台等系统逐步打通,推动全国科技工作者状况线上调查体系不断完善。5 年来,围绕中央关切和科技工作者急难愁盼,"科情在线"联合并服务中办、国办、财政部、发改委、科技部、工商联等部门及全国学会和地方科协开展了近 600 次调查,回收有效问卷近 300 万份,精心打造零距离听取科技工作者观点诉求通道。通过不断积累,截至 2022 年 12 月,已实现平台可调查用户人数 761.77 万人，涵盖 13 个学科门类、20 个行业领域，覆盖 32 个省级行政区、328 个地级行政区，联系科技类组织 1200 多家，实现了基础问题自动生成、历史数据匹配分析、调查数据点对点精确溯源等功能，样本基本匹配全国 R&D 人员队伍结构，能够快速、精确筛选调查目标群体，并实现对目标群体样本库数据基础的情况分析。

聚焦靶心　助力发展

聚焦靶心、助力发展，高质量完成调查任务并获得中央领导同志多次肯定。新冠肺炎疫情暴发之初，平台迅速响应党中央关于疫情防控重大部署，组织学会专家、高校研究人员等，面向科技工作者广泛开展相关调查，评估科技工作者疫期心理健康状况，了解科技界抗疫信心及对复工复产意见建议等，1 个半月内累计开展 5 次调查，回收有效问卷 16 万份，提交多篇报告得到中办信息综合室采编。中办、国办等部门给予"科情在线"平台充分信任，多次会同中国科协开展联合调研，并依托平台提供在线问卷调查支持。2021 年初，中央书记处领导同志听取中国科协党组工作汇报时，点名肯定了"科情在线"平台在联系服务方面发挥的积极作用，2021 年 7 月、10 月，2022 年 9 月，中央领导对中办、国办提交的依托"科情在线"平台开展的专项调查给予高度重视，使平台发展备受激励和鼓舞。"智慧科协 2.0"的建设也为"科情在线"创新发展提供了新的机遇。

点评

　　"科情在线"坚持与时俱进、开放融合，深刻把握互联网工作规律，及时了解科技工作者诉求，广泛征求科技工作者意见建议，汇聚智慧、凝聚力量，以"小切口"实现了"大作为"，塑造了科协独特的线上联系服务渠道优势，增进了党同科技工作者的紧密联系，是运用网络了解民意、扎实走好网上群众路线的有益实践。

动画说党建：科技社团党委
让党建工作"动"起来

中国科协学会服务中心

学会党建到底该怎么做？有哪些典型经验、优秀成果值得借鉴？学会党员应该学习哪些知识？党建和业务如何更好融合？

对于学会党组织来说，这些问题始终是工作的重点和难点。这一次，中国科协科技社团党委给出了个"不一样"的答案。

说党建——顺势而为的新尝试

"嗨，我是学会党委工作指导员……"《全国学会党建工作缩影》动画短片的开头，一个动画小人正面向公众生动地介绍学会党建工作取得的阶段性成果。据悉，该视频已获得中央和国家机关工委表彰。

这是科技社团党委推出的"动画说党建"品牌项目里的短片之一。视频背后，凝结的是主创团队的心血和智慧。

说起"动画说党建"，这是近年来科技社团党委重点打造的新品牌。品牌中的系列视频对先进学会党建工作优秀事迹进行总结提炼，将静态的文字事迹材料转化成灵动有趣的动画，让科技工作者们不禁惊呼，原来党建也可以这样讲故事。

3年前，为了适应新时代思想政治引领工作新形势，进一步探索破解学会党建难题，解决党建与业务工作"两张皮"问题，科技社团党委以问题为导向、以选树典型为抓手、以视频动画为载体，开始广泛收集全国各地学会党建工作典型举措和优秀成果，决心做出一个真正贴近学会、贴近科技工作者的思想政治引领作品。

经过一次又一次的打磨，最终确定从服务地方经济、为民服务办实事、弘扬科

"动画说党建"品牌视频《中国科协全国学会党建工作缩影》

学家精神、服务科技人才培养四个角度进行成果凝练，用动画这种大家喜闻乐见的新形式进行精心策划和制作。

"让大家通过看动画加深理解，学透党建内容，更好指导学会党建工作。"科技社团党委点明了推出该品牌项目的初衷，"这也是一次顺势而为的新尝试"。

三年时间，是积累，也是沉淀。目前，"动画说党建"品牌共制作了《我们这样做学会党建》《全国学会推动事业发展有力典型案例示范宣传片》《全国学会创新实践有力典型案例示范宣传片》《庆祝中国共产党成立100周年"党建强会"十佳品牌成果展》《奋斗百年路　筑梦新征程——全国学会党组织党史学习教育纪实》《发挥政治引领作用，保证政治方向》《发挥思想引领作用，增强价值认同》等13个视频。

"易传播、好记忆、覆盖广、引导强。"观看者们都这样评价。

学党建——答疑解惑的样板间

有了好的学习内容，那怎么让更多的科技工作者看到？

科技社团党委又开始了新一轮的头脑风暴。展示平台既要稳定持续，又要是科技工作者经常关注、经常使用的。想到这里，答案呼之欲出——那就是"科技社团党建"微信订阅号和支部工作平台。因此，科技社团党委专门在这两个平台开设"全国学会党建工作示范样板间"，其中汇聚了不同风格、不同类型、不同内容的党建动画视频，随时随地为学习者答疑解惑。

打开"科技社团党建"微信订阅号底部菜单栏，找到"样板间"入口点击进入，"动画说党建"的经典案例、十佳学会、分类指导、典型宣传四大版块分类明确、便于查找，大家想了解的"党建强会计划"十佳品牌活动、全国学会党组织党史学习教育情况、先进学会典型经验等内容都能看到。

例如，"我们这样做学会党建"系列囊括了中华医学会、中国航空学会、中国防痨协会、中华预防医学会、中国化工学会等先进学会的动画视频，引领全国学会自觉对标优秀。

"党建工作很重要，学会发展不可少，制度分会齐手抓，从严治党顶呱呱。"视频一开始，脍炙人口的顺口溜搭配饱和度很高的卡通画面，吸引观众一直往下看。该视频讲述的是中华医学会党建工作开展情况。

"量化党课小精细，激发党建新活力。"说的是中华预防医学会的微党课；不断变化的各项成果数据，展示的是中国航空学会的党建工作重点。

不得不提的是，政治引领宣传片《发挥政治引领作用，保证政治方向》和思想引领宣传片《发挥思想引领作用，增强价值认同》作为整个品牌项目中的"压轴短

"动画说党建"品牌视频《推动事业发展有力》

剧"，妙趣横生之余，真可谓党建"干货"满满。不到 8 分钟的视频，从问题出发，以更加活泼直观的方式答疑解惑，完全摒弃了枯燥的说教意味。轻松的配乐配音不仅节奏感十足，也让党建"萌"起来。

做党建——思想引领的好抓手

党建工作不能仅仅停留在学习层面，更重要的是把学习体会转换成实实在在的工作成效。

"动画说党建"最终目的就是为更好实现思想政治引领，激励更多的学会认真扎实做好党建工作，让学会通过观看对标自我，学习先进经验，不断改进学会自身党建的工作方法，创造性地提出更多特色学会的党建工作模式，将学会党建和学会业务工作紧密相连，真正做到以党建促会建。

目前，"动画说党建"已经成为科技社团党委标志性工作、思想政治引领的好抓手，也成为学会党建工作的"荣誉墙""加油站"。

"要更努力做好党建工作，争取下一年可以在'动画说党建'上展现学会的风采。"学会纷纷表示。

听党话，跟党走，做好党建工作，需要下功夫，更要久久为功。在"动画说党建"推出之后，科技社团党委还将打造和推出更多的学会党建品牌，助力学会党建和业务高质量发展，充分发挥学会学科优势助力国家发展。

点评

> 高水平党建引领学会高质量发展。科技社团党委主动创新探索适应新时代的思想政治引领方式，打造"动画说党建"品牌，让党建工作"动"起来。在内容上下功夫，在形式上出新意，做到真正被广大科技工作者喜爱，促进学会党组织更好开展党建工作，实现有效的思想政治引领，激励广大科技工作者为高水平科技自立自强贡献力量，助推国家科技事业发展。

用声音传递科技工作者之声

中国科协信息中心

网络传播时代，媒体格局和宣传生态都发生了深刻变化，音频平台逐渐成为重要传播渠道，获得受众的广泛青睐。

2021年，为庆祝中国共产党成立100周年，中国科协信息中心迅速响应党中央开展党史学习教育号令，根据长期宣传工作经验，决定采用门槛低、易传播且用户喜爱的音频宣传方式，将科协系统党史学习教育推向高潮。

发挥组织优势

在工作开展之初，中国科协信息中心充分发挥科协系统的组织优势，在确定以

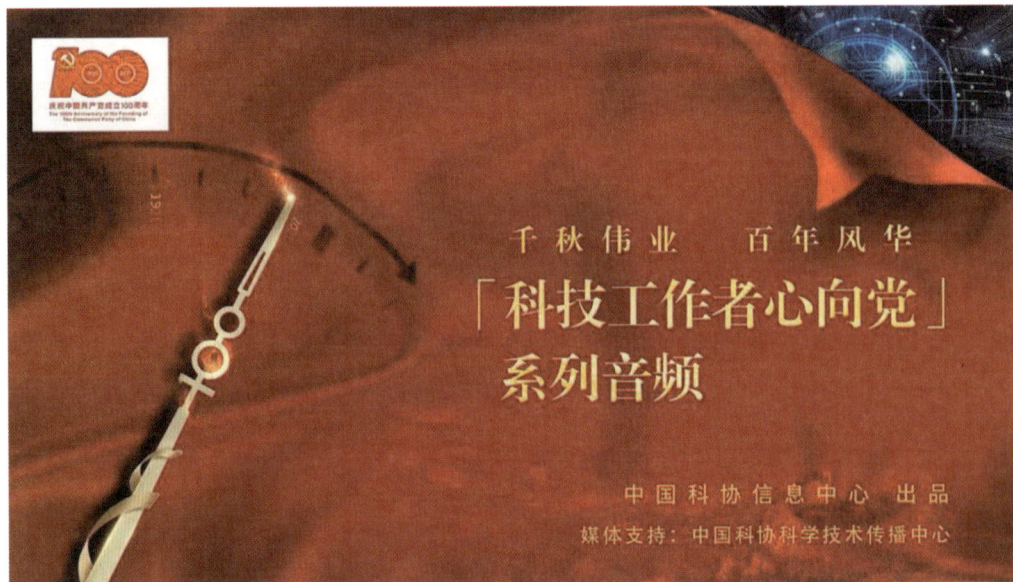

活动主视觉图

"千秋伟业　百年风华——科技工作者心向党"为系列音频的主题后，迅速得到地方科协、全国学会党组织的支持和参与。同时，通过网站、微信公众号发布信息，广泛动员科技工作者、文学爱好者参与。

在设计并制作本次活动主视觉图的过程中，中国科协信息中心经过反复修改，几易其稿，最终确定活动的主视觉图：红旗为底，"100"金色指针划过1921—2021，突出主题"千秋伟业　百年风华——'科技工作者心向党'系列音频"。

同时，中国科协信息中心还精心设计了微信发布页：红色为底，上书"千秋伟业 百年风华'科技工作者心向党'系列音频"，标题下为系列音频的总体介绍文字；设计了具有老式唱片机效果的转动光盘，光盘上刻有建党百年LOGO和"科技工作者心向党"字样。

通过精心的组织协调，"科技工作者心向党"系列音频活动得到科技界的广泛支持，包括中国科协党组书记处8位领导，20位院士，30位全国学会的理事长和副理事长，上海市科协、广东省科协、湖北省科协等30个省级科协党组，中国药学会、中华护理学会、中国地理学会等22个全国学会党组织，中国科协机关和省级科协100多位司局级干部，以及水利、农业、气象、电力等领域众多科技工作者。

经验在传承中延续

事实上，"科技工作者心向党"系列音频活动的成功，在于工作中所积累经验的不断延续和传承。

秉持"权威声音亲切表达"的宣传理念，中国科协信息中心在2020年的"决胜小康　奋斗有我"系列广播中已经取得了最初的有益尝试。该项活动打造的88集系列广播创新宣传工作模式，让科协人讲科协事，用声音传递了科技工作者全面建成小康社会的坚强决心。

该系列音频在中国科协官微发布后，得到科技界的广泛赞誉。中国科协信息中心还将该系列音频积极推送至中宣部"学习强国"、中央广播电视总台"云听"等国家级平台，最终88集音频被两家平台整体展播。很多听众收听后感慨："系列音频讲述了科技扶贫感人肺腑的事迹，还原了历史，是一堂丰富的科技扶贫教育课。"

通过"科技工作者心向党"系列音频和"决胜小康　奋斗有我"系列广播的成

【初心永葆】

♪ 中共一大，石库门见证初心┃上海市科协党组的铿锵誓言

♪ 红船启航，劈波斩浪越百年┃嘉兴市科协党组书记的深情歌颂

♪ 中共三大，革命大潮起珠江┃广东省科协党组的激情放歌

♪ 中共五大、八七会议，高擎火炬指航向┃湖北省科协党组的澎湃心声

♪ 星火燎原，井冈山精神代代传┃江西省科协领导班子的真情告白

♪ 红旗如画，八闽大地尽芳华┃福建省科协领导班子的赤诚情怀

♪ 伟大转折，遵义会议放光辉┃贵州省科协党组的红色颂歌

♪ 金沙水拍，红旗漫卷长征路┃云南省科协领导班子的激昂歌咏

♪ 雪山草地，英雄史诗壮山河┃四川省科协党组的豪迈誓词

♪ 三军会师，光辉历史照征程┃甘肃省科协领导班子的无悔誓言

♪ 延安圣地，烽火照金展红旗┃陕西省科协领导班子的衷心礼赞

♪ 七届二中全会，"赶考"精神映朝晖┃河北省科协领导班子的赤子情怀

♪ 五星红旗，与太阳一同升起┃北京市科协领导班子的豪迈颂歌

♪ 海河之畔，科技筑梦铭党恩┃天津市科协的肺腑感言

♪ 浩气横飞，军工代代有传人┃山西省科协党组书记的豪迈心声

♪ 赓续荣光，发扬蒙古马精神┃内蒙古自治区科协党组书记、主席的豪迈赞歌

♪ 初心永恒，辽沈儿女心向党┃辽宁省科协党组的铮铮誓言

♪ 白山松水，红色力量永不息┃吉林省科协党组的奉献之歌

♪ 百年党史，信仰之光照征程┃黑龙江省科协副主席的学习感悟

♪ 伟人故里，淮水之滨起宏图┃江苏省淮安市科协的豪迈情怀

♪ 绿水青山，践行新发展理念┃浙江省安吉县科协的奋进足音

♪ 共产党人，革命信仰高于天┃安徽省科协的豪迈颂歌

♪ 齐鲁大地，百年奋斗展风华┃山东省科协党组理论学习中心组的时代之歌

♪ 耿耿丹心，焦裕禄精神永存┃河南省科协领导班子的深情缅怀

♪ 秋风万里，芙蓉国里尽朝晖┃湖南省科协领导班子的红色赞歌

♪ 八桂大地，逐梦扬帆再起航┃广西壮族自治区科协党组的奋斗誓言

♪ 砥砺前行，奋进浪潮涌南海┃海南省科协党组的扬帆赞歌

♪ 红岩精神，与时代一起脉动┃重庆市科协的激情诵读

♪ 高原儿女，再唱山歌给党听┃西藏自治区科协党组的纵情歌颂

♪ 牢记使命，奋力书写新华章┃青海省科协领导班子的奉献之歌

♪ 塞上山川，锐意奋进谱华章┃宁夏回族自治区科协的昂扬斗志

音频列表

功，让中国科协信息中心以音频形式策划和传播优质内容，提升科协整体宣传传播力和影响力的方式，已经成为其宣传工作中的一项优势和特色。

细微之处见真功

"千秋伟业 百年风华——科技工作者心向党"系列音频以中国共产党党史为经线、新中国科技发展为纬线，创作出一批欢庆建党百年的具有动人艺术魅力的诗歌。

在组织诗歌创作的同时，中国科协信息中心邀请科学诗人、著名朗读家参与策划设计，从活动的主干框架、主题立意、板块设置到文案，全程把脉、悉心斟酌、倾力创作。耐心细致做好全国学会、地方科协党组织集体朗诵的文稿、角色分配、

录音、配乐等准备工作。

在这项工作中，为充分展现科技工作者对党的无限深情，中国科协信息中心精心制定录制方案和详细的录制脚本，通过组织排演、反复沟通、现场指导，确保朗诵者感情饱满、节奏统一。为保证高质量的后期制作，对音频作品进行了创新性设计，采用大量烘托诗朗诵的背景音乐，种类涉及交响乐、轻音乐、民乐，题材包括歌颂党、歌颂祖国、亲情乡情等，共制作完成 152 个高水平的配乐诗朗诵作品。

系列作品在中国科协"今日科协"官微发布，并陆续推广至"学习强国""人民日报客户端""新华网客户端""百度 APP""喜马拉雅"等平台，各平台的总点击量达到 1000 万次，形成科技界共庆百年华诞、共创历史伟业的浓厚氛围。

如今，用声音记录和传递科技工作者之声已经成为中国科协信息中心一项具有鲜明品牌特色的工作，也成为不断提升科协整体宣传传播力、影响力、引导力和公信力的重要路径。

点评

中国科协信息中心紧紧抓住互联网音频传播这一发展趋势，打造符合网络传播规律的高质量、高水平的音频品牌栏目。同时，发挥组织优势，做到选题有温度、内容有深度，通过原创内容的策划调动科技工作者的参与积极性，用声音传递科协组织、科技工作者对党的深厚情感，努力探索党史学习教育新方式。

发挥支部作用　助推信息化扶贫

中国科协信息中心

2021年5月，中共中央办公厅印发了《关于向重点乡村持续选派驻村第一书记和工作队的意见》，中国科协组织人事部根据中央要求，积极选派优秀基层干部赴山西吕梁贫困山区任第一书记。

山西吕梁岚县楼坊坪村是典型的"老少边穷村"，2015年8月至2017年7月，房瑞标经中国科协信息中心党支部推荐，被派往山西吕梁，担任岚县界河口镇楼坊坪村党支部第一书记。

在第一书记基层工作岗位上，房瑞标在信息中心党支部的支持下，依托派出单位资源、整合地方资源和协调社会资源，圆满完成组织交给的各项工作，带领全村脱贫致富奔小康，被乡亲们当作亲兄弟、贴心人。

在这个过程中，党支部持续为驻村第一书记提供支持，同时发挥支部自身的资源，根据中国科协定点扶贫工作统一安排，主动作为，开展乡村振兴的信息化应用探索，帮助定点扶贫县，补齐乡村振兴的短板。

选派干部　精准扶贫

2015年，中组部等部门号召中央机关选派优秀党员干部到全国14个集中连片特困区任第一书记，驻村扶贫。

房瑞标是一名"80后"党员，家在农村，大学学农，有着浓浓的"三农"情结。看到通知后，他起了要当第一书记扶贫的心思。

从祖国的"心脏"到乡村，下这个决心并不容易。

"想做就做，我们党支部一定支持！"党支部也在房瑞标赴任之初勉励他真正做到用心想事、用心谋事、用心干事、用心成事。在信息中心党支部的鼓励和推荐下，

选派干部驻村

房瑞标来到岚县界河口镇楼坊坪村，当起了这里的驻村第一书记。

来到这里，房瑞标的首要职责是加强基层组织建设，健全的基层组织是全村工作开展的基础，也是第一书记开展工作的依靠。

在党支部的指导和帮助下，房瑞标对村支部的党员年龄分布和性别比例进行了详细调查摸底，针对村支部党员年龄偏大的现状，房瑞标面向在村的党员开展新知识的科普和新技术的培训，帮助他们掌握并熟练应用上网技术，通过手机客户端、微信等新媒体开展党课学习活动，提高党员同志的党性修养。

结合实际村情和党支部可以调动的资源，按照精准扶贫的要求，房瑞标和村支两委工作人员制定了楼坊坪村整村脱贫发展规划：创建一个种植基地——马铃薯种薯基地，打造两个乡村品牌——畜牧养殖和乡村农家乐，培育三个特色农产品——莜面、胡麻油和香菇，实现四个目标——基层阵地强化、脱贫精准、宽带覆盖和电商入村。

信息化助力扶贫

网络信息化是全民获得科普信息的重要途径。多年以来，楼坊坪村当地村民获取科普信息的途径极为单一，严重影响了科学文化素质的提升，制约了乡村经济的发展，延缓了小康目标的实现。

为早日解决村内移动信号弱、上网难的问题，在中国科协、山西省科协和山西省移动公司的支持下，2016年6月，宽带进村，结束了村内无网络的历史。在吕梁市移动公司的配合下，实现了村内移动无线网络的全覆盖，全体村民村内可免费无线上网，楼坊坪村也成为吕梁山集中连片特困区中首个实现乡村信息化的贫困村。

在宽带开通及无线网络全覆盖的基础上，村里争取到中国科协基层的科普项目，在楼坊坪村建立科普中国乡村e站。e站立足楼坊坪村，辐射周边村庄，打造线上线下相结合的农村科普服务综合体，对实现全村及周边乡村村民科学素质的跨越提升具有重要的现实意义。

与此同时，以"参与扶贫的科技工作者"和科协人为服务对象，依托多年来的信息化工作基础和技术服务团队，陆续开展了"扶贫专题视频制作""智慧吕梁"专项建设等工作，通过为贫困地区服务的机会，锻炼队伍，凝聚人心。

在建设智慧吕梁的过程中，信息中心党支部推动吕梁市科协信息化建设，将其作为吕梁市科协网上组织建设的重要抓手，拉近了科协组织与科技工作者之间的联系，编织了吕梁市科协人的工作网，将吕梁科协仅有10多名工作人员的工作组织变成联系3800余人的工作网络。

变"输血"为"造血"

楼坊坪村虽然土地肥沃，水源丰富，但地处高山高寒地区，无霜期短，可供种植的农作物较少，但非常适宜马铃薯的种植。马铃薯既是村民的主要口粮，也是家庭收入的主要来源。近几年，村内马铃薯主要以商品薯为主，市场收购价格低，往往增产不增收。

按照精准扶贫的要求，在尊重本村传统种植优势的基础上，房瑞标争取到中国科协在岚县的科技扶贫项目，为村内争取项目资金90余万元，在楼坊坪村建立马铃薯种薯种植基地。2016年基地一期工程660余亩，把村内全体贫困农户纳入该项目，加快贫困户的脱贫步伐。

种薯收获后，正值马铃薯上市的高峰期，收购价格不高。为实现马铃薯错峰上市、均衡上市，在中国科协科技扶贫项目的支持下，村支两委动员楼坊坪村马铃薯种植专业合作社与山西康农薯业有限公司合作，在村内建设马铃薯薯窖28座，年储存量可达2000吨，可储存1200亩耕地所产的优质种薯。薯窖建成以后，可使全村

马铃薯种薯种植基地

的马铃薯种植收入翻番。

疫情防控期间，为确保贫困地区粮食生产安全，确保贫困地区群众粮食能够变现，信息中心党支部和房瑞标取得联系，通过消费扶贫的方式多次采购岚县、临县的农产品，特别是岚县土豆、小米、香菇和临县核桃等初级农产品。

"一开始，乡亲们说我是中央派来的，称我'房书记'。后来，都叫我'瑞标'和'老弟'。"房瑞标说，只有将心比心、以心换心，真心为大家服务，才能成为乡亲身边"最亲近的人"。作为信息中心党支部的一名普通党员，他以高度的政治责任感、良好的精神状态和扎实的工作作风完成了党赋予的神圣使命。

点评

　　信息中心深入贯彻落实中央和科协党组关于打赢脱贫攻坚战系列决策部署，根据中国科协定点扶贫工作统一安排，主动作为，发挥自身信息化优势，凝聚广大科技工作者的智慧和力量，有力补齐了乡村振兴短板。

书写思想政治引领时代答卷

中国科学技术馆

"我志愿加入中国共产党，拥护党的纲领，遵守党的章程，履行党员义务，执行党的决定，严守党的纪律，保守党的秘密……"铮铮誓言响彻中国科技馆西大厅，全馆党员干部一道，面向党旗，举起右拳，庄严宣誓。

新党员入党宣誓、老党员重温入党誓词，这是中国科技馆党委坚持 10 多年，在每年"七一"前后，结合党章规定，将入党宣誓活动与党性教育活动融合开展的一项品牌党建活动，旨在通过庄严的政治仪式，增强党员干部的党员意识、责任意识、荣誉意识，强化党员干部理想信念根基。

中国科技馆以高度的政治责任感，利用展览展品、教育活动、影视作品等丰富多样的科普资源，团结引导公众、行业、员工听党话、跟党走，积极推进思想政治引领取得高质量发展。

创新展览展示　凝聚奋进力量

中国科技馆将思想政治引领深度融入科普展览资源，主动把握党和国家重大事件和重要时间节点等契机，创新研发展览展品，通过展现航天、海洋、核能、制造、信息、健康等领域取得的重大科技成就，激发公众科学兴趣和科技文化自信，以春风化雨之力，实现思想政治引领。

中国科技馆陆续举办了"创新决胜未来"科普展、"礼赞共和国——庆祝新中国成立 70 周年科技成就科普展""科创百年——庆祝建党 100 周年科技成就科普展""赤子丹心——与党同龄的科学家"展览等多种展览，集中展示近年来我国取得的代表性科技成就，展示老一辈科学家，尤其是党员科学家们坚定理想信念，与党共同成长，默默奉献一生的感人事迹和中国科学家精神。

"赤子丹心——与党同龄的科学家"展览现场

其中,"礼赞共和国——庆祝新中国成立 70 周年科技成就科普展"部分展品随"大型科技科普展——科技创新让生活更美好"献展澳门,既为澳门公众了解祖国科技发展、增强澳门同胞的家国情怀和爱国爱澳精神搭建了平台,也为进一步增进内地和澳门的科普交流合作、让澳门的科普事业更深度地融入内地的科普事业、更好地实现科普资源对接打下了良好的基础。

挖掘科教资源　推动普惠共享

中国科技馆充分挖掘科学教育资源,开发实施具有科技馆探究体验特色、主题丰富的教育活动,利用全国现代科技馆体系优势,组织开展全国科技馆联合行动,推动科普资源更广泛发挥思想政治引领作用。

紧密结合科技展项,中国科技馆举办"中科馆大讲堂""华夏科技学堂""科技馆里的科学课"等活动,通过展现科技发展应用推动国家综合国力、人民生活水平和国际影响力的大幅跃升,引发公众情感共鸣,助力打造新时代建设世界科技强国的共同思想基础。

例如,"观中科馆展品 学十九大精神"活动,以解读重大科技成果为主线,打造定制科技馆之旅特色路线,将有关弘扬科学精神、普及科学知识、加强生态文明建设及科技创新的相关内容融入展项辅导服务。

2021年"我心向党"全国科技馆联合行动中,106家科技场馆及社会机构等积极参与,开展各类活动约180场,广泛点燃全国青少年对祖国的热爱和对科学的热情。

10年来,我国现代科技馆体系从无到有,逐步发展成拥有408座全国实体科技馆、612套流动科技馆、1251辆科普大篷车、1112所农村中学科技馆和中国数字科技馆"五位一体"的科普基础设施体系,为推动科普公共服务公平普惠、全民科学素质提升、经济社会发展发挥了独特作用,是广泛利用科普资源加强思想政治引领的重要载体。

挖掘数字影视　深烙红色文化

中国科技馆基于特色科普资源,深刻融入红色文化,创新推出《党史里的科学家》《触摸科技》《点亮科学梦想》《科普君的辟谣时间》等科普影视作品,展映优秀爱党爱国影视作品,弘扬科学精神和科学家精神,以轻松自然的影视载体加强思想

《党史里的科学家》系列节目

政治引领。

为庆祝中国共产党成立 100 周年，中国科技馆原创制作《党史里的科学家》微视频。节目聚焦百年党史里为党奋斗、为人民奉献的科学家群体，深入挖掘竺可桢、华罗庚、吴孟超、王大珩、钱三强等 10 位科学巨匠的生平故事和奋斗历程，通过实景讲述、情景再现、干部职工出演等方式，带领观众走入党员科学家真实生活与内心世界的艺术时空，诠释党员科学家的宝贵初心和使命担当，致敬中国科学家，讴歌党史百年辉煌科技成就。

《党史里的科学家》节目在中组部"共产党员"平台播发，节目单集播放量突破 100 万，受到业界及广大观众的热烈反响与强烈好评，成为致敬中国共产党、弘扬科学家精神的科普品牌，荣获"2021 年度十大科普作品"称号。

中国科技馆免费向公众展映《钱学森》《我是医生》《袁隆平》等电影。这些影片跨越历史时空，塑造了一个个有血有肉、个性鲜明的科学家形象，再现了科学大师们为推动民族独立、国家繁荣和人民幸福所建立的卓越历史功勋，通过诠释科技工作者紧跟党走的宝贵初心与使命担当，大力增强公众的爱国热情。

融合科技馆特色业务开展的思想政治引领行动，在发挥科普阵地党建宣传作用，大力弘扬共产党人精神谱系和建党百年科技成就的同时，也使参与项目的党员干部职工大幅提升了党史知识水平，接受了一次深度的思想洗礼和教育。基于扎实广泛的思想政治引领工作，中国科技馆党史学习教育得到中央党史学习教育第 25 指导组的肯定和好评。

点评

中国科技馆高度重视加强思想政治引领，坚持面向公众发挥好具有科技馆特色的科普资源独特优势，弘扬科学精神，普及科学知识，通过展览展示、教育活动、影视作品等科普载体，打造品牌、力求实效，将伟大精神融入科普实践，提振在党的领导下建设世界科技强国的信心和决心，为提升全民科学素质、推进国家现代化建设贡献科技馆力量。

二、
弘扬科学家精神

23 位科学家手模亮相中国科技馆

中国科技馆发展基金会

中国科技馆一层东大厅，一面红色和金黄色相间的墙格外显眼。几乎每个走过的观众，都会在这里驻足停留。

这面长 10 米、高 3 米的墙上，展示了袁隆平、孙家栋、屠呦呦、黄旭华等 23 位国家最高科学技术奖获奖科学家的手模，他们的掌纹清晰可见，记录和展示着新中国经济社会发展、民生福祉改善和国防建设的痕迹。

据介绍，迄今为止共有 35 位科学家荣获国家最高科学技术奖，中国科技馆采集和收集到了 23 位获奖科学家的手模，并为其中的 15 位录制了寄语视频。采集手模时，这些科学家的平均年龄 89.6 岁，其中 90 岁以上共 12 位，有的更是已近百岁高龄。"这些手模和视频，来之不易，弥足珍贵。"

"科学明星 + 手模" 提升吸引力

中国科技馆始终高度重视弘扬科学家精神，将弘扬科学家精神作为重要使命和职责并贯穿到各项科普教育活动工作之中，每年都策划多个有影响力的科普展览、教育活动、科普影视等。

如何才能把弘扬科学家精神做出新意？中国科技馆把目光聚焦到国家最高科学技术奖获得者身上，这些科学家的社会关注度高，如能成功采集其手模将会产生重大的社会影响，有助于大力弘扬科学家精神。

2020 年时值首届"国家最高科学技术奖"评选 20 周年，中国科技馆联合国家科学技术奖励工作办公室共同实施，采集工作更加顺畅、高效。联系屠呦呦先生采集手模时，她说："这是国家任务，我会大力支持。"

从 2020 年 6 月 8 日采集吴孟超院士手模开始，历时 73 天，完成了当时健在的

刘永坦院士和夫人冯秉瑞教授在采集过程中合影

19 位获奖科学家手模的全部采集。这 19 位科学家，分布在北京、上海、南京、武汉、长沙、深圳、哈尔滨 7 个城市。每位采集时间，大约 1 小时。为了采集后的手掌印清晰、美观，采集时尽量压深。

采集袁隆平手模时，一共花了 28 分钟。2020 年 7 月 21 日，准备就绪，袁隆平缓缓步入房间，坐在沙发上，按照有关采集手模的要求，规范地在印模上按下双手。第一次没有按好，好在还准备了一块备用的印模。手模采集完毕，手印很完美，家人和身边工作人员纷纷合影留念，记录下这美好的一刻，大家都夸他是"最帅 90 后"。

"科学家们的时间非常宝贵，我们全部行动以科学家的日程为准，随时待命出发。"最赶的一次，中国科技馆曾在 5 天之内奔赴三地采集了 6 位科学家的手模。

多媒体素材收集 提升传播力

采集过程中，中国科技馆特别注意拍摄照片和录制视频，以便于资料保存和后续宣传。为了确保视频和照片质量，特意请了专业机构进行拍摄和录制，还专门为 2 位科学家拍摄了肖像照。

采集手模的同时，争取每位科学家提供一句寄语，勉励全国青少年热爱科学、刻苦学习、茁壮成长、报效祖国。简短、具象的科学家寄语，充分诠释了"爱国、创新、求实、奉献、协同、育人"为内涵的科学家精神。如刘永坦的寄语"能为国家的强大作出贡献，是我最大的动力和使命"表现了"爱国"精神，王泽山的寄语

"我这一辈子就想做好一件事"表现了"奉献"精神。

为扩大传播效果，以顺应短视频便于传播的时代趋势，采集手模时积极争取相关科学家将寄语录制成视频，最终袁隆平、屠呦呦等 13 位科学家录制了寄语视频。科学家寄语视频被广泛使用、传播。如用于 100 多座全国农村中学科技馆，以及全国科技工作者日、全国青少年科学节等宣传片中。2021 年 5 月 22 日，袁隆平去世，举国同悲。媒体将袁隆平寄语青少年视频进行了再次传播，网络浏览量数以亿计，网友留言感人。这段视频也成为袁隆平晚年最珍贵的视频之一。

2022 年 1 月，"国家最高科技奖获奖科学家寄语青少年专题活动"被中央网信办评为"百项精品网络正能量专题活动"之一。

精心设计　打造"国家荣誉墙"

采集好的科学家手模，确定在中国科技馆显著位置集中展示，打造一面"国家荣誉墙"，力求庄重、美观，便于观众触摸，易于更新。

2020 年 9 月 19 日，"全国科普日"的第一天，"国家最高科技奖获奖科学家手模墙"揭幕，正式面向公众开放。以科学家手模墙揭幕为契机，中国科技馆也被中国科协授予首家"科学家精神教育基地"牌匾。

观众纷纷打卡"国家最高科技奖获奖科学家手模墙"

"都是祖国的栋梁，少年强则国强。""我也想去摸一摸。""感动，激动，骄傲。""说得好朴实，都是真知良言。"现场观众纷纷走到墙前，伸出自己的双手，与科学家的手模"击掌"。

科学家手模墙正式开放 2 年来，线下科学家手模墙成为打卡地，线上寄语视频引发海量传播，有力弘扬了科学家精神，取得良好社会效果。

鉴于弘扬科学家精神效果良好，全国多个科技场馆表达了复制科学家手模的愿望，部分科技馆完成了复制。2021 年 12 月，复制的袁隆平、刘东生、王永志、吴孟超、孙家栋、屠呦呦、刘永坦、黄旭华 8 位科学家手模随科普大篷车配发内蒙古、黑龙江、福建、青海、新疆等地。2021 年 6 月，采集的袁隆平、屠呦呦、钟南山 3 位科学家手模赴香港参加"'时代精神耀香江'之百年中国科学家主题展"，受到香港民众热烈欢迎。丰富多彩的后续活动，拓展了"科学家手模"的内涵，有力地弘扬了科学家精神。

作为延续，2021 年 12 月成功采集了 2020 年度国家最高科学技术奖获得者顾诵芬、王大中院士手模，并录制寄语视频。2022 年 2 月，完成了科学家手模墙的更新。

中国科技馆相关工作人员表示，策划和实施科普活动弘扬科学家精神，实现社会效果最大化，要善于通过新颖的创意和精巧的设计，建立社会动员机制，在尽可能广阔的时空范围内，吸引尽可能多的社会力量参与。

点评

科学成就离不开精神支撑，科学家精神是科技工作者在长期科学实践中积累的宝贵精神财富。中国科技馆通过采集"国家最高科学技术奖获奖科学家手模"和录制寄语视频，大力营造和培育科学氛围，厚植科学家精神生长的沃土，产生了广泛而持久的社会影响，是科普活动策划的一次有益探索。

讲好南仁东故事　传承科学家精神

吉林省科协

　　榜样的力量是无穷的，精神的作用是巨大的。

　　辽源市科协对此有深刻的认识，他们牢牢把握学习宣传南仁东精神这根主线，以"讲好南仁东故事"为使命，深入挖掘辽源籍科学家南仁东的事迹。通过广宣传、创机制、搭平台、建体系等措施，鼓励人们投身科技创新，使南仁东精神的"星火"点燃辽源大地。

南仁东

人民科学家南仁东

南仁东，原中国科学院国家天文台 500 米口径球面射电望远镜（FAST）首席工程师，于 2019 年被授予"人民科学家"国家荣誉称号。

1945 年，南仁东出生于吉林省辽源市，先后就读于辽源中兴小学（现南仁东小学）、辽源四中、辽源五中。1963 年，他以吉林省理科状元的优异成绩，考入清华大学无线电系，先后获得理学硕士、博士学位。

1993 年，南仁东首次提出建造新一代射电望远镜计划。2016 年 9 月 25 日，500 米口径球面射电望远镜（FAST）工程在贵州省平塘县的喀斯特洼坑中落成启用，完成了他为之奋斗 22 年的心愿。

讲好科学家故事

为弘扬科学精神，辽源市科协以"讲好南仁东故事"为使命，深入挖掘南仁东事迹。科协举办系列南仁东事迹报告会，充分利用新媒体，开展系列宣传报道，引导广大科技工作者在促进辽源全方位振兴中建功立业。先后组织开展"最美科技工作者""青少年科技教育名师"评选活动，评选出 30 名"最美科技工作者"和 10 名"青少年科技教育名师"，并以市委、市政府名义表彰 10 名"辽源市优秀科技工作者"，提升科技工作者的荣誉感和自豪感。

辽源市科协通过完善机制，将南仁东精神融入社会各领域。南仁东精神是辽源人民的宝贵财富，为使其科学家精神能在社会各领域开花结果，辽源市科协积极探索实践"四走进""五联动""六共建"机制，在全市各领域融入科学元素，完善科普设施建设、培育先进典型，促进公民科学素养提升。

辽源市科协组建 200 人"科普专家服务团"和 2000 余人"科普志愿者服务队"，以"科技之冬""科普大集""科技三下乡"等活动为载体，深入基层开展科普讲座、学术交流等活动，城乡覆盖面达 80% 以上。通过典型培育和带动，科协认定 23 家"辽源市科普工作示范基地"，先后培育国家级科普先进集体 21 个、先进个人 24 人。南仁东小学等 8 家单位获"吉林省科普工作示范基地"称号，13 家科普场所被认定为青少年科普研学实践基地。

同时，科协搭建平台，支持南仁东科技场馆建设。科技馆是弘扬科学精神、传

南仁东小学揭牌

播科学知识的重要平台。2021 年 11 月，辽源市科技馆正式开馆。在展陈设计中，辽源市科协突出南仁东元素，重点打造"南仁东厅"，设计了观天之梦、中国天眼、南仁东星等专题展区。设立南仁东形象雕塑，申请建设南仁东广场，使更多的辽源百姓能够了解南仁东，让科学家精神得到广泛传承。

辽源市科协还主动对接中科院国家天文台，将科技馆申报为国家天文台辽源天文科普教育基地。全力支持南仁东小学争取场馆展陈资金 50 万元建设科技馆、校史馆、创课教室和 steam 教室，每年有近万余名师生参观体验。

播下创新"种子"

此外，辽源市科协还打造品牌，设立"南仁东科技创新奖"，从娃娃抓起，激发和培养青少年对科学的兴趣。辽源市科协在第六届、第七届青少年科技创新大赛中设立"南仁东青少年科技创新奖"，已有 20 名青少年获此奖项。

辽源市科协在吉林省率先创建"家校科技联盟"体系，主动承接全省青少年益智竞赛和全省三模比赛，组织青少年参加全国、省级各类科技竞赛，累计参赛作品万余件，获奖数量名列全省前茅。辽源市科协 2 次被评为"全国基层赛事优秀组织单位"，15 次被省科协评为优秀组织单位。通过赛事的开展，培养发现了一大批具有科学家潜质的青少年，为培养更多的科技后备人才奠定了坚实基础。

点评

　　通过对南仁东事迹的深入挖掘，对科学家精神的大力宣传，辽源市科协在全社会掀起了学科学、爱科学、讲科学、用科学的良好风尚。

　　树标杆、传精神、建体系，通过一系列行之有效的措施，不仅使科学家精神植根人心，同时打造了社会化科普工作新格局。

"科技之星·闪耀龙江" 主题展

黑龙江省科协

"这个主题展史料翔实、内涵丰富，是一部很好的科学家精神教育读本，也是一堂生动的爱国主义思想政治课。"2022 年 9 月，我国首个地域性、大规模、强阵容的科学家精神宣传教育主阵地"科技之星·闪耀龙江"——黑龙江科学家精神主题展在云端启幕，一条接一条的网友留言让这场展览掀起了弘扬科学家精神的高潮。

"科技之星·闪耀龙江"——黑龙江科学家精神主题展是黑龙江省科协依托省科技馆精心打造的大力弘扬科学家精神、讲好龙江科学家故事、展示龙江科技贡献的科学家精神教育基地，也是党建与科技深度融合的典范。

高站位谋划

在工作开展之初，黑龙江省科协就将大力弘扬科学家精神作为重要政治责任，作为对科技工作者加强政治引领的一面旗帜，纳入重要议事日程，也由此得以高站位谋划筹建科学家精神主题展。

同时，黑龙江省科协将筹办主题展作为能力作风建设年攻坚克难项目，纳入"四个体系"的工作机制推进落实。从机关选派 1 名优秀副处级干部作为省科技馆班子成员，牵头负责该项目，成立了 20 多人组成的工作专班，历时 10 个月高质量高效率推出主题展。

主题展选取黑龙江省 52 位院士为宣传对象，旨在讲好龙江科学家心有大我、科技报国的感人故事，集中展示在黑龙江省委坚强领导下科技创新取得的辉煌成就，彰显龙江振兴发展的强劲动力和人才优势，在全社会营造尊重知识、崇尚创新、尊重人才、热爱科学、献身科学的浓厚氛围。

多角度挖掘

此次主题展的一大特色，就是精心打造出具有地域特色的科学家精神宣传教育主阵地。

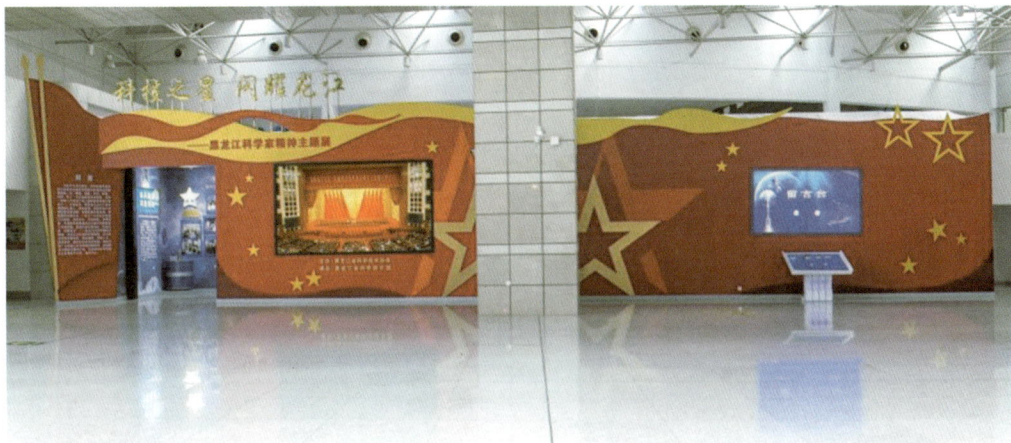

主题展入口处

主题展布设在黑龙江省科技馆内，总占地面积 600 多平方米，展线 300 延长米，以黑龙江省 52 位院士为阵容，按突出贡献领域分类，设航天航空、海防、重工、农林、建筑建设、信息通信、医疗卫生 7 大展区，讲述龙江科学家精彩的科学人生、卓越的学术成就和巨大的发展贡献。

在科学家精神的挖掘上，突出引领性、地域性、时代性。将弘扬以爱国主义为底色的科学家精神为主线，以在特定时代、特定地域、特定群体、特定事业中形成的龙江"四大精神"（东北抗联精神、北大荒精神、大庆精神、铁人精神）为基础，深挖龙江科学家精神的独特内涵。

按照这一理念，在设计过程中，工作专班积极争取院士及团队的支持配合，向他们宣讲习近平总书记关于科技创新、人才工作重要论述，宣传党的科技政策，激发爱党爱国热情。在院士及团队的大力支持下，从展览主题、资料征集、传记编写、实物采集、人物采访等方面入手，精心挖掘出了每一位科学家不同的精神特质，通过他们的时代经历展示了我国科技发展历程和龙江科技创新成就，激发广大科技工作者及社会公众在现代化龙江建设大潮中建功立业。

部分展览内容

在展览内容认定上，突出权威性、严谨性、系统性。工作专班先后召开两轮专家论证会，就展览总体设计深入研讨，并向有关部门和专家广泛征求意见。每名院士的事迹材料、图文、科研成果、模型和陈列实物等，均与院士团队或院士本人进行反复协商，设计的形式和内容在定版前均经过把关确认，确保了展览内容的系统性、真实性。

在展示形式运用上，突出多样性、融合性、现代性。主题展除了丰富的史料外，还将多种展示形式和高科技手段运用其中，有科学家的科技成果模型、科学家使用过的的物品、历史文物复制品等实物展示，还有声光电多媒体、沉浸式时空隧道、电子影像留言台等现代高科技手段，使历史陈列与现代科技有机结合，充分体现了科技馆的科技属性。

聚力攻坚克难

在主题展从筹备到开展的过程中，黑龙江省科协及工作专班集智攻克了理念创新、模式创新和体系创新。

首先，是攻克主题展设计理念创新的难题。在主题展设计理念上，他们敢于打破传统思维，把弘扬科学家精神与增强科技领导力、创新创造力、师道传承力有机结合起来，将党性和人民性作为弘扬科学家精神的价值引领，让这一设计理念在展陈大纲中充分体现出来。

其次，是攻克党建与业务工作融合模式创新的难题。如何发挥主题展作用，更好地服务党的建设、服务科技工作者、服务社会公众，是摆在布展完成后的重要课题。黑龙江省科协及工作专班联合相关单位，组织中省直部门广大党员干部参观展览，开展弘扬科学家精神主题党日活动，持续扩大科协组织的号召力和影响力。与此同时，运用多形式的传播手段，在科技工作者中广泛宣传主题展，强化思想政治引领；还在重要节日、全国科技工作者日、科技周、科普日、学生开学第一课等重要时间节点，面向公众和重点人群开展科学家精神系列教育活动，推进科学家精神进校园、企业、社区、军营、农村以及新时代文明实践中心。

最后，是攻克现代科技馆建设体系创新的难题。如何推进"三基地一平台"现代科技馆体系中的科学家精神教育基地建设，是摆在面前的难题。黑龙江省科协及工作专班克服科学家精神展示基础素材少的困难，通过征集和广泛搜集官方网站和权威媒体报道，经过5轮的信息采集和编辑工作，对文字、图片和实物等进行遴选甄别、分类建档，重点结合现代科技馆体系建设思路，丰富完善了展览形式、手段和效果。同时，着重提升讲解员队伍素质，进一步强化了现代科技馆的阵地作用。

点评

弘扬科学家精神正在引领时代新风，逐步在全社会形成尊重知识、崇尚创新、尊重人才、热爱科学、献身科学的浓厚氛围。黑龙江科学家精神主题展不但强化了对科技工作者的思想政治引领，开辟了党员教育实践的新课堂，还以其真实、生动、鲜活的内容深深地感染了广大公众，充分发挥了科学家精神在全社会的价值导向和示范引领作用。在构建自立自强创新体系，用科学家精神引领良好社会风尚方面作出了典范。

苏州设立科学家日

江苏省科协

2022年7月10日，一场名为"寻元化新：中国科学院院士谢毓元"的展览在苏州美术馆正式启幕。这场为期近两月的科学家展，展出谢毓元院士的相关证书、书籍、手迹手稿、期刊书籍、工作器具等各类物品，以丰富新颖的展陈方式将其躬耕科研七十载、硕果累累的一生娓娓道来，吸引了诸多国内外民众参展。

这是继"清芬可挹：两院院士顾诵芬""奋楫笃行：'中国导弹驱逐舰之父'潘镜芙院士"展后，苏州市公共文化中心连续三年推出的第三个苏州院士专题展。

崇文重教的苏州自古就有"状元之乡"的美誉。当代之苏州又是"院士之城"，截至2021年，苏州籍两院院士达121名，居全国地级市首位。

为了彰显榜样的力量、汇聚高端智慧，向全球科技英才昭示尊重劳动、尊重知识、尊重人才、尊重创造的苏州礼遇，2020年4月，苏州市人大常委会以法定程序确定每年7月10日为苏州科学家日。上述三个展览便是其系列活动之一。

彰显榜样力量

苏州人历来抱有坚定的科研报国情怀。在祖国百废待兴之时，顾诵芬从无到有自主设计出战斗机；潘镜芙带领团队设计出我国第一代051型导弹驱逐舰；谢毓元因国家需要多次转变科研方向，创新合成促排铀的化合物"双酚胺酸"。

进入新时代后，创新创业迎来更好的发展机遇。苏州对科学精神的传承和探索从未停止。如何在此背景下，进一步弘扬科学家精神，彰显榜样的力量？苏州市的做法是以城市之名给科学家最高礼遇。

2020年，苏州市科协在中国科协、江苏省科协的关心指导下，推动苏州市人大常委会以法定程序确定每年7月10日为苏州科学家日。

苏州旨在通过设立苏州科学家日，打造"苏州科学家日，科学家苏州日"品牌，向全球发出尊重人才、致敬科学家的"苏州宣言"。同时，向所有苏州籍院士发出家乡的邀请函，并通过苏州籍院士导入世界院士，让全球科技人才感受爱才用才、尊重到家的"苏州礼遇"。

连续举办三届的苏州科学家日，突出弘扬了"爱国、创新、求实、奉献、协同、育人"的科学家精神主旋律，苏州院士精神已成为苏州城市精神的重要名片。

第十四届苏州国际精英创业周暨第三届苏州科学家日活动开幕

汇聚高端智慧

2022 年 7 月，第三届苏州科学家日系列活动如期举办。在院士专家座谈会上，苏州市委、市政府主要领导与 8 位两院院士共商发展大计，进一步集中智慧力量，围绕苏州数字经济时代产业创新集群发展、助力苏州营造一流发展环境等方面进行交流。

给科学家最高礼遇，以最大的诚意邀请科学家为苏州社会经济发展建言献策，这是设立苏州科学家日的题中之意。

2022 国际科学家苏州峰会是第三届苏州科学家日主要活动之一。在这场峰会

第三届苏州科学家日活动期间，苏州市召开院士专家座谈会

上，中国工程院院士、中国人民解放军陆军工程大学教授钱七虎等院士专家分别从不同角度聚焦"双碳"等话题，在城市建设、数字、建筑节能、新能源电池、绿色金融等方面为苏州绿色低碳发展提出了富有战略性、前瞻性的建议。

"每回苏州，都亲眼见到家乡的发展变化。"中国工程院院士陆军在峰会上透露，2021年年底，他带领团队在苏州成立了量子科技长三角产业创新中心，重点瞄准量子科技领域，以发展和推动量子科技产业为目标，旨在打造量子科技相关产业领域高端人才和高新技术企业的集聚区，推动苏州产业创新集群发展。

为了使高端智慧很好地促进产业转型升级，2022年7月，苏州还成立科学家企业家苏州协同创新联盟，旨在通过建立科学家科研方向和企业重大需求的对接机制，融入"科创中国"平台，充分发挥全国学会在苏建立的科技经济融合工作站的高端人才资源。

在苏州科学家日系列活动的推动下，其融合科技经济协同发展的效应不断凸显。目前，苏州积极推动中国生物医学会工程学会、中国机械工程学会等全国学会在苏州设立科技经济融合工作站7个，导入高端人才资源和科创资源，共签订25个科技经济融合项目，建立109人的专家团队，摸排企业技术需求126项，来苏州对接

38 次，走访企业 68 家次，开展重要活动 7 场次，达成合作意向 17 项。

广揽全球英才

为广揽全球英才，苏州科学家日活动融入苏州国际精英创业周，着力聚焦"学术、产业、科普"三大重点，通过系列苏州科学家日活动取得广泛影响，有力提升了苏州人才聚集度、科技经济融合度和城市美誉度。

过去的 10 多年里，苏州国际精英创业周共举办 91 场国际创客大赛，建设 23 家国际国内创客育成中心，发展 31 家海合组织，覆盖全球 30 多个国家和地区。

发展是第一要务，人才是第一资源，创新是第一动力。作为苏州招才引智一块赫赫有名的"金字招牌"，苏州国际精英创业周已累计落户项目 5773 个，引进、培养国家级重大人才占全市总量一半以上，入选独角兽培育企业将近全市四成，成为苏州集聚高端人才的主渠道、主阵地。

近年来，苏州以国际精英创业周为载体推进产才融合，厚植创新沃土。以生物医药产业为例，苏州集聚了 20 个院士团队、87 位国家级重大人才工程入选者、320 位江苏省"双创人才"，引进扶持 15 个顶尖人才（团队）和重大创新团队、522 名姑苏创新创业领军人才。

截至 2021 年年底，苏州人才总量达 343 万人，高层次人才总量近 34 万人，留学回国人员突破 5.5 万人，连续 10 年入选"外籍人才眼中最具吸引力的中国城市"。

点评

　　连续三届成功举办的苏州科学家日活动，通过融入苏州国际精英创业周，结合苏州产业经济发展和外向型经济较为发达的优势，组织开展了一系列独具科协组织特色的活动，融科创、科普和科学家精神弘扬为一体，着力打造"苏州科学家日，科学家苏州日"品牌，有力提升了苏州"创业者乐园，创新者天堂"的人才聚集度、科技经济融合度和城市美誉度。

打造科学家故居群落

浙江省科协

钱学森、竺可桢、苏步青、屠呦呦、谈家桢、严济慈，这是一个个印刻在中国科技史上熠熠生辉的名字，也是一位位沿着陡峭山路攀登科学高峰的浙江籍名人。他们的卓越成就、他们的奋斗故事，树起一座座精神的坐标。

2021 年的全国科技工作者日，浙江省公布其首批中国科协"科学家精神培育基地"名单，这些科学家的亲属到现场共同见证了授牌仪式。

浙江省科协在 2021 年党史学习教育和庆祝建党百年活动中，突出红船味、浙江味、科技味，开展"打造科学家群落，弘扬科学家精神"系列行动，赓续"红色根脉"，让科学家精神见人见事见物见精神、可敬可亲可感可学习。

突出"红色"底色　科学家精神"看得见"

浙江是中国革命红船起航地、改革开放先行地、习近平新时代中国特色社会主义思想重要萌发地。新时代，中央赋予了浙江全面展示中国特色社会主义制度优势性"重要窗口"、争创社会主义现代化先行省、高质量发展建设共同富裕示范区等新定位，红色是其根本底色。

浙江省科协对建党百年特别是中华人民共和国成立以来党领导的科技发展史进行梳理学习，挖掘宣传了钱学森等一批以爱国主义为底色的"浙里·科学家"，全方面呈现一批近代浙籍或在浙江工作过的著名科学家的故事。

同时，围绕庆祝建党百年开展"百名院士寄语建党百年"活动，收集 140 名院士手记；组织青年科技人才赴南湖开展"百名青年英才重走红色路"、赴安吉开展"绿水青山就是金山银山"国情研修等活动。

礼赞、弘扬科学家精神，让科学家精神在新时代焕发光彩，全社会都在努力尝试和探索，也收获了诸多宝贵经验。

打造基地群落　科学家精神"摸得着"

浙江人文渊薮，近百年来涌现钱学森等一批著名科学家，目前浙籍两院院士超过420位。科学家故（旧）居、纪念馆，成为天然的科学家精神教育场所。

钱学森诞辰110周年暨钱学森故居"科学家精神培育基地"挂牌活动，九三学社中央、九三学社浙江省委纪念严济慈活动，青年科技英才参观屠呦呦旧居、谈家桢生命科学教育馆……行走在科学家故居，他们幼时的经历、求学的片段、生活的雅趣、投身科研的决心都显得可亲可感。

浙江省科协遴选了钱学森、竺可桢、苏步青、严济慈、谈家桢、屠呦呦6位浙籍著名科学家的故（旧）居、纪念馆，报经中国科协批准同意，开展科学家精神培育基地试点工作，为全国科学家精神教育基地认定工作提供有益探索和浙江经验。

首批 6 家中国科协科学家精神培育基地

中国科协联合七部委在全国开展科学家精神教育基地建设与服务管理工作。浙江省科协联合省教育厅、省科技厅、省文旅厅、团省委共同评选出23家省级科学家精神教育基地，并在全国科技工作者日这个重要时间节点予以公布，掀起弘扬科学家精神热潮。

新华社等媒体共刊发30多篇有影响的报道，同步开展视频、微博等报道，全网总曝光量近150万人次；地铁电视宣传推广"大地上的星火"短视频累计曝光超

1750 万人次；华数互动电视平台宣传海报累计曝光超 780 万人次。

基地突出面向青年科技人才和青少年，变"故居"为"讲堂"，通过观看实物、现场聆听、实地体验，开展沉浸式学习、情景式感悟、体验式研学。

在"双减"背景下，这些科学家精神教育基地逐渐成为中小学生、青少年的网红打卡地。截至 2021 年年底，全省科协系统组织开展各类活动 2748 场次，组织 120 万人次中小学生接受了教育。

苏步青励志教育馆成了温州市"研学旅行"的热点之一，吸引了众多学生团队前来研学实践

推广"浙里"品牌 科学家精神"在身边"

在百年的科技奋斗史中，浙江英才辈出，灿若繁星，众多著名科学家在"浙里"熠熠闪光。浙江省科协通过打造"浙里·科学家"宣传品牌，对科学家精神、科学家事迹进行深处挖掘、广处覆盖、高处弘扬。

浙江省科协组织省域科学家精神宣讲团，开展科学家精神巡讲活动 20 多场次，宣传了钱学森、茅以升等 20 位浙籍老一辈科学家的爱国故事，让新中国"站起来"的重大科技成果深入人心。

在 2022 年"530"全国科技工作者日浙江主场活动上，首批 8 部"浙里·科学家"传记发布，它们讲述着钱学森、竺可桢、严济慈、苏步青、谈家桢、屠呦呦、谷超豪、赵九章 8 位科学家的故事。

联动首批 23 家科学家精神教育基地，扎实开展科学家精神巡讲活动，通过展示重要物件拓展科学家精神教育深度。

其中，以近代浙江籍或在浙江工作过的著名科学家、两院院士为重点，多渠道搜集整理，建立"浙里·科学家"资源库。联动杭州、宁波、台州等地市科协组织举办"众心向党、自立自强，党领导下的科学家精神"主题展巡展活动，仅浙江省科技馆半月余的展出时间，接待观众 7300 余人次。

通过公众号专栏、大众科技网和《浙江科协》封面人物等传播平台，浙江省科协重点宣传各行各业的优秀科学家，传递"优秀"动能，影响和引领社会风尚。2021 年以来，重点宣传了"三大科创高地"建设、数字化改革、"碳达峰碳中和"、共同富裕示范区建设等创新实践中涌现出来的优秀人物 100 余人。

广泛推荐、宣传"最美科技工作者"，选树一批有故事、有情怀，可复制、可推广的基层科技工作者典型，特别是浙江省科技创新、防疫抗疫、科技赋能山区 26 县等奋斗在基层一线"科技追梦人"。

自 2019 年 5 月发布开展寻找"科技追梦人"以来，浙江省科协共宣传了基层一线的科技工作者 200 余人，用身边人、身边事、身边案例讲好科学家的故事，大力弘扬和传承科学家精神。

点评

　　科学家精神是科技工作者在长期科学实践中积累的宝贵精神财富。浙江省科协在广泛调研的基础上，充分发挥浙江著名科学家众多且不少保留故（旧）居、陈列馆、纪念馆的独特优势，遴选了 6 位浙籍著名科学家的故（旧）居、纪念馆，开展科学家精神培育基地试点工作。中国科协党组将其列为全国科协系统党史学习教育特色活动并向全国推介。

精心打造《最美科技人》

海南省科协

"1998 年夏，陈奕刚成了海口市第四中学的一名物理老师。如今，他成长为教研室副主任、物理高级教师。24 年来，他将科技创新融入教育教学，用科技教育搭起城乡桥梁，在学校里营造了浓厚的爱科学、学科学、懂科学、用科学的氛围……"

这是 2022 年 10 月最新一期《最美科技人》栏目的画外音。每月第一周周六，总有不少海南省当地人，把电视调到海南新闻频道，等着《最美科技人》节目开播，观看科技工作者的故事。

该节目自 2016 年 12 月 4 日在海南广播电视总台开播至今，共展播 110 位来自热带农业、深海科技、种业资源、医疗卫生、生态环境等学科领域的一线科技工作者的优秀典型事迹。

应势而上　发挥典型示范带动作用

2016 年，中共中央办公厅印发的《科协系统深化改革实施方案》明确要求：要大力宣传事迹突出的基层一线杰出科学家和优秀工程师，树立科技界的精神文明标兵，发挥其在引领和促进社会好风尚中的表率作用。2015 年，海南省委办公厅印发的《关于加强和改进党的群团工作实施方案》明确提出：引导科技工作者发挥示范作用，弘扬科学精神，推动形成崇尚科学、追求进步的社会氛围。

为此，海南省科协顺势而为、应势而上，以典型引路，立足于发挥科技界先进典型的示范带动作用，于 2016 年策划了一档用荧屏和镜头讲述海南省优秀科技工作者求实创新、拼搏奉献感人故事的电视栏目，以激发全社会学习先进、追赶先进、争当先进的持久内生动力。

在海南电视总台的大力支持下，海南省科协《最美科技人》电视节目应运而生，

节目组跟随最美科技人在鹦哥岭拍摄

成为全国首创。《最美科技人》栏目，成立了专门摄制组，每年投入 120 万元，计划每月播出两期《最美科技人》，每期时长 15 分钟。

拍摄播出的《最美科技人》，在海南科技界掀起学习最美、争当最美的热潮，在全社会营造尊重劳动、尊重知识、尊重人才、尊重创造的深厚氛围。

专业策划　用镜头讲述科技工作者故事

节目创立之初，《最美科技人》便确定，拍摄对象主要从历年海南省优秀科技工作者获得者和海南省青年科技奖获得者中选取，侧重于长期奋战在科研一线、为海南创新驱动发展作出突出贡献、事迹感人、适合公开宣传的科技工作者。

热带作物科学家郑学勤是节目组选定的首期嘉宾。彼时，郑学勤已 87 岁高龄，节目组顿时心生诸多顾虑——行动是否还方便？有没有精力全程配合拍摄？老先生工作状态又是怎样？节目组又应该做好怎样的后备措施？但是当与老先生第一次接触后，所有的顾虑都烟消云散。

电话里郑学勤不仅口齿伶俐，思维开阔，同时也表示非常乐意配合工作，敲定计划和行程后，节目组终于松下一口气。

迅速进入拍摄阶段后，为了实现真人、真事、真情、真景地记录描绘郑学勤一生的科研工作，拍摄地深入了海口的中国热带农业科学院、澄迈辣木及诺丽果种植基地、儋州橡胶种植基地进行拍摄。

《最美科技人》节目侧重从大视角中记录不为人知的小细节，这就需要编导下功夫去努力地捕捉郑学勤生活中的一些细节。为此，连续两周的时间，每天六点，节目组就开始跟拍的工作。

经过四个月的筹备、策划和拍摄，2016年12月初第一期《最美科技人》制作播出，收到了热烈反响。

2017年3月，全国科协系统宣传思想工作会议在海口召开。会上，中国科协把《最美科技人》作为创新宣传工作案例进行了推广，休会时进行播放宣传，得到了其他省（直辖市）科协和全国性学会的一致好评。会后，浙江、广西、上海等省（自治区、直辖市）科协纷纷来电咨询，先后推出以讲述科技工作者故事为主线的宣传栏目。

节目组在火龙果基地拍摄

追求卓越　打造闪亮的"海南名片"

多年来,《最美科技人》一直在海南广播电视总台黄金时间段播出。目前,《最美科技人》于每月第一周周六在海南新闻频道 22：35 首播,后进行两次重播。2020年开始在海口 1300 多辆公交车屏幕进行展播。

近 6 年时间,《最美科技人》栏目组的足迹遍布海口、三亚、五指山、乐东、东方、琼海、澄迈等 18 个市县田间地头,以及全省高等院校、科研院所、园区企业等,深入挖掘科研一线的优秀科技工作者锲而不舍、孜孜不倦、爱国奉献的感人故事。

本着弘扬"爱国、创新、求实、奉献、协同、育人"的新时代科学家精神的使命,《最美科技人》栏目组时刻紧绷心弦,与拍摄嘉宾真诚亲切交流,力求制作出高质量、高关注度的节目。节目一经播出便获得科技工作者的广泛赞誉,引领广大科技工作者积极投身到创新驱动发展、建设海南自贸港的生动实践,展现了新时代海南科技工作者的新风采。

2018 年起,海南省科协根据中国科协的部署要求,联合中共海南省委宣传部和海南省科学技术厅在全省广泛开展"最美科技工作者"学习宣传活动,推动"最美科技工作者"学习宣传活动进企业、进院所、进校园、进机关、进农村。从此,《最美科技人》成为海南省科协宣传"最美科技工作者"的主阵地。

7 年来,110 位可敬可爱的科技工作者,让观众触碰到了前沿科技发展背后的温度。他们不断进取、追求卓越,打造出一张张闪亮的"海南名片"。他们的品质与精神之光,闪耀在琼州大地,照亮了科技星空!《最美科技人》平均每年省网收视率高达 1.27%,市场份额 5.35%;市网收视率高达 3.07%,市场份额 11.6%,开播至今累计近 1800 万人次收看,取得了良好的社会效益。

点评

　　《最美科技人》是全国首次策划推出专题科技人物纪录片,创新的工作方式加强了对广大科技工作者的政治引领,宣传科技工作者的先进事迹,在全社会营造尊重劳动、尊重知识、尊重人才、尊重创造的良好风尚,进一步激发广大科技工作者的荣誉感、自豪感、责任感。

演绎科学大师人生　弘扬科学大师精神

中国地质大学（武汉）科协

《大地之光》是中国科协、教育部、共青团中央、中国科学院和中国工程院联合组织实施的"共和国的脊梁——科学大师名校宣传工程"系列剧目之一，由中国地质大学（武汉）倾心打造原创剧本，以"学子演师长"的形式，将李四光先生回国后21年间的家国情怀和科学人生搬上舞台。

李四光先生是中国地质大学（武汉）前身——北京地质学院的缔造者，他的科学人生和崇高精神是中国地质大学（武汉）精神的源头和重要资源，也是一代代地质学家在爱国奉献、勤奋钻研、严谨治学、奖掖后学等优秀品质上的集中体现。

借助中国科协"共和国的脊梁——科学大师名校宣传工程"这一平台，中国地质大学（武汉）通过《大地之光》的话剧舞台，让"爱国奉献、追求真理、淡泊名利、勇于担当"的李四光精神薪火相传。

寻根精神脉络　明确创作定位

2012年，在接到中国科协"共和国的脊梁——科学大师名校宣传工程"的任务后，中国地质大学（武汉）成立了由校党委书记牵头，院士、地学专家担任学术顾问，多部门共同参与的项目工作组，聘请武汉人民艺术剧院专业导演和演员倾心雕琢，打造原创剧本。

在剧本研讨会上，校党委书记郝翔说："我们要通过演绎科学大师，弘扬科学精神，使话剧《大地之光》成为在科技界、教育界和全社会大力弘扬李四光精神的过程，成为坚持中国特色社会主义核心价值体系，为实现'中国梦'造就更多优秀人才的教育培养过程。"

最终，项目组拟定了话剧创作的基本原则，即打造一部"学生喜欢、社会认同、专家认可、便于传承的具有地学特色"的话剧。话剧以"爱国、求是、担当、奉献"的价值追求为主线，截取了李四光于 1950 年回国后的 21 年间具有典型意义和矛盾冲突的历史场景和故事，通过对李四光和其 3 个学生的人物塑造，深刻阐释了"爱国奉献、追求真理、淡泊名利、勇于担当"的李四光精神。

遵循艺术育人规律　坚持学子演师长

在演员遴选上，《大地之光》坚持"学子演师长"原则，所有演员和前后台工作人员均由该校在读本科生担任，以大一大二学生为骨干。

因中国地质大学（武汉）无戏剧表演专业，因此在演员选择上采用了先培训再选人的方式。学校依托学生"子非鱼"戏剧社面向全校招募演员 145 名，在暑期进行专项训练后再根据角色进行考核选择，最终确定主演 7 人、群众演员 26 人。

一群没有专业基础的普通学生凭借着对李四光先生的敬仰、对戏剧的热情，完成了发声、普通话、台词、形体、表演等课程的专项训练，从坐排、分排、联排到后期合成。

十载春秋中，六届学生演员团队共 200 余人，累计经历了 600 天的"魔鬼训练"，历时 5400 多个小时，克服重重困难，边上课边排练，经历了一段刻骨铭心的艺术文化之旅。

2012 年 11 月的首场公演后，一位观众给导演发来短信："谢谢您！我也是一个科技工作者、一个工程师，今晚看了《大地之光》，我哭了，这泪水不是伤心，是荡涤，他让我重新审视自己的职业，重新拷问自己的科学良知！"

中国科学院院士金振民在看完演出后也激动地说："话剧展示了从狭义的地质科学之光，到地大之光，再到大地之光，最终是民族之光的转换过程，蕴含着很宝贵的教育意义。"

《大地之光》剧照

如今,《大地之光》已在全国各地正式演出共 60 场,观众超过 10 万人次,中央电视台、《人民日报》、新华网、人民网等 30 多家主流媒体持续跟踪报道,被中共中央组织部选为"全国党员教育电视片指定作品"。

传承大师精神　涵养核心价值观

为进一步传承弘扬李四光精神,大力提升地球科学领域协同创新能力和拔尖创新人才培养水平,中国地质大学(武汉)于 2012 年组建李四光学院,培养独立思考、自主表达、崇尚学术、勇于探索的拔尖创新人才。

同时,借助《大地之光》的文化影响力,发起了"寻找李四光·卓越地质师培养工程"主题活动,至今已有来自地学类专业的逾 1 万人次学生组成的 1000 余支团队参加了相关活动。这些活动与"中国梦·地质梦·我的梦"主题教育实践活动紧密结合,成效显著。

近年来,中国地质大学(武汉)继承弘扬优良传统,把服务国家需求作为第一选择,引导和鼓励一代代师生爱国敬业、求实奉献,到祖国最需要的地方埋头苦干,把论文写在高山、大海,写在矿区、油田,勇敢肩负起推动高等地质教育和地球科学发展、促进国土资源行业科技进步、服务经济社会发展的历史使命。

十载春秋,十年坚守,《大地之光》在辐射发光,李四光精神在浸润传承,引导着广大青年自觉践行社会主义核心价值观,把智慧和力量凝聚到为实现中华民族伟大复兴的中国梦而奋斗的宏伟事业中来。

如今,话剧《大地之光》在彰显李四光精神的同时,也成为中国地质大学(武汉)的文化名片,向社会各界传递着学校的育人理念、办学特色和对精神高地的坚守。

点评

60 场巡演,《大地之光》好评如潮,获得观众的高度认可和社会各界的一致好评。《大地之光》的成功,充分说明优秀文化是现代高等教育的基石,高校在弘扬科学家精神方面有着天然的优势。中国科协"共和国的脊梁——科学大师名校宣传工程"让高校在探索以何种方式让青年学生和社会公众更好地了解科学前辈、感知和体悟其崇高品格、传承和弘扬其精神的发挥了重要作用。

弘扬西迁精神　勇担国家使命

西安交通大学科协

60 多年前，数千名交通大学师生响应国家号召，从黄浦江畔来到渭水之滨，在迁校和新校建设的过程中，无数可歌可泣的事迹铸就"胸怀大局、无私奉献、弘扬传统、艰苦创业"的"西迁精神"。

西安交通大学科协持续以西迁精神为核心，充分发挥科协组织联系广大科技工作者的桥梁纽带作用，大力弘扬科学家精神，以"西迁人"爱国奋斗先进群体鼓舞激励交大人团结奋斗、开拓进取、无私奉献，为学校和国家发展贡献力量。

让奋进的精神底色更足

西安交通大学科协厚植爱国主义情怀，支持学校育人阵地建设，丰富社教活动形式，以"西迁人"坚守初心使命、奋斗报国的生动实践，为弘扬爱国奋斗精神提供资源和支撑。

2020 年 5 月，陕西省科协举办引领科技工作者传承与弘扬"西迁精神"座谈会，由西安交通大学科协推荐的交大海归博士张伟教授作为参会代表分享了他的科研故事，交大的"西迁精神"鼓舞着青年教师扎根西部，拼搏奋斗。

2021 年 5 月，在陕西省委组织部、省委宣传部和陕西省科协共同举办的寻找"西迁精神传承人"主题宣传活动中，西安交通大学科协特邀 89 岁的卢烈英教授现场讲述自己亲历的西迁故事，勉励青年一代要传承好爱国奋斗的"西迁精神"，到祖国最需要的地方去建功立业，为国家发展贡献智慧和力量。

西安交通大学科协组织推荐的西安交大热流团队、西安交大能源与动力工程多相流创新团队入选"西迁精神先进团队"，王宏兴、杨拴盈入选"西迁精神传承人"，树立传承"西迁精神"典型，激励更多的青年科技人才为国家经济社会发展作出贡献。

89岁的卢烈英教授讲述自己亲历的西迁故事

让西迁精神代代相传

"我已经是86岁的耄耋老人了，1955年6月30日入党，但是我的心还不老，我要永远记住入党的初心和使命，继续发挥余热，为党的事业添砖加瓦，活到老学到老，学好党史，让党的红色基因世代相传。"交大西迁博物馆前，西安交大学生微宣讲团成员们驻足聆听了老党员侯振福老师的党史故事，内心涌动着一股热流。

为了在新时代更好地弘扬爱国奋斗精神，西安交通大学科协成立以学生为主体的微宣讲团，积极发声。学生微宣讲团以西迁精神宣讲为主要特色，融爱党、爱国之精髓，先后培养了278名学生宣讲人，奔赴包括广西、云南、新疆等16个省（自治区、直辖市），行走近3万千米，开展宣讲活动320多场，线下受众人数达15万人次，线上直播覆盖4500万人次，以青年之声传递奋进力量。

交大西迁博物馆自2018年开馆至今，累计接待50万校内师生和社会各界人士，获批全国科学家精神教育基地等18个基地。西安交通大学科协依托科协系统渠道，积极争取资源支持西迁馆的建设发展，先后助力承担中国科协"老科学家学术成长资料采集工程"项目、陕西省科普场馆、科普教育基地开放共享项目。

依托交大丰富的档案文博资源及专业技术队伍，西安交通大学科协将传承"西迁精神"与弘扬"科学家精神"紧密结合，深入挖掘西迁前辈"爱国、创新、求实、奉献、协同、育人"的科学家精神，学校编写出版基于采集史料的科学家传记、口述史等图书10多部。

在西安交通大学科协的推动下，2020年学校高等工程教育博物馆承办了由中国科协主办的"我和我的祖国——中国科学家精神主题展"全国巡展（陕西站）活动。这是中国科协全国巡展首次走进高校博物馆，展览广泛宣传了科技工作者勇于探索、献身科学的生动事迹。

让前行的思想根基筑得更牢

对西迁精神和西迁故事进行深度挖掘，有利于促使广大知识分子从中汲取理想信念力量。西安交通大学科协联合校宣传部、档案馆、博物馆等校内单位，持续推进"西迁精神资料采集工程""西迁人口述史采集工程"等11项西迁专题项目，深入挖掘西迁历史，推出一批理论研究、宣传阐释、课程建设、文化创作成果。

面向社会公众，学校累计参编中国共产党革命精神系列读本《西迁精神》、西迁纪实报告文学《西迁人》、西迁精神主题出版物《交通大学西迁：使命、抉择与挑战》《百年淬厉电光开——西安交通大学的历史脉络与文化传承》《兴学强国120年》《交通大学西迁亲历者口述史》《西迁创业者列传》《西迁创业巾帼谱》等50多种，完成高中版、小学高年级版《西迁精神读本》出版发行，协助开展国家社科基金重大委托项目"西迁精神的历史意义和时代价值研究"。其中，多个成果和作品获得国家级和省部级奖项。

学校推出的秦腔《大树西迁》、电视剧《一路芳华》、电影《大西迁》、话剧《追忆西迁年华——向西而歌》、原创歌曲《梦朝远方》、纪录片《西迁纪》、西迁精神主题油画等艺术还原了西迁人爱国奋斗的经历、感悟，出版的多部图书和影视纪录作品，既激发西迁精神文化创造力，也构建了西安交通大学独特的文化格局。

首部女性西迁系列图书《西迁创业巾帼谱》出版，为弘扬西迁精神拓展新视角；制作微视频作品《西迁第一楼》，获国家档案局微视频一等奖；西迁精神出版工程二期获批陕西省重大文化精品扶持项目。

话剧《追忆西迁年华——向西而歌》专场演出

站在新的历史起点上，西安交通大学科协将西迁精神作为改革创新发展的不竭动力，紧密联系服务科技工作者，团结引领科技工作者不畏艰险、勇攀高峰，瞄准建设世界科技强国的宏伟目标，作出应有贡献。

点评

高校科协是科协组织的重要力量和基础，西安交通大学科协把科协组织优势转化为服务发展效能，立足高校科协优势，大力弘扬科学家精神和"西迁精神"，引领广大高校科技工作者扎根西部、无私奉献，为我国西部科技事业进步和陕西高质量发展作出贡献。

画出成风化人同心圆
让科学家精神扎根青年学子

中国科协宣传文化部

　　用科学家精神培根铸魂时代新人是科协组织义不容辞的政治责任。自 2012 年以来，中国科协联合教育部等部门深入实施"共和国的脊梁——科学大师名校宣传工程"，以"校友演校友、学弟演学长"的方式，支持清华大学等 19 所高校创排演出 20 部科学家主题舞台剧，400 余场演出吸引 50 余万青少年走进剧场，得到党中央、国务院有关领导同志的充分肯定和高度赞誉，深受广大青年和社会各界的热烈欢迎和一致好评，成为新时期加强青年思政工作的重要内容。延续"科学大师名校宣传工程"的工作思路，2020 年联合教育部、中国科学院启动实施"学风传承行动"，

舞台剧现场

建立"学风涵养工作室"，打造"风启学林"主题社区，鼓励支持青年人以自身视角生动讲述身边的科学家故事，展现科技界优良学风，在广大高校和科研院所中培育优良学风沃土，让科学家精神扎根青年学子。

突破部门界限　共育青年思政教育新模式

始终坚持以立德树人为根本任务，中国科协连续 10 年深入实施"共和国的脊梁——科学大师名校宣传工程"，支持有条件的高校创排科学家主题舞台剧目，塑造科技界民族英雄，每年年初由中国科协、教育部、共青团中央、中国科学院、中国工程院五部门联合发文，持续推动科学家精神在青年人心中扎根发芽。"支持有条件的高等学校和中学编排创作演出反映科学家精神的文艺作品""持续开展'共和国的脊梁——科学大师名校宣传工程'"等内容被明确纳入两办《关于进一步弘扬科学家精神加强作风和学风建设的意见》、教育部等八部门联合印发《关于加快构建高校思想政治工作体系的意见》。2020 年，联合教育部、中国科学院启动实施"学风传承行动"，被纳入全国科学道德和学风建设领导小组开展的宣传月活动，10 万大学生活跃在"风启学林"主题社区。浙江大学"启尔求真"工作室以"我的学科有故事"为主题，策划推出学科发展史系列视频、学科文化展等丰富多彩的活动，促使青年学生主动了解所在学科、热爱所学专业，让优良学风"看得到、摸得着"。经过多年努力，构建起了跨系统跨部门协同共育时代新人的同心圆，一体化大思政工作新格局初步形成。

打破传统模式　探索沉浸式育人新路径

"科学大师名校宣传工程"始终坚持"校友演校友、学弟演学长"的原则，在专业指导老师的指导帮助下，以青年人喜闻乐见的形式，清华大学、上海交通大学等19 所高校近千余名学生全身心投入舞台剧全流程创作排演，走近科学家内心，感悟科学家精神，探究对人生、对国家、对世界的认识，启迪思想，陶冶人生。中国地质大学（武汉）李四光的第一任扮演者赵新雅同学，毅然放弃留校保研机会，到新疆做了一名普通地质工作者，真正践行了"我不想只扮演李四光，我想靠近他，做真正的'李四光'"的青春诺言。清华大学在话剧《马兰花开》剧组建立了马兰花开党支部，现有学生党员 20 名，教师党员 1 名，入党积极分子 13 名，将剧目演出

舞台剧现场

与发挥党员先锋模范作用相结合，成功探索出通过剧组开展党建工作的路径和经验。"学风涵养工作室"因地制宜设计活动，因材施教发扬学风，贴近青年学子。北京信息科技大学"自强学风工作室"刘子微同学被推荐参与央视《开讲啦》节目录制，现场对话欧阳自远院士，使她深切明白从事科研需要科学家精神的引领，更要有耐心、专心、恒心。录制结束后，她收到了国际顶级期刊《IEEE 车辆技术汇刊》（*IEEE Transactions on Vehicular Technology*）的文章录用通知，更加坚定了未来从事科研工作的决心意志。

丰富形式载体　厚植人才成长沃土

在"科学大师名校宣传工程"工作基础上，不断丰富学风建设工作的方式方法，自 2020 年起，联合教育部、中国科学院开展"学风传承行动"，陆续在全国 30 个省（自治区、直辖市）建立 400 多个"学风涵养工作室"，以创作主题视频等适合青年群体的活动方式，将科学家精神植入思政教育，培育优良学风，涵养科研生态。坚持宣讲教育形式创新，在连续 10 多年举办科学道德和学风建设宣讲报告会的同时，2022 年首次将宣讲报告搬上电视荧幕，欧阳自远、杜祥琬、傅廷栋等老一辈顶尖科学家与优秀青年科研工作者跨时空传承与对话，第一期节目收视率全国同时段排名第三，《科技日报》、中国网等中央媒体共同参与，"弘扬科学家精神涵养优良学风"话题 3 次置顶，累计阅读量 3300 余万。加快推动优质科学家精神网络内容建设，让网络正能量激励青年奋斗新时代。"风启学林"吸引 456 个高校院所入驻，注册用户破 10 万，汇聚学风作品 7580 余条，传播覆盖超 4 亿人次。在全国范围内开展的"科学也偶像"短视频征集活动逐渐受到青年追捧，2022 年征集作品 1100 余份，其中优秀作品中有半数是由高校院所的青年人创作完成。

点评

中国科协宣传文化部坚持开放协同，联合多部委就青年群体思政工作成风化人画出同心圆，用青年人喜闻乐见的艺术和传播形式让科学家精神扎根青年学子，创新推出青年群体的思政引领形式，聚焦面向青年群体的科学家精神弘扬方式，10 年来取得了工作实绩和丰富经验，凝练推广"科学大师名校宣传工程"成功经验，不断衍生一批新的工作品牌和亮点活动，证明青年群体思政引领工作方式方法的创新取得了成功。

篆刻时代记忆　谱写科学华章

中国科协创新战略研究院

"596"工程、"863"计划、交大西迁等重大科技事件中，有着怎样动人心魄的幕后故事？竺可桢、钱三强、于敏、谷超豪、王忠诚、吴良镛……这些耳熟能详的名字背后，有着怎样鲜为人知的奋斗历程？

这些封存在浩浩历史中的珍贵史料，裹挟在时代洪流中的吉光片羽，在"老科学家学术成长资料采集工程"（以下简称采集工程）的实施下，得以保存和传播，为公众了解老科学家的科研人生、探索科技人才成长规律、研究中国科技事业发展历程，积累了丰富翔实的素材。

采集工程从 2010 年正式启动至今，已开展了 646 位老科学家及科学家群体的资料采集工作。10 多年来，采集工程致力于构建"采、藏、研、展、教、宣"六位一体的工作格局，将收集、整理科学历史资料的学术研究功能与教育、宣传科学精神的功能集于一体，不断进行内容更新、项目拓展，弘扬科学家精神，彰显科学文化底蕴。

制度先行　构建大联合大协作机制

2009 年，中国科协组织了针对两院院士群体的摸底调研，并向国务院报送了《老科学家学术成长历史资料亟待抢救》的调研报告。国务院主要领导同志做出重要批示，由中国科协牵头，联合 11 个部委，研究制定了《老科学家学术成长资料采集工程实施方案》，并于 2010 年正式启动。

多部委联合是采集工程的一面旗帜，形成了以采集工程专家委员会作为最高学术咨询组织，由采集工程领导小组办公室（中国科协宣传文化部）统筹协调，采集工程项目办公室（中国科协创新战略研究院）运维管理，科技史研究机构、文献档

采集工程第一次专家委员会会议（2010年5月4日）

案机构、出版社以及地方科协共同组成的大联合、大协作的工作机制。

制度先行是采集工程健康发展的有力保证。在采集工程项目启动之初，中国科协调研宣传部联合中国科学技术史学会、北京理工大学等单位，研究起草17个基础文件，从根本上保证了工作程序、采集质量的规范和有序。以《老科学家学术成长资料采集范围》为例，该文件规定了15大类资料采集的总体要求、主要内容、具体资料名称及归类要求，为顺利开展采集工作，全面提高采集管理水平提供了基本依据。

此外，采集工程项目组每年度还要为新参与的采集人员开办培训班，有一套完整的采集流程及规范要求，保证了其工作的科学性和可靠性。

经过10多年的发展，为了更好地适应采集工程规范化、信息化管理及联合采集工作开展的需要，2019年采集工程项目办公室启动基础制度优化建设相关工作，借鉴国家档案行业标准的有关规定，结合采集方式、保管利用、整理技术要求等具体情况，对现有制度进行修订，进一步提高了采集工程规范化、标准化和信息化管理水平。

迄今为止，全国共有300余所高校、科研机构等单位承担了采集工作，4000余名科技工作者直接参与了采集工作，他们也成为科学精神的传递者。

采藏研结合　掌握一手资料

10多年的工作，采集工程累计获得实物原件14万余件、数字化资料近34万件，音频资料近56万分钟，视频资料近47万分钟，已成为国内规模最大、内容最丰富、类型最广泛的科学家珍贵历史资料收藏工程。

采集工程已采集收藏的资料，目前暂存于北京理工大学图书馆内的采集工程馆藏基地和中国科协魏公村办公区特藏室。正在建设中的中国科学家博物馆，将成为中国科学家文献和实物的收藏管理中心、学术思想研究中心、科学精神和科学文化宣传展示中心，也将成为中国科学家的精神殿堂和情感家园，成为全社会培育科学精神和创新精神、开展爱国主义教育的重要基地。

采集工程还同步开展了科学家资料研究工作，获得了一批高质量研究成果。已出版科学家学术传记150册，是目前国内最为系统的科学家学术传记丛书；《中国科学报》印刻专刊共刊发文章350多期；以采集工程为基础的研究成果不断涌现，为科技人物宣传、科学文化建设积累了客观丰富的材料。

采集工程还依托翔实、丰富的资料和史料，出版面向青少年群体的《"共和国脊梁"科学家绘本丛书》三辑共24册，作为国内首套权威、成体系的中国科学家绘本丛书，多次加印，总发行量近百万册，荣获诸多奖项。

展教宣同推进　弘扬科学家精神

采集工程自开展以来，为我国科技史积累了大量史料，有力推动科技人才成长研究、科技人物宣传，为弘扬科学精神、培育科学文化奠定了坚实的理论基础和组织基础。

为进一步做好弘扬科学家精神工作，将科学家精神公共产品送到基层、科技工作者身边，采集工程深挖科学家精神研究底蕴，汇聚专家智慧与团队力量，从数十万件实物及数字化资料中仔细甄选展品，精心设计、倾力策划了"科技梦·中国梦——中国现代科学家主题展""坚守初心·为梦前行——老科学家捐赠资料选展""'恰同学少年'科学家成长足迹展""众心向党·自立自强——党领导下的科学家""笔鉴丹心——手稿中的科学家精神主题展"等多个主题展览。

与此同时，以依托采集工程建立的中国科学家博物馆（网络版）以及以"中国

科技梦·中国梦——中国现代科学家主题展

科学家"微信公众号为核心，辐射微博、头条号等新媒体宣传矩阵，将老一辈优秀科学家求学求知、成长奋斗、科研报国、教学育人等故事，以文字、海报、手绘长图、短视频等通俗易懂的形式进行传播，总发文量近万篇，阅读量 1.9 亿次。中国科学家博物馆（网络版）也获选 2021 中国正能量"五个一百"网络精品。

采集工程面向社会的宣传展览活动，因为有一手资料而真实，因为有人文温度而感人，因为有科学的组织规划、行之有效的举措、各行各业的共同参与、通力配合而前行不辍、未来可期。

点评

"老科学家学术成长资料采集工程"是弘扬科学家精神、推进科学文化建设的重要阵地，是中国现当代科学史和科技人物研究的重要平台，是科技界聚民心、暖人心、筑同心的重要工程。项目组成员用心用情，怀着对历史负责、对科学家负责、对国家负责的高度使命感和责任感从事这项工作，在新时代谱写了科技文化与传播的中国故事，赓续中国知识分子文化血脉。

科学家精神报告团——传播科学家精神

中国科协科学技术传播中心

2020 年 9 月 23 日晚，位于湘江之滨的南华大学大礼堂内座无虚席。科学家精神报告团成员、"两弹一星"功勋科学家黄纬禄院士的女儿黄道群，讲述了父亲成长成才和献身导弹事业的光辉一生。现场师生也为黄纬禄勇攀高峰的科学精神、无私奉献的家国大义深深感动，掌声经久不息。

这样热烈的场景，出现在每一场科学家精神报告会现场。自 2018 年 6 月成立以来，科学家精神报告团走进 22 个省（自治区、直辖市）的 49 个地级市，走进 342 所大中小学、科研院所、央企国企、党政机关等，举办报告会 342 场，逾 30 万名师生、科技工作者、党政干部现场聆听报告，并与科学家后人面对面互动交流。

润物无声　家国情怀传承不息

科学家精神报告团的成立，来源于筹建科学家博物馆初期的调研工作。中国科协科技传播中心在调研中发现，很多科技类人物博物馆的馆长均为科学家后人。调研组认为，科学家博物馆的建设需要 3~5 年的时间，但是可以提前将这些科学家后人组织起来成立报告团，他们是科学家故事的参与者、科学家精神的见证者、科学文化的传承者，他们所讲述的科学家故事有极大的可信度、极强的感染力。这一想法得到了包括邹宗平在内的数位科学家后人的积极响应，也得到了中国科协各级领导的高度重视。

2018 年 6 月，中国科协科学技术传播中心邀请邹宗平（李四光外孙女）、钱永刚（钱学森之子）、许进（邓稼先妻侄）等著名科学家后人或亲属首次组建了科学家精神报告团，深入大中小学、科研院所等地，讲述前辈科学家碧血丹心的爱国之情、舍我其谁的报国之志和在时代洪流中傲然屹立的家国情怀。

2021年6月9日，许进在鄂尔多斯市东胜区第一小学做报告

成立以来，科学家精神报告团成员不辞高龄、不避艰辛，深入基层，扎根一线，充分发挥科学家身边人的独特作用，将传承科学家精神的文章书写在祖国大地上。

截至2022年年底，科学家精神报告团已有团员39人，涉及詹天佑等近代中国科技事业的启蒙者、钱学森等中国科技事业的领导者、邓稼先等"两弹一星"功勋科学家、刘东生等国家最高科技奖得主、于敏等共和国勋章获得者、华罗庚等数理化天地生各学科奠基人。

通过科学家后人或亲属的深情回忆和动情讲述，科学家不再是冰冷的名字和遥远的形象，而是一个个栩栩如生、有血有肉的人。正如黄道群所说，"父亲一生有许许多多动人的故事，但他从来没有大段的说教，他的言行犹如润物细无声，默默地影响着我们"。

入脑入心　崇尚科学蔚然成风

报告团成立后，一项重要的工作就是研究如何"讲故事"。

中国科协科学技术传播中心组织科学家后人，针对研究生、大学生和中小学生的认知水平和思想实际，开发不同的课件。对中小学生，侧重讲学习、讲生活、讲故事；对大学生及研究生，侧重讲理想、讲情怀、讲科学道德、讲学风建设、讲人才成长，帮助青年科技工作者树立远大理想、家国情怀，坚定投身科研信心，选择正确成长道路。

一张张宝贵的老照片，一个个鲜活的故事，科学家精神报告团给听众们还原了一个个真实的、生动的、有血有肉的科学家形象。每场报告会结束后，同学们久久不愿离去，围着报告人签名、合影，报告会俨然成为新时代的"追星"现场。

2021 年 4 月 22 日，彭洁（彭士禄之女）在广东丰顺实验中学做报告

除了听众们感动的泪水与兴奋的面庞，社会各界也都对科学家精神传承事业表现出充分的尊重与肯定。在湖南，一位母亲特地更改了后面的行程，只为让孩子听一场报告会；在昆明，91 岁的离休干部应更聪迈着蹒跚的步伐，特意到场重温历史。

2021 年，为庆祝中国共产党成立 100 周年，科学家精神报告团克服疫情影响，精心策划"众心向党"党史学习教育系列活动，邀请 29 位党员科学家的后人或同事，走进大中小学、科研院所等基层单位，深入 10 个省（自治区、直辖市）的 20 个地级市，做报告 86 场，共计 35580 名师生、干部、医务工作者、部队官兵和科技工作者与科学家后人面对面沟通交流。

任重道远　科学家精神耀神州

在迈向科技强国的新时代背景下，当前我国比以往任何时候都更加需要弘扬科学家精神。北上内蒙古，南下湘粤，西至陕甘，东到江浙。5 年来，科学家精神报告团用脚印去丈量大地，用爱心去播撒种子，用激情去点燃希望。

"科学成就离不开精神支撑，我们要把弘扬科学家精神这篇文章写在祖国大地上。力争用三至五年的时间，让科学家精神报告团的足迹走遍全国。"这是科学家精神报告团全体团员的期许和心愿。

2021 年 7 月，科学家精神报告团迎来了再一次的"升级"。在中宣部指导下，中国科协联合科技部、教育部、中国科学院、中国社会科学院、中国工程院、国防科工局等单位组建中国科学家精神宣讲团，宣讲团办公室设在科技传播中心。

2022 年 3 月，中国科协宣传文化部印发《中国科学家精神宣讲团建设标准》，推动北京、江苏、山东、内蒙古等地成立"地方团"，吸纳科学家精神报告团、中科院科学家精神宣讲团在内的"特色团"，积极推进科学家精神宣讲团体系建设。

2022 年 5 月 30 日，在"全国科技工作者日"活动上，中国科学家精神宣讲团正式亮相，"进课堂、进企业、进院所"活动正式推出。科学家精神宣讲团体系内各级各类宣讲团，在全国范围内开始组织院士专家开展三进活动，科学家精神宣讲团体系建设效果初显。科学家精神报告团融入并与科学家精神宣讲团体系中的同行一起，新时代再出发！

点评

加强科学家精神宣讲教育是贯彻落实中办、国办《关于进一步弘扬科学家精神加强作风和学风建设的意见》的具体措施，是落实中央书记处、中国科协党组书记处关于国家科技传播中心建设的神圣使命。新征程，新起点，中国科学家精神宣讲团体系建设正在快速推进，接长手臂、扎根基层，"地方团""特色团"活动丰富、形式多样，为弘扬中国科学家的杰出事迹和崇高精神搭建一个传播交流的平台。

用服务暖家　用精神润家

中国科技会堂

"走，到科技会堂咖啡厅坐坐！"每逢会议间隙，总有不少参会人员互相招呼着，在属于自己的"科技工作者之家"展开思想交流。

中国科技会堂作为改革开放促进首都科学技术发展、适应广大科技工作者开展学术活动和科技交流需要而建设的多功能综合设施，目前已经成为国家重要科技活动场所，成为中国科协服务广大科技工作者的窗口、阵地和平台，在建设科技工作者之家的伟大事业中发挥着不可或缺的重要作用。

截至 2019 年年底，每年平均服务保障中国科协和所属全国学会、地方科协、科研机构和其他科技组织举办的会议、展览、培训等学术交流活动约 2300 场次，接待科技工作者 10 万人次以上。

以服务暖家

20 多年来，会堂秉承"为科技工作者服务"的初心和使命，为科技工作者搭建高水平科技交流活动场所，以服务暖家。

随着时代发展进步和科技工作者开展学术交流活动所需的软件、硬件条件不断提升，会堂坚持服务为本，持续关注科技学术交流的形式特点和基础保障需求的变化，依托自身设施综合保障优势，每年投入资金进行设施功能改造、环境条件提升和网络、音视频设备、建筑基础保障系统及设备的升级换代，全面提升服务保障能力。

聚焦服务科技工作者的主责，会堂不断总结服务经验，梳理完善服务流程，丰富服务内容和形式，不断提高服务水平。会堂注重服务标准和服务品质，积极主动开展一系列质量、环境、职业健康安全管理体系认证，已获得权威机构颁发的质量管理体系认证证书、环境管理体系认证证书和职业健康安全管理体系认证证书，培养了一支

中国科技会堂咖啡厅

高素质的服务团队，努力为科技工作者提供优质、体贴、周到、高效的服务。

全力提升会议区的硬件水平和服务标准，为许多重要、紧急、敏感的国际科技会议提供了安全的场地和服务，中美科学家对话、中瑞科学家对话、国际科学理事会执委会会议、世界工程组织联合会会议等重要国际科技会议在会堂成功举办。倾力把咖啡厅打造成科技文化氛围浓厚、环境舒适、温馨高雅，适合科技工作者学术探讨、思想碰撞、感情联络的理想空间。

近年来，平均每年到会堂参加各类科技会议活动的两院院士和著名科学家 1000余人，每年到会堂参加会议各类科技会议活动的党和国家领导人以及省部级以上领导干部为数众多。会堂的服务得到各方面的高度肯定。

以精神润家

自建成开放，特别是近年来，会堂将弘扬科学家精神作为重要政治任务和服务科技工作者的重要抓手，积极创建科学家精神教育基地，强化思想引领，营造科学文化氛围，以精神润家。

中国科协会史展陈馆

　　会堂认真贯彻落实中共中央办公厅、国务院办公厅《关于进一步弘扬科学家精神 加强作风和学风建设的意见》精神，利用展览陈设条件完善、承接科技类会议活动多、接待服务科技工作者多等特点和优势，努力打造科学家精神教育基地。

　　会堂在会议区建有中国科协会史展陈馆；在咖啡厅建设"世界一流科技期刊"项目展示，提供科技报刊和图书免费阅读服务；在公共区域悬挂全国最高科技奖获得者等著名科学家的油画、邮票等，利用电梯、电子屏宣传科学家和科学家精神；充分利用客房数字电视信号和超高清大屏幕电视机的硬件资源建设了"弘扬科学家精神"电视频道，上线了"科学家事迹展播""科普向未来"两个栏目，展映著名科学家的精彩人生、科学思想和科技成就。

　　会堂将弘扬科学家精神的内容遍布各个角落，面向社会公众特别是广大科技工作者讲好科学家爱国创新奋斗故事，传播科学家精神的内涵外延，激励科技工作者坚定创新自信，营造尊重知识、崇尚创新、尊重人才、热爱科学、献身科学的浓厚氛围。

打造"会客厅"

　　中国科技会堂科学家精神教育基地的创建受到科技工作者的广泛关注，也成为科协重要的"会客厅"。

会堂常年对外开放，科学家精神教育 365 天为广大科技工作者和社会公众服务，在中国科协全委会、全国科技工作者日、科学家诞辰纪念日等大型科技类会议活动和日常众多的会议前后，都有许多科技工作者认真驻足观看。

会史展陈区，全面反映中国科协发展历史、科学文化和科学家精神，是科协"会客厅"的重要组成部分，中国科协主席和科协党组书记处领导会见各国政要、港澳贵宾、各省市党政主要负责人、央企主要负责人、国际组织代表、各国科技组织代表团及负责人、诺贝尔奖获得者、国家最高科技奖获得者及知名科学家，如德国前总统伍尔夫，达沃斯论坛创始人施瓦布，港区特首林郑月娥，科学家钟南山、屠呦呦、张伯礼等，参观会史展陈成为一项重要礼仪安排。

面向未来，会堂将认真学习宣传贯彻党的二十大精神，立足新发展阶段、贯彻新发展理念、构建新发展格局、推动高质量发展，不断提升保障支撑能力、经营管理能力、内部治理能力和可持续发展能力，大力弘扬科学家精神，为科协建设有温度、可信赖的科技工作者之家提供高质量支撑保障。

点评

中国科技会堂努力打造有温度可信赖的科技工作者之家，此项工作为贯彻落实党中央国务院关于大力弘扬科学家精神的部署，结合自身主责主业和工作实际，打造服务品牌的具体实例。

三、
助力学术创新发展

聚合国际领先资源
自主创办国际一流旗舰期刊

中国化学会

科技期刊是科技共同体不可或缺的学术交流平台。2019年,在"中国科技期刊国际影响力提升计划"的支持下,中国化学会全新创办了一本化学综合类英文科技期刊——*CCS Chemistry*,目标是创建一本有高认可度的国际化学期刊,发表化学相关交叉领域的重要进展。

不同于目前国内传统的办刊模式,中国化学会采取独立创办,自建出版平台,钻石开放获取的全新办刊模式,从稿件收录标准、编委会与编辑部组成、投审稿流程、运营模式等完全与目前世界一流高水平化学期刊看齐。

CCS Chemistry 从化学"一级学科"着手,以创办我国完全独立自主的国际一流化学类学术期刊为目标,形成我国化学期刊的第一品牌。截至2022年6月,

创刊活动合影

CCS Chemistry 已正式出版 29 期（包括 3 个热点研究领域专辑），发表近 700 篇高质量原创文章，已被全文下载超过 100 万次，引用 7000 余次。期刊现被 ESCI、Scopus、CAS、DOAJ、CSCD 等国内外数据库收录。

创新思路　独立办刊

作为国内化学领域学术团体，中国化学会非常重视学术期刊的发展和提升。中国化学会自 2017 年提出"CCS Publishing Program"，即从基础开始建立自己的出版计划。目前已形成以 1 个数字化期刊集群为平台、1 本自主创办高水平旗舰期刊为带动、4 本与知名国际出版商合作期刊、20 本传统期刊的出版格局，期刊发展初见成效，出版体系逐渐完善。

在办刊之初，中国化学会就运用国际化编辑出版模式和出版运营理念，自主搭建国际化期刊服务平台。

为保证期刊高水平起点和先进的管理理念，学会全职聘任国际知名办刊专家唐娜·明顿（Donna Minton）博士担任出版主管。此外，为保证为国内外化学工作者服务的质量和效率，学会与国际上最领先的期刊服务商合作，自建出版平台，搭载便捷高效的投审稿系统，呈现优化的读者阅读和获取体验。

CCS Chemistry 的编委会成员均为本领域国际顶级科学家，组建高水平国际化编委团队，严格保证高标准出版质量和文章学术水准。

主编和执行主编分别由中国化学会理事长姚建年院士和清华大学教授、吉林大学校长张希院士担任，副主编包括南开大学周其林院士、湖南大学谭蔚泓院士、中国科学院大连化学物理研究所杨学明院士、日本九州大学安达千波矢（Chihaya Adachi）教授、美国西北大学内森·吉安内斯基（Nathan Gianneschi）教授、德国马尔堡大学迈克尔·戈特弗里德（Michael Gottfried）教授担任。

此外还拥有包括多位诺贝尔奖获得者和中国科学院院士在内的强大的国际顾问编委团队，保证出版质量和学术水平，把握期刊方向。

钻石开放获取　多个渠道提升服务

CCS Chemistry 采取钻石开放获取模式，作者不需要交任何审稿费用或版面费，同时所有发表的研究论文免费开放给全球化学工作者。*CCS Chemistry* 努力为每位

作者提供良好的投稿体验，确保每一篇文章都会受到公正的对待。对于非英语母语的作者，在文章接收后，免费提供英文润色。

CCS Chemistry 为国内外化学工作者搭建了一个分享杰出研究成果的平台。创刊 3 年来，投稿质量不断提升，投稿数量成倍增长，收到来自中国、美国、德国、日本、英国等 20 多个国家和地区的作者投稿。

此外，建设专业期刊运营和推广理念，全力打造期刊的品牌和提升国际影响力。自创刊以来，*CCS Chemistry* 已经参加包括美国化学年会、新加坡国际化学大会等几十个国内和国际重要的学术会议、展会，创办并举办了多期 *CCS Chemistry Spotlight Symposium*（聚焦论坛）。另外，期刊还开通了微信、脸书等社交平台，及时推送每一篇文章信息助力优秀成果的推广。

搭建平台　促进交流

CCS Chemistry 平台自上线以来，访问量超过 250 万人次，其中 2021 年一年网站访问量超过 94.3 万人次，46% 来自中国大陆以外地区。

活动宣传海报

创刊以来，期刊已组织了 10 多场高端学术研讨会，创办的品牌会议聚焦论坛每期一个国际前沿热点主题，邀请国内外相关领域科学家，已在新加坡、长春、北京等多地举办。近年来，期刊借助网络优势，以在线直播的形式组织了多场高端学术论坛，例如 2020 年举办"庆祝全国科技工作者日暨 *CCS Chemistry* 网络学术峰会"，4 位院士围绕"化学——主动转型赢得未来"主题，分享自己的科研工作和创新感悟，超过 3.5 万人次在线实时参与。2021 年举办"*CCS Chemistry* 庆祝三八妇女节网络高峰论坛"，累计超过 10 万人次在线观看；"庆祝 *CCS Chemistry* 创刊两周年交叉化学论坛"，累计超过 46 万人次在线观看。

CCS Chemistry 微信公众号每周发布 3~5 篇原创文章，单篇阅读量最高 1.3 万余次，关注量持续增长，已有超过 1.7 万关注。国际新媒体平台脸书每周保持 2~3 篇的推送频率，推特则保持 1~3 篇 / 天的推送频率，单篇阅读量最高 2500 余次，已吸引近千位国外粉丝关注。*CCS Chemistry* 努力让新媒体平台成为学术研究推广的有利辅助工具，拓展期刊服务科研的功能边界。

点评

　　CCS Chemistry 创刊以来，以独立办刊、国际化编辑出版模式和出版运营理念、自主搭建国际化期刊服务平台等鲜明的期刊特色和高水平国际化编委团队、高标准出版质量和文章学术水准，以及专业期刊运营推广理念，获得了国内外化学工作者的普遍认可，为助力我国化学学术交流和国际展示提供了一个全新的高水平展示平台。中国化学会全力投入期刊建设，将全力打造期刊的品牌和提升国际影响力，服务我国的化学学科发展和学术进步，为实现科技强国、出版强国作出应有的贡献。

突出大数据驱动　构筑高质量设施

中国地理学会

为了探索科学数据出版新机制，中国地理学会创建的"全球变化科学研究数据出版系统（中英文）"是一个具有自主知识产权、中国首个完整的科学数据中英文双语出版、全球传播和开放的新一代科技基础设施，由"二刊、一枢纽、一网"构成，刊网融合。涉及领域包括地理、资源、生态、环境、城市、农业、减灾防灾、可持续发展等。该出版系统被评选为中国大数据优秀案例（2015）、中国数字化出版优秀案例（2018）、2018年和2021年两次获得联合国世界信息峰会奖（电子科学组冠军奖）。

构筑"刊网融合"设施框架

2012年，联合国发表大数据白皮书，中国地理学会同中国科学院地理科学与资

出版系统于2014年6月正式上线

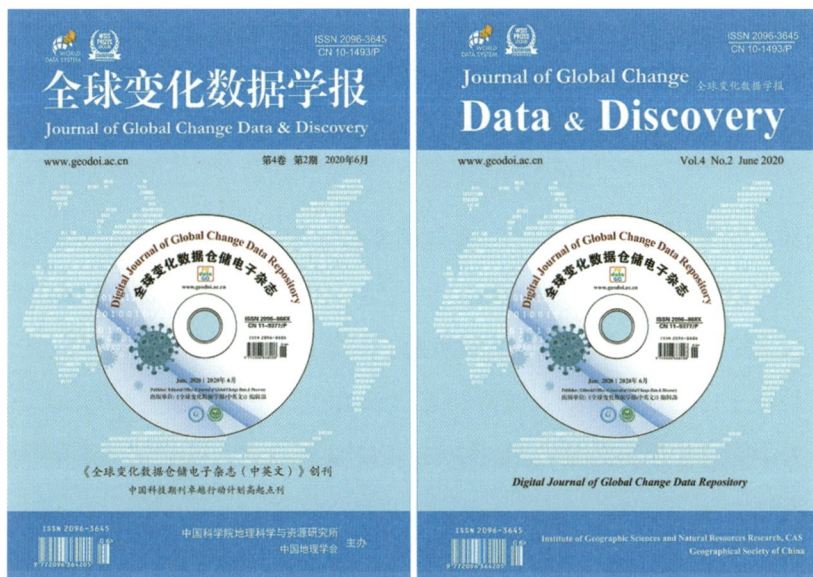

出版系统重要组成部分：《全球变化数据学报（中英文）》和《全球变化数据仓储电子杂志（中英文）》

源研究所立即着手地理大数据的工作。

其中，针对我国科学数据共享这个影响科技创新的"卡脖子"问题，提出了科学数据出版新机制，并创建了这套以元数据、数据集、数据论文关联出版的系统。

出版系统于 2012 年设计，2013 年获得 DOI 授权，2014 年 6 月，以中英文双语同刊、同网、同平台框架结构建设的出版系统正式出台。

在首批数据上网之后，作为该系统的重要组成部分——《全球变化数据学报（中英文）》和《全球变化数据仓储电子杂志（中英文）》2 本学术刊物在 2017 年和 2020 年先后创刊，并被纳入中国学术期刊"卓越计划"刊群和高起点刊。

至此，"全球变化科学研究数据出版系统（中英文）"构筑了"刊网融合"的设施框架。

规则先行

在出版系统建设的过程中，不仅着重出版物的发展，更注重与出版相关的一系列规则的制定。

2014 年，编辑部主导和推动了"发展中国家科学数据共享原则"（内罗毕数据共享原则）的制定。2017 年，推出全球变化科学数据出版和共享指南，对数据出版过程中的数据产权、安全、质量、伦理等做出具体规定。

在此基础上，2021年，在国家《数据安全法》发布后，中国地理学会以出版系统为重点开展《数据安全法》的研讨，并草拟《中国地理学会落实〈数据安全法〉指南》。

前期数据出版的实践，也推动了我国科学数据出版的法制建设。2018年国务院出台《科学数据管理办法》，其中第22条规定"积极推动科学数据出版和传播工作，支持科研人员整理发表产权清晰、准确完整、共享价值高的科学数据"。

出版系统于2016年被纳入国际科学理事会世界数据系统（WDS），被国家遥感中心定为中国对地观测数据出版分中心，2019年被纳入国家对地观测科学数据中心数据出版分中心。

解决科学数据管理问题

为解决学术论文关联原创科学数据在科学数据管理中的空白点问题，2016年，《全球变化数据学报（中英文）》编辑部与《地理学报》《自然资源学报》《生态学报》等二十几个编辑部联合提出学术论文关联原创数据出版的倡议，得到了60多个学术期刊响应并做出了实验研究。

研究结果显示，在目前已经出版的1000多个数据集中，其中60%是来自学术论文关联的原创数据集。该项工作为我国推动学术论文与科学数据的融合出版取得前瞻性实践经验。

为落实国务院提出的大数据发展战略，自2017年起至今，中国地理学会、《全球变化数据学报（中英文）》编辑部先后在国内二十几个省（自治区、直辖市）和印度、肯尼亚、马达加斯加、尼泊尔等国先后组织开展了37场线下"地理大数据百校（乡）传播"。

2018年，针对科学数据对科学贡献评价缺位问题，《全球变化数据学报（中英文）》编辑部提出"科学数据集影响力"评价方法并率先在中国地理学会发布"科学数据集影响力排行榜"。在这个实验研究中，对科学数据集、数据作者、数据作者单位、数据资助基金、数据中心（数据出版单位）给予客观评价，这些前瞻性实验将为建立和推动科学数据对科学和社会的贡献评价体系提供有意义的实践案例。

2018年，针对我国全球变化科学研究数据自主计算平台缺位和算力分散、弱小的问题，开展了征集地理大数据计算优秀实用案例，并将这些典型案例通过出版推广。鉴于地理大数据在时间、空间、内容、格式的复杂性，编辑部推动了我国科学家研发并取得专利的空间多维数据格式的出版和推广应用。

2020 年 1 月底，世界卫生组织宣布"新型冠状病毒感染肺炎疫情"为国际关注的突发公共卫生事件。随即，中国科协联合国咨商专家委员会通讯与信息技术专委会与生命科学与人类健康专委会联合启动"新冠病毒肺炎知识与数据信息系统（中英文）"建设。该系统成为"全球变化科学研究数据出版系统（中英文）"的首个数据与知识融合的专题服务枢纽。

该枢纽至今汇集了来自各国的 43 万多篇（个）疫情相关学术论文和科学数据，出版了中国科技界在抗疫过程中的进展视频报告。这项成果获得 2021 年联合国世界信息峰会奖（电子科学组冠军奖）。

2021 年，中国地理学会领衔启动了"优质地理产品生境保护与可持续发展"案例集群 2021—2030 十年行动计划。该计划以出版系统为基础，提出了"优质地理产品"（地理标志产品、地理特色产品、地理传统产品）关联的地理科学与地理信息系统、遥感监测、大数据、物联网技术融合方法。

该计划在宁夏、云南、江苏、吉林、陕西、山东、山西、广东、四川、新疆 10 省（自治区）开展的 14 个案例证明，由于地理科学和大数据技术的融入，在乡村振兴和高质量发展上起到积极作用，这些经验在践行"二山"过程中同时可以推广和借鉴。

截至 2022 年 10 月，来自 12 个国家的作者出版了 1000 多个数据集，注册有 100 多个国家的 9 万多 IP 用户，实现了 800 多万次的浏览和下载。

点评

　　"全球变化科学研究数据出版系统（中英文）"是为科学数据规范整合、出版传播、共享应用建设的公益性基础设施，其十年实践积累了高质量的科学数据资源，为数据出版机制积累了经验，在引领大数据驱动多领域科技创新过程中起到了具有突破性和里程碑意义的作用。

由岩石力学大国向岩石力学强国迈进

中国岩石力学与工程学会

　　丹桂飘香，秋天是个收获的季节，在 2021 年秋天，CHINA ROCK 2021 暨第十一届亚洲岩石力学大会在北京举办。

　　本次大会再一次作为我国岩石力学与工程学科最大规模的学术盛会而载入我国岩石力学与工程界学术交流史册，成为我国由岩石力学大国向岩石力学强国迈进的重要标志性学术会议之一。

第十一届亚洲岩石力学大会现场

会前积极筹备

当前，我们正经历着前所未有的发展速度和建设中的碳中和社会，在这一关键转折点上，岩石力学和岩石工程领域也需要进行实质性的变革，更好地服务于社会的需要。

因此，根据《中国科协学会改革工作要点》文件精神，中国岩石力学与工程学会八届一次党委会决议，创建以"国际化、规模化、一体化"为改革方向的"CHINA ROCK"品牌学术会议，促进学会治理体制机制全面改革。

同时，学会此前已积极申办第十一届亚洲岩石力学大会（ARMS11），两会并举，成为由国际岩石力学与岩石工程学会（ISRM）主办，中国岩石力学与工程学会、国际岩石力学与岩石工程学会中国国家小组承办的一次盛会。

会前，学会所属的 45 个分支机构和 20 个地方学会，申报提出独立或联合承办分会场的计划，上报大会组委会，由学会统一组织大会开幕式、特邀报告和闭幕式，分会、专委会组织分会场的办会模式，有效解决了学术会议碎片化等问题。

会上将展示国际岩石力学与岩石工程的最新进展和创新应用研究，与会代表将共同探索岩石力学和工程未来的方向。

就此，国际岩石力学与岩石工程学会亚洲区副主席苏塞诺·克拉马迪布拉塔（Suseno Kramadibrata）指出："在这个非常时期，我们汇聚于此，彼此交流分享岩石力学与工程领域的实践经验和科技创新，本次大会必将呈现岩石力学与工程领域中最新的科学成果和研究应用，为国际岩石力学与工程领域提供一次高水平交流平台。"

会上硕果累累

在 2021 年 10 月 22 日召开的大会开幕式上，中国科协党组成员、书记处书记吕昭平表示，当今世界正经历百年未有之大变局，中国乃至亚洲各国发展面临的国内外环境正发生深刻复杂变化，各国经济社会发展和民生改善比过去任何时候都更加需要科学技术解决方案，都更加需要增强科技创新这个第一动力。

围绕会议主题"岩石力学与工程中的机遇与挑战"，大会邀请了 20 位国际岩石力学领域的知名专家做大会特邀报告。

第十一届亚洲岩石力学大会合影

本次大会还设置了"中国专场"，冯夏庭、赵阳升、陈云敏等院士分享了各自学术见解。

10 月 24 日，大会在完成了为期三天的日程后顺利落下帷幕。会议收录论文 663 篇，其中海外 82 篇，由英国 IOP 出版社在线出版。闭幕式上还进行了中国岩石力学与工程学会 2021 年度科学技术奖颁奖仪式，分别颁发了第十二届中国岩石力学与工程学会科学技术奖、2021 年度优秀博士学位论文奖、第六届全国青年岩石力学与岩土工程创新创业大赛奖。

正如国际岩石力学与岩石工程学会主席雷萨特·乌鲁赛 (Resat Ulusay) 视频致辞所言："此次大会是在全球疫情形势依然严峻下召开的，面对困难，中国岩石力学与工程学会、国际岩石力学与岩石工程学会中国国家小组顺利如期召开本次大会。正如本次大会主题——岩石力学与工程中的机遇与挑战，我们要面对、应对更多的岩石力学与岩石工程问题，希望本次高层次、高水平的大会能为岩石力学学科带来新的思考和力量。"

会后影响持久

本次大会共召开了 31 场分会，522 个报告。其中，国际分会场 14 个，海外专家报告 112 个。报告内容涵盖实验、本构建模、现场监测、案例研究和重要应用等

第十一届亚洲岩石力学大会现场

岩石力学和岩石工程基础理论研究，以及对岩石力学和岩石工程的前沿讨论。

来自 26 个国家的 202 位国际代表和 12 家国际展商参加，设置 14 个国际分会场。国际岩石力学与岩石工程学会主席、亚洲区副主席等顶级国际专家出席会议。

在当前疫情防控要求下，本次大会为线下 + 线上的"双线"模式，大会网站和"科协频道"平台对大会全程进行直播。线上观会累计 286.29 万人次。其中，通过大会网站观会 112.12 万人次；通过北京市科协微博观会 168.9 万人次；通过微信观会 5.27 万人次。

中国科学院院士、中国岩石力学与工程学会理事长何满潮指出，这有助于行业清楚地了解我们所面临的挑战和机遇，为岩石力学和岩石工程的未来发展提供有益的指导，研讨会上取得的成果也必将对岩石力学和岩石工程的未来产生长期持久的影响。

点评

学会坚定践行新发展理念，深化改革，持续拓展学术交流平台的广度和深度，打造科技工作者积极参与、行业充分认可、社会广泛关注的学术会议品牌。CHINA ROCK 2021 第十八届中国岩石力学大会暨第十一届亚洲岩石力学大会是贯彻和落实学会党委指示精神的又一成功实践。

让中国经验进入全球学习时间

中华医学会

2020 年突如其来的新冠肺炎疫情是百年来全球发生的最严重的传染病大流行，是中华人民共和国成立以来我国遭遇的传播速度最快、感染范围最广、防控难度最大的重大突发公共卫生事件。

中华医学会主办的系列杂志作为国内顶尖医学科技期刊群，一直有在突发公共事件中奔赴科技出版战场、承担社会责任的优良传统。

自新冠肺炎疫情暴发以来，在这场生命至上、举国同心的伟大抗疫中，中华医学会通过顶层设计，迅速统筹协调兄弟部门、相关分会、杂志社各相关部门力量积极行动，交出了数字化转型的合格答卷——"新型冠状病毒肺炎科研成果学术交流平台"（以下简称平台）。

"新型冠状病毒肺炎科研成果学术交流平台"网页版界面

那些激情燃烧的分分秒秒

2020 年 1 月 25 日，农历大年初一，在新春的欢聚喜庆和疫情突袭阴影的双重情绪交织中，*Chinese Medical Journal* 收到首篇新冠肺炎论文约稿。

在历经仅有 5 天的审稿、编辑、校对、签发、全文数据加工等流程后，1 月 30 日，该文实现在线预出版，该刊成为中华医学会系列杂志中针对新冠肺炎研究的首发期刊。

同日，专题工作组组建并迅速筹备 COVID-19 防控和诊治专栏，合力构思、挖掘内容素材。第二天，初版"新型冠状病毒肺炎防控和诊治"专栏上线。

2 月 1 日，《关于中华医学会系列杂志征集"新型冠状病毒肺炎"论文的通知》发布，系统性构建了新冠肺炎科研成果的优先出版流程，形成了快速高效的平台执行团队。

疫情初期，论文从收稿到发稿的平均时滞仅为 6.22 天；为追求时效性，基本实现稿件发排后 12 小时内上线，最快的 1 小时内上线——其间要完成发排稿规范检核、数据加工、XML 数据检核、上传预发布、终审和发布等一系列流程。

为确保每一篇文献可以及时、准确、无障碍地展现在读者的面前，平台执行团队几乎是 7×24 小时的接力工作状态。

当月，"新型冠状病毒肺炎科研成果学术交流平台"得到上级部门的认可，升级并更名为科技部、国家卫健委、中国科协和中华医学会共建的学术交流平台。

2 月中旬，由中华医学会心血管病学分会牵头撰写的《新型冠状病毒肺炎疫情防控期间心血管病急危重症患者临床处理原则的专家共识》，在平台优先发表，并于 3 月 28 日在影响因子 23 的全球心血管界影响力最大的专业期刊 *Circulation* 正式发表，这也是该杂志首次全文发表中国专家共识。

随着国外疫情的大范围暴发，中国抗疫的经验和研究成果成为世界有疫情国家的急需。为促进信息交流，及时分享防疫经验，4 月 1 日，平台英文版随之上线，让中国经验进入全球学习时。

此外，为更好地服务于疫情防治一线，2 月 25 日，中华医学会、中国期刊协会联合向全国生物医药卫生期刊发出倡议，欢迎相关期刊出版单位将拟发表的新型冠状病毒肺炎相关论文通过平台进行网上集中优先发布。

从而，平台充分发挥了国家级学术交流平台作用，聚集了国内一批优质的科研成果。

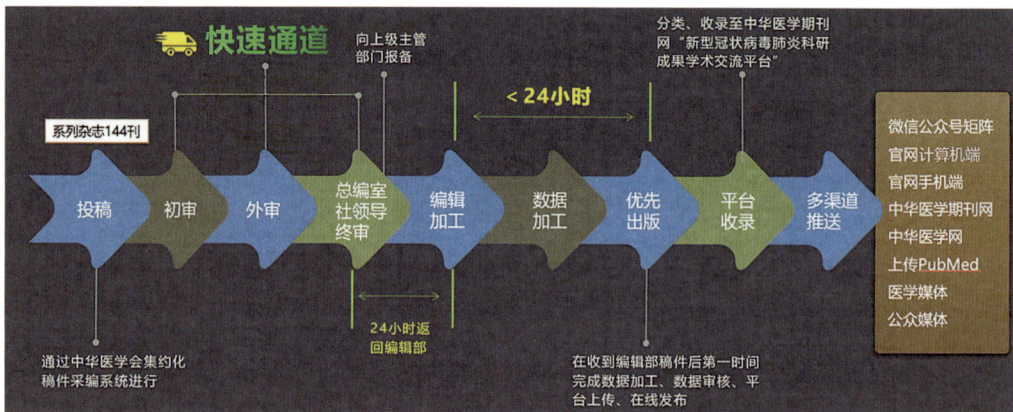

"新型冠状病毒肺炎科研成果学术交流平台"优先出版流程

迅速上线得益于多年积累

平台的成功建设，得益于学会多年来团结协作、整合资源、合力发展的优良作风。

在疫情发展的各个阶段，中华医学会各相关专科分会组织制定了各学科相关领域内的一批高质量指南类文献，用以指导疫情防控和患者诊疗。

与此同时，随着平台影响力的日益增加，参与疫情抗击的广大医护人员等也迅速将其工作心得、代表性案例成果等汇集成文，通过平台进行学术交流。

中华医学会充分发挥学术组织中的专家力量和优势，组建了由钟南山、李兰娟、王辰、张伯礼等院士领衔的学术委员会，全面保障平台文献的学术质量。

平台的迅速上线和稳定运行，得益于多年的数字化产品能力积累，该平台采用拥有自主知识产权的期刊出版平台和知识服务体系，所有文献基于自主研发的数据标准（CMA JATS）加工生产，在国内科技出版领域处于领先地位，实现了平台生产内容的多元传播，并能迅速被各家数据库、搜索引擎收录入库。

此外，基于自身资源管理和知识管理平台生成适应各终端的流式文档，支持高清图片、公式、视频的阅读和播放，在手机应用端增加了更多人性化服务，实现了富媒体出版，支持数据、视频、音频等多形态内容的发布，为平台内容的多元化全方位展示提供了有力的技术支撑。

持续发展的旺盛生命力

平台是为响应国家抗击新冠肺炎疫情而迅速推出的知识服务型数字产品，也是国内医学期刊出版领域中学术内容最丰富、质量最高的学术交流平台，是科技部、卫健委、中国科协指定的新冠肺炎应急攻关项目成果发布平台。

迄今，该平台共对 169 种期刊的近 2300 篇文献进行出版展示，阅读量近 600 万次；同时，平台每月文献量及阅读量均有一定幅度的新增，展示了平台持续发展的旺盛生命力。

鉴于平台发布内容多为中国最权威的防控诊治指南、临床实践、科研数据和典型病例，对新冠肺炎的防控、诊疗、预后、心理辅导等极具指导价值，该平台及其内容刚上线就被包括新华社、人民网、《中国科学报》《健康报》等多家媒体和平台报道推荐。

在国际传播方向，平台亦受到众多学术组织、出版商的关注。平台许多论文已被世界卫生组织冠状病毒病出版物数据库收录。世界医学会、爱思唯尔等已将平台纳入资源目录。

通过该平台的建设和运行，中国医学科技期刊正在被世界所关注。

2020 年 6 月，平台工作被写入国务院新闻办公室《抗击新冠肺炎疫情的中国行动》（白皮书），并做详细介绍，这是唯一被记录的出版行业的知识服务领域的工作。

点评

"新型冠状病毒肺炎科研成果学术交流平台"的建成，为国内外医学科技工作人员和临床医生提供学术支持和知识服务，对我国医疗行业知识和信息有传播和积累作用，对科研成果、科学成就、经验技术有传递、记载及典藏作用。平台在运营过程中，不断提升用户体验，进一步支持广大科研人员集智攻关、协同创新，完成科技期刊在疫情防控中应有的学术支撑和智库支持服务。

向国际传递中国肿瘤科学研究的声音

中国抗癌协会

2021 年前，我们还找不到一本专注于中国肿瘤医学发展成就的英文期刊。

"一定要让国际学术界了解中国的传统医学精粹，让中医学通过英文期刊平台走向世界，让世界同道了解中国的医学发展。"中国工程院院士、中国抗癌协会理事长樊代明于 2021 年首次提出要创办一本英文旗舰期刊的理念。

当年，中国抗癌协会与施普林格·自然出版集团合作创办了英文期刊 *Holistic Integrative Oncology*。

为什么办：交流学术、推广经验、践行倡议

据不完全统计，目前共计 242 本肿瘤学期刊进入 SCI 检索，其中由中方发起主办期刊 9 本，有中国 CN 号期刊的仅 2 本——论文市场的需求量远远大于期刊供应量，其中肿瘤交叉学科和新兴学科，尤其是多学科诊疗（MDT）、中西医结合等领域的文章接收比例低，现有期刊难以满足科技工作者需求。

"要将中国防治恶性肿瘤的做法推广出去，以帮助癌症发病趋势严峻的中低收入国家，同时依托中国抗癌协会国际交流平台，结合中国科协'一带一路'国际肿瘤专业人员联合培训中心项目，重点向'一带一路'沿线国家推广中国经验，践行国家'一带一路'倡议。"

期刊创办伊始，樊代明即做出精准定位："这本英文期刊应不但是我们与发达国家进行学术交流的大刊，也是一本为发展中国家提供寻找肿瘤诊治途径线索的指南。"

樊代明将这本旗舰英文期刊命名为《整合肿瘤学》(*Holistic Integrative Oncology*，以下简称 *HIO*)。*HIO* 旨在传播"整合肿瘤学"的预防和诊治理念，即"防－筛－诊－治－康－管"六位一体，及"以人为本，综合治疗"的中西医结合

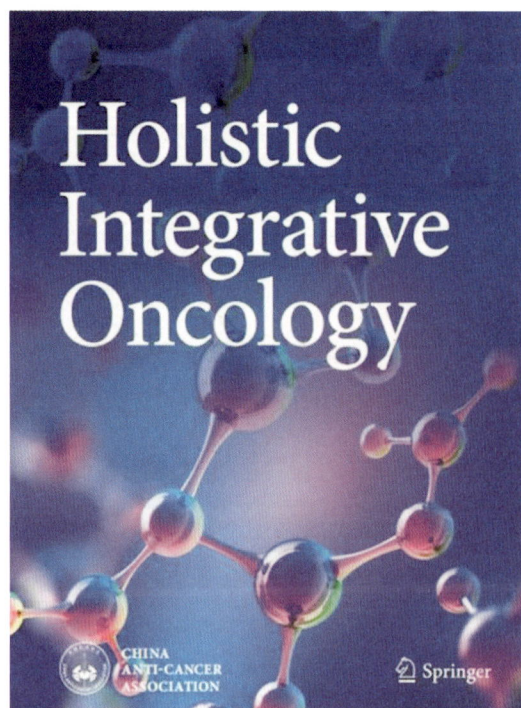

HIO 期刊封面

肿瘤防治理念，向国际学术界传递中国肿瘤科学研究的声音，以更好地服务全球癌症防控事业。

怎么办：找准伙伴，做好策划

为了以国际高水平期刊标准办刊，期刊不仅对标最高水平的英文期刊，如美国癌症研究会品牌期刊 *Cancer Discovery*、美国临床肿瘤学会会刊 *Journal of Clinical Oncology* 等，还对自己发出一系列疑问。

是协会自己办刊，还是寻找国际知名出版商合作？

如果协会完全靠自己的力量办刊，在短时间内不会得到世界同行的认可。同时，鉴于当前世界各国新刊如雨后春笋，每天都会有层出不穷的英文期刊问世，竞争会非常的激烈，中国创办英文期刊的优势无法体现。

如果联合世界知名期刊出版公司办刊，将会大大缩短期刊进入 SCI、PubMed 时间，借助对方的实力和知名度、影响力，将 *HIO* 迅速打造成为符合国际标准的英文期刊，被国际学术界认可。樊代明如此考虑。

2021年6月，中国抗癌协会与世界知名的施普林格·自然出版集团签署了战略合作协议。采取面向全球开放的自由获取同行评议的办刊模式，为作者免费刊登文章，并为全球读者提供免费下载——通过开放获取的方式，HIO可以扩大宣传和推广，吸引更多国内外学者关注，以提升国际影响力。

紧接着，期刊又问自己：这本英文期刊要录用什么样的稿件？反映什么内容？

HIO创办的初衷是要体现肿瘤预防、筛查诊断、临床及基础研究、康复及辅助性治疗等相关学科为一体的覆盖肿瘤全学科的研究。主编为HIO定制了4个专栏：专家述评、中国肿瘤整合诊治指南、综述和原创论著，每期重点发表肿瘤各病种的临床诊治指南。

中国抗癌协会还启动了CACA指南的翻译工作，在各专委会的共同努力下，英文翻译基本完成并陆续在HIO英文期刊刊登。从统计数字来看，目前刊载的胃癌、乳腺癌指南在所有文章中受到的关注度最高，阅读人数最多。

期刊围绕学科前沿热点每年组织4期重点专辑。由主编亲自邀请国际知名肿瘤学专家撰写专家述评，以获得国际学术界对期刊的认可和关注。

对于一些原创性、有独到见解的学术观点，HIO本着"择优录取"的遴选原则进行快速发表。

得办好：建立实力雄厚的国际化编委会队伍

对一本科技期刊来说，编委会至关重要。编委的国际影响力将会提升期刊的关注度，也将带动期刊走入国际化标准。

HIO主编樊代明为三国院士：中国工程院院士、美国医学科学院及法国医学科学院外籍院士，在诸多世界一流的学术团体担任重要职务。主编在国内外的学术影响力为HIO高起点办刊夯实基础。

为积极推动编委会的国际化进程，樊代明积极发动中国抗癌协会的主委为期刊推荐外籍编委，吸纳顶尖学者、学科带头人与国际一流研究机构等高端学术资源，组建了一支阵容强大的编委会队伍，包括诺贝尔生理学或医学奖得主、中外院士、知名肿瘤学专家在内的国内外编委120名，遍布全球25个国家和地区，国际编委占比60%以上。

期刊也发动了抗癌协会几十个专业委员会委员加入编委会，国际一流癌症期刊

HIO 主编樊代明在中国抗癌协会举办的学术活动中推广期刊

主编以及国际知名肿瘤学专家占比 70% 以上，为期刊的高质量运行提供了坚实的学术支撑，为集聚国内外肿瘤学科资源保驾护航。

同时，期刊利用中国抗癌协会学术资源平台，在开展的各类学术活动中，充分发挥期刊汇聚编辑、审稿专家、作者和读者的平台作用，在肿瘤学方面突出学科优势，引领国内外肿瘤学科的发展。

目前，HIO 利用国际刊群 OA 推广平台，向全球展示中国肿瘤科学研究的进展和成果，以获得更多国际肿瘤学术界的优质资源和研究成果，促进中国与国际肿瘤学术界的交流与合作。

点评

　　癌症是威胁人类生命健康的第一大杀手。中国抗癌协会与施普林格·自然共同创办 HIO，传播整合肿瘤学理念，填补国际肿瘤学期刊中关于中西医结合及多学科肿瘤诊治的空白，有助于向世界传递中国声音，践行国家"一带一路"倡议，推动全球癌症防控事业的发展，能够为中国肿瘤学界提供临床指导，助力健康中国行动（2019—2030 年）癌症防治目标的实现。

国内首部《CAR-T 细胞治疗 NHL 毒副作用临床管理路径指导原则》出版

中国研究型医院学会

CAR-T 细胞免疫疗法被称为"癌症克星"，是继手术、放疗和化疗之后的第四大肿瘤治疗技术。我国在这一领域技术发展水平处于世界前列，CAR-T 细胞疗法临床研究数量已超过美国，国内新型 CAR-T 细胞研发和应用技术创新也在不断进步。

为进一步指导应用，中国研究型医院学会生物治疗专业委员会主任委员韩为东教授带领专家团队，组织编写了国内首部《CAR-T 细胞治疗 NHL 毒副作用临床管理路径指导原则》（以下简称《指导原则》）正式出版发行，填补了国内该领域相关临床实践管控的纲领性指导文件与全面细致的临床实践管理路径的空白。

从需求出发

CAR-T 细胞治疗是近来肿瘤治疗领域研究最为火热的疗法之一，它是利用基因工程技术，对人体的免疫细胞（T 细胞）进行改造，并将改造后的 T 细胞（即 CAR-T 细胞）回输到患者体内，改造后的 CAR-T 可在体内扩增并开始杀伤肿瘤细胞。

因 CAR-T 治疗卓越的疗效，以 CAR-T 细胞治疗为代表的免疫治疗在 2013 年被《科学》杂志评为全球十大科学突破之首。

韩为东是解放军总医院生物治疗科主任，他带领团队依托重大课题项目，长期开展新型 CAR-T 结构研发、CAR-T 临床前功能研究等大量科研项目。2012 年年底，团队在国内首创性开展了 CAR-T 治疗血液系统肿瘤技术并应用于临床。

多年来的临床研究，出现的一系列疑难病例常常让团队成员们产生"困惑"。比如：在回输 CAR-T 细胞后，部分患者病灶会出现一时性的增大，在特殊部位（比如颈部）的病灶由于"肿胀"、压迫甚至危及生命。

然而，这些情况在已有的《CAR-T 不良事件临床管理国际指南》中并未提及。

与此同时，CAR-T 细胞疗法作为难治复发性非霍奇金淋巴瘤（英文简称 NHL）的重要治疗手段，2013 年以来，CAR-T 细胞治疗后 NHL 毒副作用的处置被广泛关注，但观点各有不同，相关毒副作用及临床的防控管理如何更加规范，成为当时面临的重要问题之一。

基于临床问题与困惑，以及在 CAR-T 治疗领域深耕 8 年的临床实践经验，团队决定从 CAR-T 治疗亟待解决的需求出发，开创性地提出了"局部 CRS"（Local-CRS）的概念和临床模型研究，并结合免疫学理论、认知和临床处置的实践经验，总结出分期、分级处置的策略，这一研究得到了国内外广泛关注。

为了推广这一理念，韩为东带领团队筹备《指导原则》的撰写。

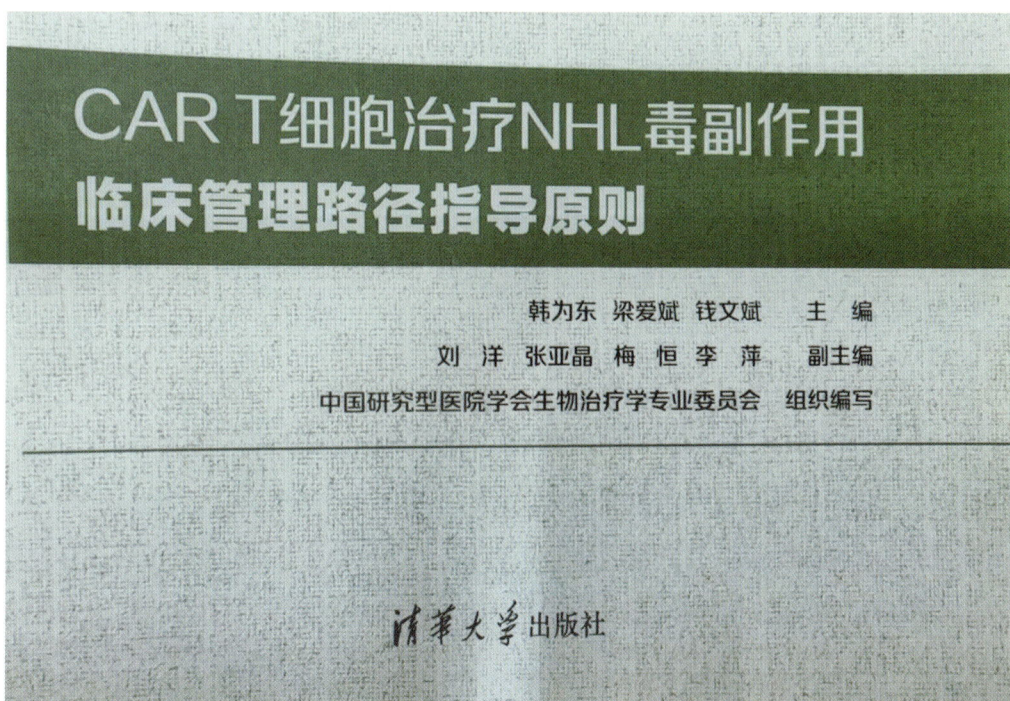

《指导原则》封面

广泛集智聚力

《指导原则》的目标读者是临床一线医师，初衷是帮助他们最大限度地判别与处理 CAR-T 细胞治疗 NHL 过程中出现的毒副作用。

为保证"实用",团队必须尽可能多地寻找更多案例,他们需要综合国内在 CAR-T 细胞治疗 NHL 领域有丰富经验的 50 余位专家的意见与建议,对相关毒副反应过程中的观察及处理细致阐述,要求极强的指导作用和可操作性。

2019 年,依托中国研究型医院学会,筹备工作正式开始,在多次线上交流后,由 51 位业内专家组成的编委会成立。

随着交流的深入,团队获得了来自全国 33 家顶尖 CAR-T 临床研究中心的特色经验和"秘方"。比如:武汉同济医院的 CAR-T 相关的感染监测,浙大二附院和上海同济医院的 HBV 预防,武汉协和医院凝血障碍的纠正等。

当然,也有过激烈的争论。专家们对提纲、构架、新概念等理解不同,意见常有碰撞。经过广泛讨论、多次修改论证,最终,在 2020 年,第一版正式出版,并于当年 11 月的中国疾病生物治疗大会上进行了内部发行。

《指导原则》犹如"保姆级"手册,针对 CAR-T 细胞治疗相关的常见细胞因子释放综合征、脑病综合征、噬血细胞性淋巴组织细胞增生症/巨噬细胞活化综合征等毒副作用的临床管理路径进行了重点阐述,此外,还包含了 CAR-T 细胞治疗可能出现的其他毒副作用,如感染、肿瘤溶解综合征等的临床管理路径。

相关专家认为,该指导原则除了参照借鉴国际现有管理共识,更加注重对

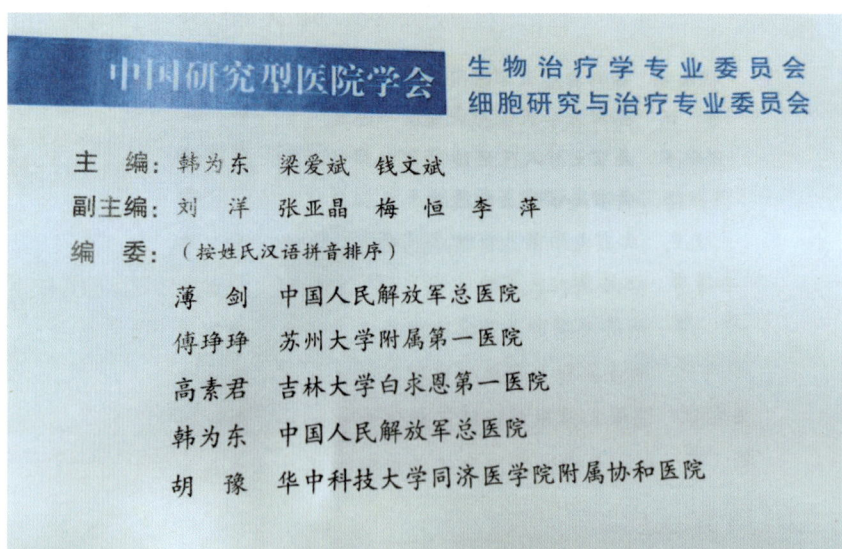

《指导原则》编委会名单

CAR-T 细胞治疗 NHL 过程中出现的特征性毒副作用的识别与防控，如对细胞回输后肿瘤受累部位出现的局灶性炎症，即"局部细胞因子释放综合征"的识别与干预。

值得一提的是，《指导原则》以"口袋书"形式发行，方便临床一线医生随身携带参阅，能够帮助临床一线医生在实际工作中针对具体问题找到解决途径，促进国内 CAR-T 细胞治疗领域的规范性安全管控和临床推广应用。

给患者带来新希望

2022 年，欧美、中国相继批准靶向 CD19 的 CAR-T 细胞用于淋巴瘤的治疗方案。相关数据也表明，我国 CAR-T 细胞疗法临床研究数量已超过美国，国内新型 CAR-T 细胞研发和应用技术创新也在不断刷新数据，CAR-T 细胞用于淋巴瘤的治疗进入常规治疗范畴指日可待。

在临床上，CAR-T 疗法在血液系统肿瘤中取得了巨大成功，多款上市产品的完全缓解率已达到 70%～80%，显著延长了患者的生存期。CAR-T 细胞治疗的疗效还有较大提升空间，联合治疗方案的边界也在朝向人们期待的方向不断延伸。

在专家们看来，CAR-T 细胞疗法在治疗恶性实体瘤的临床研究中机遇与挑战并存。

随着患者需求的持续增长，既需要借鉴 CAR-T 细胞疗法在血液肿瘤的成功经验，又要从实体肿瘤治疗面临的独特问题出发，通过多学科全链条协同创新，持续推动临床研究发展，推动 CAR-T 细胞疗法突破瓶颈，只有这样，才能让 CAR-T 细胞疗法更好、更安全地服务于更多患者。

点评

近年来，淋巴瘤复发率逐年升高，已成为十大高发癌症之一。中国研究型医院学会依托自身平台专家优势，组织编写国内首部《CAR-T 细胞治疗 NHL 毒副作用临床管理路径指导原则》，详细阐述经验和治疗路径，服务患者和一线医生，填补了国内该领域尚无相关临床实践管控的纲领性指导文件及全面细致的临床实践管理路径的空白，对促进国内 CAR-T 细胞治疗领域的规范性安全管控和临床推广应用，具有重要的指导价值。

聚焦数字经济　收获别样精彩

重庆市科协

　　近年来，重庆市立足新发展阶段，贯彻新发展理念，融入新发展格局，深入实施以大数据智能化为引领的创新驱动发展战略，构建"芯屏器核网"全产业链，集聚"云联数算用"全要素群，塑造"住业游乐购"全场景集，倾力打造"智造重镇"、建设"智慧名城"，把举办中国国际智能产业博览会（以下简称智博会）作为助推重庆大数据智能化发展的重要抓手。

得"数字"者得天下

　　自 2018 年举办首届智博会以来，重庆市科协每年聚焦数字经济领域，以打造开放式国际化数字经济交流合作平台为目标，联合中国电子学会等单位共同举办数

重庆大数据产业研究院成立

字经济百人会，取得了"智助、智汇、智领、智惠"的显著效果，为全国数字经济发展作出了积极贡献，逐渐成为引领全球数字经济产业发展的"风向标"。

汇聚全球数字智慧

重庆市科协准确把握科技创新和数字经济领域的新形势，激发产业创新活力，致力于把全球高端资源引向重庆，为深化数字经济交流合作提供全新平台。

4年来，先后有来自美国、俄罗斯、新加坡等12个国家和地区的1500名代表参会。其中不乏诺贝尔奖得主，中国科学院、中国工程院院士，挪威皇家科学与文学院院士，国际欧亚科学院院士和行业精英。他们紧扣数字经济发展大势，发表主旨报告或主题演讲，分享数字经济发展情况、探索数字经济发展新观点新思路。

会后，重庆市科协认真收集整理院士专家精彩观点，汇集智库成果。人民网、中国新闻网、重庆日报等新闻媒体进行了采访报道。数字经济百人会已然成为我国数字经济领域最具引领性的高端智库之一，智汇全球。

4年来，会议分别以"数字新经济·发展新动能""开放共享·融合赋能——共创数字经济新生态""数据要素驱动·融智赋能发展""数据要素赋能·引领数字化发展"为主题，以发展壮大数字经济、培育数据要素市场、推动重庆市大数据智能化创新发展为主旨，为数字经济领域奉献出一场场精彩专业的智慧盛宴，为重庆加快建设具有全国影响力的科技创新中心汇聚起强大的数字力量。

会议期间，发起成立了中国数字经济百人会，提出全球数字经济十大发展趋势，旨在打造我国数字经济领域最具引领性的高端智库。发布了《工业互联网白皮书》《数字城市智能服务生态体系研究报告》的核心观点，聚焦数字经济和智能化发展。中国电子学会、阿里云研究院等多家单位联合发布了《新一代人工智能白皮书（2020）——产业智能化升级》《我国区域数字化转型"云"观察报告》等多项权威报告，共同探讨数字经济发展思路。

突出实效智惠发展

科协以会为媒，打造交流合作平台，促成各方合作共赢，为重庆数字经济发展和经济转型聚势赋能。

2018年，重庆市科协、中国电子学会和英中博士联合会签订了人才项目合作协议，将在联合举办大型国际化人才交流合作活动、适时共同促成具备条件的国际科研成果转化落地、积极推动建设海外科技人才工作站等方面展开合作。

中国科协与重庆市人民政府签订全面战略合作协议，重点围绕五大方面开展"市会"合作，积极把中国科协资源引入重庆。2019年，中国电子学会、重庆市科协、南岸区人民政府、重庆邮电大学签订战略合作协议，共同推动云计算物联网创新资源汇聚重庆，共建"数字经济国际合作与创新发展中心"。

2020年，中国电子学会、重庆市科协、永川区人民政府联合签署《关于共建"科创中国"试点城市战略合作协议》，组建"科创中国"数字经济专家服务团，发起成立"重庆大数据产业研究院"，助力永川打造"科创中国"试点城市示范样板间，推动永川科技经济融合发展。

2021年，为重庆与上合组织相关国家、地方政府以及行业企业加深相互理解，增进互信友谊，扩大数字经济产业发展"朋友圈"搭建了平台。

开启全球"新赛场"

4年来，在中国科协有力指导和重庆市委、市政府大力支持下，中国电子学会、

签署"科创中国"试点城市战略合作协议

重庆市科协等部门通力协作，推动数字经济百人会成为创新引领、资源集聚、对接实效的共赢共享合作平台，使数字经济"新蓝海"在山城开启了全球"新赛场"。

数字经济百人会的成功举办，主要得益于提高政治站位，围绕中心、服务大局。数字经济百人会等活动对标对表国家大数据战略和重庆以大数据智能化为引领的创新驱动战略行动计划，紧扣智博会的主题和主旨，以高站位认识重大战略意义。

4年来，每届数字经济百人会智者云集、成果丰硕，已成为智博会重要品牌活动之一。群团组织能把这样大规模的会议办得圆满、办得精彩，是党建带科建的生动写照，关键在于有重庆市委、市政府的坚强领导和中国科协的大力支持，得益于中国电子学会、相关市级部门和区县的协作配合。

在活动筹办过程中，科协建立健全提前谋划机制、分工协作机制、挂图作战机制、及时调度机制、跟踪问效机制，以过硬的作风、周密的措施、细致的工作，确保活动的每个环节有特色、高水平。干好科协的事，关键在人。重庆市科协干部认真履行职责，以"服从服务、为实为先、求深求远、善作善成"的科协机关文化去打硬仗、打胜仗。

点评

坚持既办好会又办好事是重庆市科协的办会宗旨。办会过程中，重庆市科协从全市中心工作和发展大局中找方位，充分发挥跨界融合与组织动员的优势，在"上争、下促、横联、外引"上下功夫，推动协同化、汇成大合力，为科协事业发展提供坚强保障。

抓重点、用巧劲、有狠劲、显韧劲，务实创新、突重破难，切实把中国科协和重庆市委、市政府的决策部署精准落到实处，是重庆市科协做好助力学术创新发展工作的"不二法宝"。

推进世界一流期刊建设
服务高水平科技自立自强

中国科协科学技术创新部

2018 年以来，中国科协深入贯彻落实习近平总书记关于办好一流学术期刊的重要指示精神，紧密围绕中央书记处部署要求，密切协同中宣部、教育部、科技部、财政部、中国科学院、中国工程院等相关部门，组织实施"中国科技期刊卓越行动计划"重大专项，按照单刊建设、刊群联动、平台托举、融合发展的原则系统构建支持体系，与科技界、期刊出版界同心合力、务实笃行，有效推动我国科技期刊跨越式发展，为实现高水平科技自立自强提供了有力支撑。

抢发重磅科研成果　不断提升学术影响力

在"卓越计划"支持下，期刊广泛邀请国内外顶尖学者担任主编、编委和审稿人，通过定向约稿、走访科研机构、组织学术论坛、建立快速发表通道等多种措施，

2012—2022 年我国 Q1 区期刊数量及占比

抢抓重磅成果，期刊学术影响力不断提升。《细胞研究》全球首发关于神经发育过程蛋白功能的研究，较《自然》（*Nature*）发表同类文章早 5 个月；《国家科学评论》首发关于新冠病毒进化的论文，全文下载量逾 70 万次；《中国航空学报》发表我国高超音速发动机研究论文，被多家海外媒体追踪报道；《分子植物》《科学通报》等组织"植物 – 微生物互作""全球生态治理"等专题特刊，关于有机太阳电池最新研究进展刷新纪录，关于世界大河水沙通量等研究论文被《自然》点评。2022 年《期刊引证报告》最新数据显示，我国 122 种期刊学科排名进入国际前 25%，较 10 年前增加 112 种；44 种期刊学科排名进入国际前 5%，10 年前只有 1 种；14 种期刊跻身学科第一，5 种期刊影响因子进入全球百强，较 10 年前双双实现从无到有、从少到多的突破。

拓展传播交流网络　增强学术引领服务

在中宣部大力支持下，中国科协持续遴选国内期刊刊载的突破性成果，通过中央主流媒体开展宣传报道，累计制作"卓越期刊学术前沿快报""科研时代锐力量"主题成果展、《中国科技期刊：领潮》系列主编访谈短片等 80 余期，网络浏览量超过

广泛宣传国内期刊刊载的突破性成果

1亿人次。各刊与国内外重要科研机构、学术团体、出版机构、学术社区等开展广泛合作，深度融入全球学术传播网络，通过主办国际会议、学术比赛、作者分享会等促进学术交流。《园艺研究》主办国际园艺研究大会，73个国家和地区的1.4万余人注册参会；《光：科学与应用》打造"Light学术联赛"品牌，得到青年学者热烈参与；《电力系统自动化》《石油勘探与开发》《中华流行病学杂志》等优秀中文期刊加大国际化传播，影响力辐射至88个国家和地区。

推进集约数字出版　增强市场竞争能力

针对我国期刊资源分散、出版传播链条短、数字化水平低等问题，卓越计划同步推进集群化办刊和国际化数字出版服务平台建设。支持中国科技出版传媒有限公司、高等教育出版社、中华医学会杂志社、中国激光杂志社、有科出版（北京）有限公司5家单位试点改革，给予倾斜政策，探索多种模式整合出版资源、重塑出版流程，提高集约运作水平。依托北大方正、同方知网和清华大学出版社，分段研发国际化数字生产、运营、传播平台，实现期刊选题策划、投审稿和排版发布全程在线交互。生产平台吸引国内253种期刊入驻，出版周期平均缩短30%；运营平台为2000家用户提供选题策划、智能投审稿、内容审读支撑；传播平台先期引入15种英文期刊试用，与国际主流投审稿系统、生产排版系统实现对接集成。

深化评价体系改革　推动中外期刊同质等效

在一流期刊建设部际协调机制下，各部门围绕"破四唯、树新标"出台组合拳。科技部出台文件，将卓越计划入选期刊与国际顶级期刊、顶尖学术会议并列为3类高质量论文来源；教育部下发通知，要求各高校合理使用影响因子等定量指标。中国科协引导全国学会分领域对中外期刊进行同标准评价，编制发布数学、材料科学、临床医学、能源电力等38个领域高质量期刊分级目录，推动中外期刊同质等效应用。聚焦人才多元评价打造临床案例成果发表平台，充分依托中华医学会、中华中医药学会等全国学会，征集遴选病例报告10万余篇，推动入库成果作为代表作在临床医生职称评价中试点应用，为更多工程技术领域人才评价探索路径。

加快布局高起点新刊　拓展前沿学术阵地

按照以域选刊、示范建设、梯次培育的方针，"卓越计划"瞄准国家创新发展关键领域和战略方向，遴选了 22 种领军期刊、29 种重点期刊和 199 种梯队期刊优先培育，同时持续支持创办高起点英文新刊，为一流期刊建设注入源头活水。2022 年起更是将新刊数额从每年 30 种增加至 50 种，进一步加快拓展国际前沿学术阵地。累计入选的 140 种高起点新刊覆盖人工智能、量子科学、生物医学、先进制造、能源环境、新型材料、信息科学、空间科学、数据科学等新兴交叉热点领域，填补多个学科空白，显著改善我国科技期刊结构布局，服务国家创新关键领域能力有效提升。目前，已有 17 种新刊被国际知名数据库收录，12 种学科排名进入国际前 25%，显示出蓬勃的发展势头。

点评

面向建设世界科技强国和科学中心的战略目标，中国科协会同有关部门持续推动世界一流科技期刊建设工作。经过四年持续建设，我国科技期刊布局明显优化，学术引领力和国际影响力显著增强，科技期刊服务国家创新关键领域能力有效提升，有力支撑了广大科技工作者为实现高水平科技自立自强建功立业。

为世界一流期刊建设提供"智慧"支撑

中国科协学会服务中心

2022 年 8 月 25 日,《中国科技期刊发展蓝皮书（2021）》在第十七届中国科技期刊发展论坛上发布,该书对我国科技期刊总体情况进行系统整理并提出合理的分析与预测。

杨卫院士发布《中国科技期刊发展蓝皮书（2021）》

为贯彻落实《关于深化改革　培育世界一流科技期刊的意见》和《关于推动学术期刊繁荣发展的意见》等文件精神,自 2017 年起,中国科协学会服务中心连续 6 年组织编写《中国科技期刊发展蓝皮书》（以下简称《蓝皮书》）,持续记录中国科技期刊发展历程,推介我国期刊发展理念,提升我国科技期刊的传播力和影响力。

作为我国科技期刊领域的专业理论书籍,《蓝皮书》获得了科技工作者的广泛关注与认可。截至 2022 年年底,总浏览量达 92 万次,总下载量超 2700 次,总被引达 500 次以上。

创先河

《蓝皮书》总体目标和定位是以第三方视角、真实的数据和实际的调查，对我国科技期刊总体情况进行系统整理和分析预测，尽可能客观准确地反映当前发展现状及存在的问题，借鉴国际优秀经验，研判未来发展趋势，探讨可持续发展路径，推动我国科技期刊高质量发展。

按照规划，《蓝皮书》以 3 年为一个周期，第一年呈现科技期刊总体情况，第二、三年探讨热点内容。

《蓝皮书》2017 版首次系统梳理我国科技期刊整体现状，分析面临的问题和挑战。2018 版以"科技期刊的融合出版"为主题，对我国融合出版发展现状进行梳理分析。2019 版以"世界一流科技期刊发展路径"为主题，提出推进建设世界一流科技期刊的策略。

基于全国期刊年检数据和国内外知名数据库，进入第二周期的 2020 版《蓝皮书》对比 2017 版数据，呈现我国科技期刊和科技论文全貌，并剖析了产业变革和市场融合推动科技期刊发展的现状与趋势。2020 年起，《蓝皮书》英文版在全球同步出版发行，也是基于权威数据呈现中国科技期刊整体现状的唯一英文文献，向世界展示中国科技期刊和科技论文的总体现状。

2021 版是"开放科学环境下的学术出版专题"，探讨开放科学环境下的中国科技期刊发展策略。即将出版的 2022 版为"数字经济时代的学术出版与交流平台专题"，探讨并提出数字经济时代的中国学术出版融合与高端学术交流平台发展建议。

集广智

《蓝皮书》作为首次全面反映中国科技期刊面貌的书籍，准确性和权威性尤为重要。

在编写之初，中国科协学会服务中心就决定以多位院士和学术出版领域专家为核心智囊，凝聚和调动国内科技期刊出版领域一流研究专家和学术资源，以此保障编写力量的高站位、高水平、高效率，编制内容的权威性、专业性、前瞻性。

专家委员会由相关领域的院士、知名学者和业内人士组成，涵盖中宣部、国家新闻出版署、中国科协、中国科学院、中国工程院、教育部及相关学会协会的专家学者，负责整体框架和主要内容的确定以及终稿的审定。

《中国科技期刊发展蓝皮书》专家委员会会议现场

以编写委员会为主体成立编写组，本着开放、协作、共享的开放研究原则，建立开放研究机制，广纳贤才，编写组成员辐射面宽，代表性强，参与度高。

同时，中国科协学会服务中心科技期刊发展促进处组成秘书组，推进与协调《蓝皮书》的编制工作进度。

《蓝皮书》以一手数据为统计分析基础，组建数据组，以国家新闻出版署全国期刊年检数据为主，结合新批期刊名单和行政审批许可结果数据，确保基础数据的及时性，数据采集力求准确全面。

科学出版社作为出版单位，定稿后专门安排资深编审对全书进行通读式的审读，严把出版质量关，最后由责任编辑进行印前检查，确保出版质量。

论方法

《蓝皮书》每年由中国科协学会服务中心以年度科技期刊项目的形式确定承担单位后，在中国科协的组织下，由项目承担单位按照预定方案开展研究编撰及编辑出

版工作。

《编制工作方案》是编写工作的顶层设计，关系到其成功与否的关键。编写组在酝酿年度主题时广泛征求业界意见，进行深入论证，先行提出主题及框架大纲草案，然后面向专家委员和编写委员征求数轮意见，基本达成共识后，再提交专家委员会讨论确定。

《蓝皮书》数据来源主要依靠全国期刊年检数据，其具有无可争议的权威性，对于数据的核对、整理、选择、合理使用是关键。

《蓝皮书》坚持精选编写组成员，做到少而精，充分发动专家推荐人选；也可先确定牵头人，由牵头人推荐执笔人。在研究编制过程中，编写组力求形成浓厚的研究氛围，形成学术争鸣。在研究编制方面，在"研究"二字上狠下功夫，形成良好的研究氛围，在讨论和争鸣中进行编制工作。

基于优良的质量和内容，《蓝皮书》在国家关于科技期刊的顶层设计与制度建设方面起到了不可忽视的作用。2021年，全国两会代表依据《蓝皮书》数据撰写了提案建议。

《蓝皮书》也获得国际同行高度关注。国际科学、技术和医学出版商协会（以下简称STM）将《蓝皮书》出版的消息推送给重量级会员，并称其是首部反映中国科技期刊发展历程的系列图书。STM年报还吸纳《蓝皮书》数据用以展示中国科技期刊和科技论文的发展现状。

6年来，《蓝皮书》展现了中国科技期刊的整体图景，以实证研究方式比较、分析了中外科技期刊的质量现状及增长趋势，启发了多种期刊研究角度，更为中国科技期刊的发展和成长提示了较为清晰的发展路径与可行性建议。

点评

作为国内首部全面系统反映我国科技期刊发展现状和趋势的蓝皮书，《中国科技期刊发展蓝皮书》贯彻新发展理念、构建新发展格局，服务推动我国科技期刊高质量发展，目前已成为我国学术出版界和文献情报档案界的前沿参考工具书，发挥着越来越重要的学术和应用价值。

打造科技领域"百家讲坛"

中国科协培训与人才服务中心

中国科协探索建立了面向中央和国家机关部委、中央企业司局级以上领导干部的高端科普平台，同时也是科学家和领导干部的交流平台——"中国科技会堂论坛"，由中国科协培训和人才服务中心具体承办。

自 2019 年 11 月首期举办以来，中国科技会堂论坛已成功举办 19 期，吸引了司局级以上领导干部 2000 余人次参加。特别是 2021 年以来，论坛热度持续提升，每期参加的正部级、副部级、中管正局级干部人数达 50 人以上。大家普遍认为，论坛层次高、选题科学、内涵丰富，听后启发性强、收获大。

打造科技领域"百家讲坛"

汇聚权威专家主讲，聚焦领导干部"关键少数"，打造科技领域"百家讲坛"。邀请以白春礼、潘建伟、张伯礼院士等为代表的战略科学家和科技领军人才走上讲台，畅所欲言，内容有深度、有高度、有广度、有情怀，备受领导干部欢迎。听众实名、自愿报名参加，"我要来"的主动性强。

因时因需选题

因时因需选题，紧扣"四个面向"，胸怀"国之大者"。以中国科协发布的年度重大科学问题和工程技术难题作为重要选题来源，聚焦党和国家重大战略和部署，聚焦"四个面向"，兼顾"科学文化与创新生态"，力求答时代问、解时代需。

彰显科普全面价值

坚持问题导向，强化互动交流，彰显科普全面价值。采用"主讲专家 + 与谈嘉宾"组合展示方式，与现场百余名司局级以上领导干部开展政产学研内部研讨。倡导质疑讨论、平等争鸣，力求同频共振、凝聚共识。注重传播科学方法，涵养科学精神，启发领导干部思维范式革新，加强对风险和不确定性的认知，服务领导干部提升科学管理能力和科学决策水平。

强化桥梁纽带职责

创新工作理念，畅通沟通渠道，强化桥梁纽带职责。把建设有温度、可信赖的科技工作者之家作为"最大的政治"，为科学家畅通与政策制定者面对面沟通渠道。增强领导干部落实创新驱动发展战略、贯彻新发展理念政治自觉，带动各级党委和政府加大对科技工作者的关怀、支持力度。

点评

中国科技会堂论坛聚焦全球科技发展大势和科技前沿热点，着力搭建顶尖科学家与领导干部的交流平台，助力服务领导干部科学素养提升，为科学决策提供战略咨询。

四、
提升全民科学素质

搭建平台　种下气象科学"种子"

中国气象学会

校园一角，小小气象观察员们围绕在气象站周围，在老师的指导下，聚精会神地观测温度仪指针、记录温度数据、绘制图表。

小小气象站，承载科技梦。2019年，中国气象学会发布了《校园气象科普教育整体解决方案》，搭建桥梁，提供开放式、公益性的资源推介平台，助推校园气象科普工作更进一步，将学科学、爱气象的种子扎根在学生心中。

气象科普需求正旺

校园是气象科普教育的重要阵地，将气象知识融入有关学习活动，可以让青少年在多领域的自主体验学习过程中学会触类旁通。多领域的知识碰撞不仅能更好帮助青少年理解和解决生活中的实际问题，还可以使青少年掌握多方面的知识和技能，逐步提高综合实践能力和探究发现能力。

与此同时，深化中小学科学领域课程教学改革，切实加强中小学生科学教育，已成为中国科协全民科学素质行动的工作要点。

多年来，中国气象学会一直积极致力于推进气象科普工作，近几年尤其在校园气象科普教育方面开展了大量创新性工作。

随着相关工作的深入开展，中国气象学会与来自全国各地的教师交流发现，校园气象科学教育开展情况参差不齐，比如：有的学校有开展气象特色教育的想法，但是却不知道如何入手，也没有相关资源。

为了让校园气象科普教育工作开展得更加全面和精细，在已有校园气象科普教育基地遴选命名基础上，中国气象学会进一步加强经验总结，整合多方资源，强化顶层设计，于2019年推出并实施校园气象科普教育整体解决方案，推进多方共建，搭建气象部门、教育部门、社会企业各方面力量同校园和青少年之间的桥梁，为中小学生探究气象科学提供良好的平台。

八大平台构建体系

校园气象科普教育整体解决方案共有 8 个部分，以汇聚、共享、合作、创新为原则，发挥桥梁作用。

作为校园气象科普教育的重要"利器"，校园气象设施建设在普及气象科学知识、提升社会气象科普教育水平方面发挥了重要作用。

2018 年至今，中国气象学会推动了中国农业科学院附属小学、北京市汇文实验中学、上海市松江区岳阳小学和陕西省延长县七里村镇呼家川完全小学、内蒙古突泉县中小学校园气象站的建设并指导开展校园气象科普活动。截至 2022 年年底，已有 102 家示范校园气象站进入全国气象科普教育基地行列。

社团和课程是激发兴趣、学习知识的重要渠道和核心环节。中国气象学会指导学校建立社团，制定校园气象站规章制度，开展观测实践、开设气象科普课程和气象科普活动。通过气象社团课程、专题气象课程和校本课程逐步推进。推出适合小、初、高中不同阶段，包含气象防灾减灾系列课程、探究类课程、气象实验类课程和气候变化与人类社会四类课程。

气象社团活动

在气象科普活动方面，中国气象学会对开展常规社团活动提出指导性建议。2016年至今，每年在世界气象日、气象科技周、气象科普日等重大活动时开展全国系列科普讲座进校园活动；在西安铁一中分校和北京一零一中学怀柔分校开展校园气象科普嘉年华活动，在中国农业科学院附属小学开展校园气象科技节活动。迄今，还开展了38届全国青少年气象夏令营活动。

校园气象科普嘉年华

除了知识学习，中国气象学会注重气象科学实践的指导，通过气象观测、气象科学小论文、气象摄影、气象手抄报、气象科普剧、气象主持、短时邻近预报和气象研学的形式开展形式多样的实践活动，培养青少年的创新精神、实践能力和团队合作意识，进一步增进青少年对天气和气候的关注，提升新时代生态文明意识。

此外，还设置了气象科普资助、气象表彰奖励等激励机制。

为交流经验，2015年至今，中国气象学会隔年交替举办校园气象辅导员培训班和校园气象科普论坛，鼓励组建全国中小学气象科普教育联盟。

校园气象科普教育整体解决方案的出台和实施，为学生提供了探究科学的良好平台，对普及气象科学知识、增强青少年气象防灾减灾能力、提升青少年整体科学素质、推动校园气象科普教育高质量发展起到了积极作用。

汇聚资源开放平台

如今，开展气象科普已经成为诸多学校的特色品牌。中国气象学会通过筑牢"塔"基，培育"气象教育特色学校"，推动气象教育特色学校和全国气象科普基地—示范校园气象站的评选授牌。截至2022年年底，已有123家示范校园气象站进入全国气象科普教育基地行，24所中小学校获评"气象教育特色学校"称号，极大地促进了学校对开展校园气象科普教育工作的积极性。

根据校园气象科普教育整体解决方案，2020年，中国气象学会组建校园气象科普教育资源平台，利用现代信息手段，多渠道宣传推进方案的落地实施和资源汇聚，吸引学校、企业和相关单位的加入，从而共同推动校园气象科普教育的发展。

平台包含校园气象科普教育网、气象科普宣传品网上商城，2个网站互通互助，让学校在了解如何开展校园气象科普教育的同时，也能在网上商城找到相应资源。

校园气象科普教育整体解决方案的提出，与校园气象科普教育资源平台的构建，希望助力青少年整体科学素质的提升和对校园气象科普教育的创新思考，架构起连接气象部门、教育部门、社会力量，以及教师和青少年学生之间的桥梁，推动气象科普在国家乡村振兴、"双碳"战略目标实现中发挥更大作用。

点评

提升全民科学素质应从娃娃抓起。中国气象学会结合多年开展校园气象科普教育工作的经验，遵循"汇聚共享合作创新"的理念，构建校园气象科普教育的框架体系，通过发挥气象科学传播专家的力量，协调社会多方资源，组织形式多样的气象科普活动，为学生探究科学提供良好的平台，助推气象科学知识的普及，提高广大青少年防灾减灾意识和应对气候变化能力，不断提高气象科学素养。

平台助科普　节水成风尚

中国水利学会

社会公众对水既熟悉、又不完全了解。2020年以来，中国水利学会持续主办"节水在身边"全国短视频大赛活动，产生了巨大的品牌效应，发挥了良好的科普作用，有效调动了社会大众参与节水的热情，也征集了大量节水技巧、窍门、新技术和新产品，丰富了节水文化的内涵与色彩。

精心谋划　找准目标定位

中国水利学会以习近平总书记"节水优先、空间均衡、系统治理、两手发力"治水思路为指南，在水利部全国节约用水办公室、水利部国际合作与科技司、中国科协科普部共同指导下，联合中国水利水电出版传媒集团等单位主办活动。

活动伊始，学会就成立专项工作小组，首先就"大赛面向谁""怎么办""何时办"3个关键问题进行了深入调研和探讨。

当前，带有移动互联网短、平、快特征的移动短视频类新媒体具有传播快速、创意丰富、互动性强、影响力大等特点，深受大众喜爱。

经研究，学会最终决定通过与新媒体短视频平台合作开展赛事。为借助水利系统优势资源和涉水重要纪念日，定于每年3月下旬"世界水日""中国水周"期间启动，同时又考虑7月、8月为汛期，因此赛事延续到8月底。

此3个问题的解决，为赛事后续顺利举办奠定了良好的基础。

受疫情影响，2020年第一届"节水在身边"全国短视频大赛计划于3月启动的赛事不得不拖后。工作组同志克服困难，在居家办公期间与"快手"平台研究确定了"领导专家邀请＋节水达人展示＋优秀视频引领＋大众上传参与＋全民点赞观看"活动方案。

首届大赛主办单位领导致辞

工作组积极在水利系统内部发文，在相关网站、微信平台、微博等新媒体渠道进行赛事的宣传，依托短视频平台开设了"节水在身边"官方账号及时宣传赛事动态。

主承办单位主要领导都录制了活泼轻松的邀请参与视频，还通过设置"活动邀请""特邀助力""魔法表情"小游戏等方式，向社会大众发出了参赛邀请。

如此，既扩大了影响，又活跃了气氛，缩减了大众对于专业话题的距离和压力。

2020年6月20日，首届大赛启动仪式终于在线上拉开帷幕。至8月31日赛事结束，在各方团结一致、共同努力下，首届赛事即取得参赛作品5.2万部、累计播放量2.2亿次的可喜成绩。

2022年，在总结第一届、第二届经验的基础上，第三届"节水在身边"全国短视频大赛新媒体平台由快手转战到抖音平台，同时与知名科普媒体"科普中国"合作，进一步扩大赛事的影响力。

通过专业科普平台的宣传，既科学又通俗、既专业又有趣的节水短视频获得大众喜爱，播放量得以迅速增长。第三届大赛取得征集作品52万部、总播放量超过

16 亿次的骄人成绩。

其中，中国水利水电科学研究院的节水动画和生态节水实验视频达到 15.5 万和 40 万播放量，江西省水利科学研究院的节水动画达到 19 万播放量。

重视评选评审　做到公平公正

水利学会高度重视征集作品的评选工作，组织行业内外的权威专家、老师参与评审，共设置初评、复评、终评三级模式。

面对数以万计、数十万计的参赛作品，学会克服困难，采用加班加点加信息化手段完成海量作品初评工作。复评专家在初评的基础上，再次严格筛选出进入终评的作品。

每年的 8 月底学会组织召开大赛的终评会议，组织由影视、水利、传媒等方面的院士、大师、知名专家等成立终评委员会，分别提出评审意见，并参考短视频的播放量、点赞量，秉承公平公正的原则，对作品进行评审，评审结果在活动主办单位网站进行公示。

3 年来，未收到关于成果知识产权、所属权、作品质量不佳等方面的投诉。

加强活动宣传　提升科普效果

优秀的获奖作品从每年 9 月开始在各种活动、媒体平台进行展播，进一步提升科普效果。10 月，还在中国水利学会学术年会上进行大赛颁奖，对终评选出赛事的等级奖、优秀奖和优秀组织奖，颁发奖金和证书。

3 年来，"节水在身边"全国短视频大赛共收集作品数量多达 58.4 万部，短视频平台累计播放量超过 26 亿次，参与人群分布在 31 个省（自治区、直辖市），涵盖了部分海外地区。

活动也受到社会各界的认可和好评。2020 年，即获中国科协"年度全国科普日优秀活动"称号且排名第一。2021 年，再获该称号，主办方入选"年度优秀组织单位"。

2022 年，第三届"节水在身边"全国短视频大赛以"积极践行《公民节约用水行为规范》"为主题，于 3 月 25 日—7 月 31 日开展作品征集。本届大赛是水利部、中央文明办等 10 部委共同指导的《公民节约用水行为规范》主题宣传活动的专项活动之一。

第二届大赛颁奖仪式现场

　　"节水在身边"全国短视频大赛活动 3 年来的积累，科普了节水知识，锻炼了科普队伍，也展露了全国学会在连接政府公众、发挥纽带作用上的巨大平台潜力，学会也更加深入地参与到行业科普规划编制、科普活动策划中。

　　水利科普是中国水利学会的一项重要职责。在组织"节水在身边"全国短视频大赛之外，学会还倾力打造了"中国水之行""护好大水，喝好小水"等多个科普品牌，都取得了很好的成绩，因此荣获 2021 年"全民科学素质工作先进集体"称号。

点评

　　水是生命之源。我国是一个缺水的国家，如何能更好地动员全社会节水、提升公众水科学素养，一直是广大水利科技工作者研究的课题。中国水利学会找准切入点，利用新媒体＋科普的方式开展"节水在身边"全国短视频大赛，充分调动公众的积极性，在轻松活泼的氛围中将专业知识进行推广、科普，取得了数十亿次点击的优秀成绩。

"魅力之光"将核科普带到身边

中国核学会

谈到核科普，离不开"魅力之光"。

中国核学会与中国核能电力股份有限公司联合主办"魅力之光"杯全国核科普知识竞赛及夏令营活动让一对来自贵州大山的姐妹花——吴倩香、吴雨香与核电结下了不解之缘。

2014 年，吴倩香第一次走出黔东南，以贵州地区第一名的成绩获得"魅力之光"夏令营资格，第一次走进核电站，参观了田湾核电基地。

第十届"魅力之光"杯全国核科普活动启动仪式

3 年后的 2017 年，吴倩香考入东北电力大学，并带着妹妹吴雨香参加了第五届"魅力之光"夏令营。吴雨香跟着姐姐，看到了自己梦想中的繁华都市，看到了只在书上看到的三门核电，看到了全球首堆 AP1000 核电机组。

随后的几年里，吴倩香从东北电力大学毕业，走进了核电基地，成为一名中国核电人。而吴雨香接过当年姐姐手中的接力棒，经过了核电科普知识竞赛中初赛、复赛的重重挑战，以贵州地区第一名的成绩走进"魅力之光"夏令营，还成为学校里的核电科普宣传员。

从一个人到一个家庭，"魅力之光"的故事以其独特的魅力在不停地接力传承。

从艰难起步到极速成长

其实，与许多项目一样，"魅力之光"的开端也步履维艰。2013 年，首届"魅力之光"夏令营活动启动，由于中学生群体对核电所知甚少，甚至害怕参观核电设施会产生伤害，而放弃夏令营机会，起步不可谓不艰难。

"魅力之光"从实战经验中不断反馈提升，完善竞赛机制，创新活动形式，提高活动的权威性和影响力。一方面，团队开始联手各大部委，提升活动的权威性。活动得到了国家能源局、国家核安全局、国防科工局、中国科协等行业主管部门的指导与参与；另一方面，团队联手地方，设置与地方的联动机制，与项目所在地教育机构结合，发挥地方优势。同时，以公益形式帮助鼓励有能力的学生参加活动；让营员为品牌代言，开启链式影响力传播，通过孩子代言、传播，大幅提升核电的接受度；并联手新媒体，扩大竞赛答题活动参与范围。

很快，"魅力之光"开启了极速成长模式。从首届的 6000 余人，到第二届的 10 万人，直至 25 万人、43 万人、53 万人、70 万人……目前"魅力之光"累计参赛人数超过了 350 万人，是国内首屈一指的核电科普品牌。

点亮"核科普"之光

经过 10 年多的探索、实践、反馈、总结，"魅力之光"活动也变得越来越丰富多彩。通过与国家部委、大专院校和企事业单位的对接、合作，加强与核工业全产业链科普活动的深度融合，为核电监管部门、社会主流媒体、国内科普平台、教育宣传、环保部门、核电成员公司、核工业从业者、热爱核事业的师生队伍等普及核电科普知识，营造更加良好的舆论氛围。

各参与单位发动组织，充分利用网络平台，吸引社会公众参与网络知识竞赛，传播科学家精神、核科学知识、核安全文化、核技术应用等在实现"碳达峰、碳中和"、建设美丽中国、造福人类社会的独特优势，增强公众对核电、核科技发展的了解和支持。

越是硬核的知识，越需要精确简单的表述，听院士的核电科普讲座、深度参观核电站始终是"魅力之光"的保留节目，历年竞赛一等奖获得者，超过 500 名中学生通过核科普夏令营参观了秦山核电、江苏核电、福清核电、海南核电、三门核电、辽宁核电和漳州核电。核科技界的院士非常支持学会举办的科普讲座和夏令营活动，参加历次夏令营活动的有王淦昌、姜圣阶、汪德熙、钱绍钧、钱皋韵、王大中、陈能宽、王乃彦、叶奇蓁、李冠兴、李建刚、胡思得等院士。

发现公众看核电的独特视角

挖掘公众对核电站的独特视角、见解、才情，让大家更深刻地体验核电的魅力，

第十届"魅力之光"杯全国核科普夏令营暨第二届全国核科普讲解大赛在江苏连云港闭幕

一直是活动组织者更新创意的入口。

10 年来，"魅力之光"团队走进校园，让孩子们通过绘制未来核电站，表达对核电的热爱和对美好未来的祝福；开启核科普短视频大赛和科普"云课堂"，邀请院士专家、网络大 V 与观众分享核科学故事；引入全国科普讲解大赛，结合融入建党百年、"两弹一星"精神和核电特色等主题，讲好核科普……

"魅力之光"也影响了媒体大 V 们，他们在参与活动、了解核能后，利用个人影响力，将核能之魅力，散播到各个圈层、各个领域，他们中的每一位，同样成了核科普的优秀传播者和代言人。

核能的发展需要科普，科普事业的繁荣也需要核能贡献力量。中国核学会作为发展我国核科学技术事业的重要社会团体，多年来，一直致力于普及核科学技术知识，提升全民科学素质，帮助广大公众正确认识核能，促进核能安全发展、和平利用。

10 年历程，使"魅力之光"积累的非常宝贵的财富，培养了一大批对核科学知识产生兴趣的年轻学子、一大批经验丰富的核科普工作者、一大批自信成熟的核科普讲解员，联通了全国涉核企事业单位通力合作、沟通共赢的机制。

点评

中国核学会"魅力之光"杯品牌活动发挥独特的专家资源优势和社会第三方独立公平的身份优势，搭建好政府引导、政企合力、上下贯通、统筹推进的核科普宣传平台，推动核能科普常态化、广覆盖，增强公众对核科学技术、核安全和核应急管理水平的认识和信任，找到做好核科普工作的突破口，创新传播方式，更好地促进我国绿色核能健康高效发展。

海峡两岸携手提升
中华茶产业科技水平

中国茶叶学会

茶，是饮料，是产业，更是文化，近几十年来，茶叶与健康也成为一个研究领域。

在2021年9月举行的第十一届海峡两岸暨港澳茶业学术研讨会上，中国工程院院士、中国茶叶学会名誉理事长、中国农业科学院茶叶研究所研究员陈宗懋，回顾了茶与健康研究的40年历程，讲述了茶在降压、降血脂、减肥、预防心血管疾病、抗癌和神经退行性疾病方面的研究进展，并提出了茶与健康的产业发展战略。

"海峡两岸暨港澳茶业学术研讨会"（以下简称研讨会）是中国茶叶学会打造的品牌学术交流活动，在中国科协的大力支持下，已先后成功举办十一届，目前已成为维系大陆、台湾及港澳地区茶人感情的重要纽带，增进彼此了解，加强双方互动，消除了认知上的偏颇，进而极大地缩小了同胞间认同感的差距，并由此形成了正面、积极的发散影响。

举办学术交流　拉开合作序幕

中国是茶的故乡，中国人发现并利用茶，据说始于神农时代，少说也有4700多年了——"茶""故乡"，这些关键词让人一下明白，以茶为梁搭建两岸交流的桥，是多么的巧思。

中国大陆目前是全世界产茶种类最多的地区，而中国台湾地区有近两百年的茶业发展历史，享有"乌龙茶王国"之美誉。

为了促进海峡两岸茶叶科技学术的交流与互动，在时任中国茶叶学会理事长陈宗懋和台湾大学食科所教授孙璐西的合作推动下，2000 年 4 月，第一届海峡两岸茶叶学术研讨会在福建省福州市举办。

这是一个重要的里程碑，也正式开启海峡两岸茶界专家学者及学界互相沟通的枢纽，更为海峡两岸进一步合作和交流奠定基础。

第二届海峡两岸茶叶学术研讨会于次年 11 月在台湾举行，会议的举办促进了台湾与茶相关之产、学、研、制、商、艺、文等方面人士组建成立"台湾茶协会"，旨在作为台湾地区与茶相关单位间横向联系的沟通平台，以促进台湾茶产业的持续发展。

台湾茶协会也成了"海峡两岸茶叶学术研讨会"长期以来的联合主办方之一。

拓展交流区域　丰富交流内容

随着茶产业发展转型，人文社会学科对于产业的影响日益增强，为因应发展形势，扩大交流范围，共同促进中华茶业发展，中国茶叶学会与台湾茶协会商议，广泛地吸纳香港、澳门等地的专家、学者参与交流，"海峡两岸茶业学术研讨会"也更名为如今的"海峡两岸暨港澳茶业学术研讨会"。

研讨会由中国茶叶学会、台湾茶协会联合主办，每两年轮流召开一次。

"第十届海峡两岸暨港澳茶业学术研讨会"主会场

随着活动的持续举办，会议的影响力不断提升。

为了让参会的海峡两岸暨港澳地区茶叶科技工作者能进行充分的交流，会议不断地丰富学术交流的形式与内容，促进学术交流成效的提升。

每届会议通过特邀主题报告、专题报告及学术论文、学术墙报等形式进行交流，同时邀请两院院士等顶尖专家做报告分享。

在2021年举办的"第十一届海峡两岸暨港澳茶业学术研讨会"上，通过线上直播、录制视频报告等方式，进一步提升了活动影响力。

截至2022年，学会与台湾茶协会已成功地联合举办10届海峡两岸茶业学术研讨会（其中3届在台湾举办），线下累计交流达2000人次以上。"海峡两岸暨港澳茶业学术研讨会"已成为学会品牌学术交流活动。

以学术为媒介　深化两岸情谊

2021年9月22—23日，中国茶叶学会联合台湾茶协会召开"第十一届海峡两岸暨港澳茶业学术研讨会"。会议原定于台湾举办，受疫情影响调整为浙江杭州及

"第十一届海峡两岸暨港澳茶业学术研讨会"海峡两岸云端连线

台湾彰化设线下会场，以连线形式进行，并通过网络平台进行线上直播，累计来自内地 1615 人次以及港澳台地区 1448 人次专家、学者参会交流。

本届会议得到了两岸暨港澳地区茶叶科技人员积极热烈的响应。会议邀请了中国工程院院士陈宗懋、刘仲华、台北医学大学教授何元顺、澳门大学教授李绍平等专家就茶与健康、茶叶深加工等 8 个主题做报告分享，同时组织专题报告 7 个、学术报告视频 31 份、学术墙报 29 张，并编制了一册收录 139 篇论文长摘要的论文集。

此次会议是"海峡两岸暨港澳茶业学术研讨会"系列会议的一个缩影。

两岸茶人克服疫情等困难，围绕茶叶科技文化分享各自最前沿的研究进展，并以学术交流为媒介，深化了彼此间的情谊，同时对海峡两岸茶叶科技与产业的发展起到积极的促进作用。

点评

"海峡两岸暨港澳茶业学术研讨会"是中国茶叶学会打造的品牌学术交流活动。研讨会立足于为海峡两岸的科研工作者构建固定的学术交流平台，通过扩展共识，共同提升中华茶产业科技水平。会议引起海峡两岸产业内外的热烈反响，会议的规模不断扩大，并形成了示范效应。

中国中医药科普标准知识库建设

中华中医药学会

2021 年 3 月，中华中医药学会启动了"中国中医药科普标准知识库"（以下简称知识库）建设工作，以解决中医药科普市场鱼龙混杂、内容不规范的问题。

知识库充分发挥学会专家资源优势，力图为中医药科普工作者开展科普工作及促进中医药健康科普与文化传播，搭建国内权威、专业、惠民、多元的中医药科普平台，提高民众对中医药的获得感，助力"健康中国"建设。

中医药事业的发展，已站在时代的新起点，作为整个中医药蓬勃发展的重要标

在 2022 年中国中医药健康科普文化传播大会上，"中国中医药科普标准知识库"正式上线

2022 年 6 月 23 日，中华中医药学会与央广网文化传媒有限公司达成战略合作意向，共同推广知识库

志之一，中医药科普工作取得了显著成效。

但是，中医药科普工作仍然存在问题和不足，包括科普市场鱼龙混杂、科普作品良莠不齐及供给与需求的不平衡等。

为解决现阶段中医药科普工作中存在的部分问题，学会启动建设知识库项目，并借助媒体力量，联合央广网等多家平台共同参与建设工作。

中华中医药学会是我国成立最早、规模较大的中医药学术团体，学会办事机构是国家中医药管理局直属事业单位。作为中医药行业权威的学术组织，多年来，高度重视中医药科普工作，连续多年荣获中国科协公布的"全国学会科普工作优秀单位"。央广网是由中央广播电视总台主办的中国最大的音频广播新闻网站，是中央重点新闻网站和中国最具影响力的网络媒体之一。

二者的强强联合，如虎添翼，更把这一利国利民的平台建设推向了一个新的高度。

三个阶段打造科普平台

知识库平台基本框架经过多次论证确认，在充分吸收专家及社会多层面意见后，确定分 3 个阶段打造权威、标准、惠民和多元的中医药科普平台。

第一阶段，依托央广网大数据的优势，搜集社会各领域中医药科普热点话题，邀请学会相关分会的权威专家进行有针对性的解读，形成中医药科普热点话题的解析框架。

第二阶段，以具体的医学名词为切入点，按照学科分级细化，组织学会相关分会的权威专家进行逐条解答，然后交由学科分会主委把关，完成中医药科普标准知识的基本内容。

第三阶段，联合相关媒体，按照面向公众使用的目的，根据他们各自不同的传播形式和特点，将知识库内的纯文字内容加工成可读性与趣味性突出的科普作品，内容包括且不限于科普图文、科普短视频等，作为传播中医药文化的模本。

为了突出权威性、标准性、惠民性、多元性等特色，学会始终坚持高标准、严要求抓好规范项目的建设工作，参与全程的建设与实施。参与项目内容编写及审核工作的负责人，均为学会分会常委以上级别，确保内容建设专家在其领域内的权威性。

在项目建设过程中，学会组织召开多轮专家研讨会，制定工作规范和流程，对产出内容严格执行三审三校，在内容科学性、表述严谨性、方式普及性的基础上，确保工作机制及知识库的标准性。

知识库入选的内容，不仅包括中医药热点话题解答、中医药科普标准知识，还包含依托库内文字素材转化的图文、短视频等科普素材，突出科普知识的丰富性、实用性、趣味性特色。

并且，知识库平台将免费向公众开放，媒体、中医药科普工作者以及大众都可以在平台上免费获取所需的中医药科普知识，真正做到服务社会、惠及大众。

平台建设很重要、有必要

学会按照"三阶段"建设目标，结合央广网大数据搜索，已组织相应分会常委级别专家，完成 1200 余条热点问题的答案编写，并筛选出热搜 TOP100 话题解答录入知识库。

目前，《中国中医药科普标准知识库》平台初步搭建完成并上线，科普标准知识内容逐步上传入库展示。

为了保证知识库的快速、高效建设，建库之初已制定了《编写规范》等相关制度文件，并采取先试点再铺开的办法，率先在条件相对比较成熟的脾胃病分会、儿科分会、妇科分会开展工作，编写出的胃食管反流病、儿童哮喘、多囊卵巢综合征疾病科普标准知识词条首批录入。

同时，还邀请跨学科的医院药学分会，对 6000 余条中成药科普标准知识词条进行分类整理，其中 100 条已完成并录入知识库。

在完成试点、取得经验的基础上，学会在所属的所有分会启动了"中华中医药学会科普项目"，在相应的《管理办法》《实施规范》等制度文件的规范下，建立第一批中医药科普标准知识库建设专项，组织动员业内更多的权威专家投入科普标准知识词条编写工作，目前已有 28 个项目完成立项。

点评

中国中医药科普标准知识库的建设，是科学普及工作中的一个新亮点。它不仅是中医药领域，更是国内科普领域首个由权威学术机构组织建设的公益科普平台，对于规范科普工作、促进中医药健康科普及文化传播、提升全民中医药科学文化素养具有重要意义。

紧跟科学热点　打造"明星演讲"

北京市科协

2022 年 9 月 24 日上午 10 点，清华大学环境学院长聘教授李金惠准时出现在首都科学讲堂的讲台上。

这是首都科学讲堂的第 766 期。不久前，生态环境部发布《关于发布"十四五"时期"无废城市"建设名单的通知》，提出将推动 100 个城市建设"无废城市"。为让公众了解什么是"无废城市"、"无废城市"建设有何标准、公众如何参与"无废城市"建设等问题，北京科学中心特别邀请李金惠来做报告。

"首都科学讲堂以弘扬科学家精神为主线，以当今科学热点为话题，以专家系列演讲为特色，以媒体联动为延伸，邀请科学家面向公众普及科学知识、传递科学思想和方法、传播创新文化，具有公益性质和鲜明特色的全民科普活动。"北京市科协负责同志介绍说。

15 年举办 100 余场科学讲堂

2007 年，首都科学讲堂开讲。讲堂每周一次，周六上午十点开讲。自 2020 年起，由北京科学中心承办。新冠肺炎疫情期间，讲堂采用"线上线下"结合的方式，2020 年累计观看 2436.41 万人次；2021 年达 2503.95 万人次；截至 2022 年 9 月底，观看受众更突破 4492 万人次。

目前，首都科学讲堂获得广泛关注、深受好评，成为响当当的科普品牌。首都科学讲堂的成功主要是在选题策划、专家邀请、表现形式和传播推广等方面精心策划和细致工作。

高位策划　回应热点

选题策划上，讲堂瞄准主题主线高位策划，适时推出系列讲座，并找准社会热点及时回应公众关切。选题对标《"十四五"规划》中提出的人工智能、量子信息、集成电路、生物育种、空天科技、深地深海等前沿领域进行策划。同时结合重大科技事件和科普活动及相关节日，积极反映我国科技创新、制造业发展等方面成就亮点。

2021 年 4 月 24 日是第六个中国航天日，也是北斗三号导航系统星座部署全面完成后的首个中国航天日。讲堂邀请了北斗重大专项工程副总设计师、北斗三号卫星首席总设计师谢军讲述中国航天的伟大成就，解读新时代北斗精神的磅礴力量。

2022 年 4 月 24 日第七个中国航天日，首都科学讲堂推出"航天点亮梦想　弘扬科学家精神"主题月策划，自 4 月 23 日起至 5 月底，邀请 6 位专家，分别从太空实验、火星探测、运载火箭科普、空间站建设、弘扬科学家精神多个角度，面向青少年和普通公众开展讲座。6 场讲座覆盖全面，系统性强，形成了强势传播效果。

2022 年冬奥会期间，首都科学讲堂于 1 月 8 日至 2 月 26 日与张家口科协联手推出"科技冬奥"主题系列讲座，连续邀请 8 位相关专家从冬奥科学化训练、冬奥

谢军走进首都科学讲堂

观赛自由视角技术等多个角度，为公众连续奉上"科技冬奥大餐"。1月15日，北京大学王选计算机研究所副教授、冬奥交互式视觉观赛项目组成员张行功解读冬奥观赛，获新华网客户端首页重点推荐，后台观看人次近千万量级。8期"科技冬奥"主题系列讲座在新华网、北京科协视频号、冀云融媒体平台、腾讯新闻、北京科技报、北京时间、一直播等平台点击量共计2586.8万，取得了良好的社会反馈，中宣部《时事报告》杂志等媒体也跟进报道。

2022年3月，北京市政府办公厅印发《北京市全民科学素质行动规划纲要（2021—2035年）》，老年人作为科学素质提升行动重点人群被首次提及。首都科学讲堂联动北京开放大学，组织开展1场线下讲座和2场线上讲座，从老年人健康、芯片科技、全民科学素质提升等不同角度，精准面对老龄人群，助力提升老年人的健康素养和信息素养。

"明星"演讲　多方汇力

在专家邀约方面，讲堂注重专业性、权威性和科普能力，同时注重与重大科技活动和相关支持单位机构的联动。科普传播主力军包括两院院士及知名国际科学院

中国科学院院士、中国科学院动物研究所研究员魏辅文讲座后和小朋友交流

院士、战略科学家、科技领军人才、青年科技人才、卓越工程师、科技型企业家等。多年以来，首都科学讲堂不少线下场次都成了青少年的"追星"现场。

为进一步建设好、扩充好、利用好专家资源及内容数据，讲堂进一步广泛发动各相关支持单位机构，实地参与到活动中来，发挥好首都科学讲堂的联系科技工作者的桥梁作用，促成相关单位与北京市科协其他项目的深度战略合作。

上下联动 扩大传播

在表现形式方面，讲堂开创"线上线下"结合、网上网下联动的新模式。同时按照电视播出的规格制作首都科学讲堂视频内容，为观众提供更好的互动体验，切实提高参与者的获得感。

此外，讲堂盘活科协系统内宣传渠道，加快融入北京市科协"数字科协"相关建设部署建设，发挥融媒体中心统筹能力，充分利用好北京科协、数字科学中心、科协频道等平台进行广泛传播。与科普中国做好资源共享，为科普中国融媒发展省级试点项目提供优质视频内容。

为扩大宣传矩阵，引入新华网客户端、人民日报客户端、学习强国学习平台等主流媒体，并联动拓展北京时间、腾讯新闻、新浪科技、抖音、哔哩哔哩等商业视频的科普垂类平台，以优质内容争取流量支持，同时注重二次传播及二次开发，进一步拓展"长 + 短视频"搭配进行二次乃至多次传播的合作渠道，加强每期讲堂的传播长尾效应。

点评

首都科学讲堂充分利用首都"天时、地利、人和"的条件，发挥首都知名专家云集、国际知名学者往来频繁的资源优势，以创新科普传播形式和手段为抓手，以资源的多种开发为核心，为科学家和公众搭建交流互动的平台。

讲堂突破学科分界，将青少年、农牧民、产业工人、老年人、领导干部和公务员五大重点人群热心关注、当下热门的科学技术知识、科学方法、科学思想、科学精神送到他们身边，使公众在演讲中获取知识，回到生活中关注科技发展，主动参与话题讨论，运用科学技术处理实际问题。由此，形成"首都科普"的响亮品牌。

"科学加油站"将科普艺术化

山西省科协

"在太原科技大学的校园中，时常会遇到一位拿着图纸的中年人，行色匆匆往返于工作室和实验室；看到他穿着油污的工装在'巨无霸'重型机械装备旁紧张忙碌着，也常常会看到这个身影被一群学子簇拥着，热烈讨论着科研难题……"

不同以往，这一关于我国钢铁冶金装备领域知名专家、山西籍中国工程院院士黄庆学的介绍，是以连环画形式呈现的。

在"科普日""科技工作者日""'我和我的祖国'科学家精神主题展全国巡展（山西站）"等大型活动上，由山西省科协组织的多位"在晋院士"手绘与动漫科普作品，总是能成为最"吸睛"的看点之一。

一幅幅手绘画作，笔触生动细腻，形象生动可爱，科学家们的精彩瞬间被定格于尺幅之上，科学家精神弘扬于天地之间。

营造良好氛围　助力高质量发展

山西正在迈向全方位高质量发展的新征程，在高质量发展道路上，离不开广大科技工作者的助力。

在山西科技工作者队伍中，既有两院院士，也有全国创新争先奖获得者，他们多年来工作在科技一线，勇于攻坚克难、追求卓越、赢得胜利，积极抢占科技竞争和未来发展制高点，为山西省高质量转型发展作出了卓越贡献。

如何让科学家精神服务山西高质量发展，引领全省科技工作者向着蹚出一条转型发展新路的目标奋勇前进，是摆在山西省科协面前的一道"必答题"。

与此同时，过去在弘扬科学家精神的实践中，常常会面临"高大上，难以共情"、手段单一、缺乏吸引力等难题。

"在晋院士"连环画

针对这些问题难题，近年来，为在全社会大力弘扬科学家精神，山西省科协创新传播方式，积极组织人员开展"在晋院士"科普作品创作，山西科协通过运用手绘的表现形式，制作出"在晋院士"的连环画与动漫作品，全方位宣传在晋院士的优秀业绩和爱国情怀，努力在全社会营造崇尚科学、崇尚创新、崇尚人才的浓厚氛围，集中展示山西省高层次科技工作者爱岗敬业，为资源型经济地区转型发展奋力拼搏的精神风貌。

目前，已经完成制作了《在晋院士——彭堃墀》《在晋院士——王一德》和《在晋院士——黄庆学》3本连环画和1部名为《装备制造业，强国追梦人——黄庆学》的动漫作品。

它们在"科普日"等多项大型活动上展出，取得了良好效果，激励着当代学生踏实求学、锐意进取，树立投身建设世界科技强国的远大志向，也激励着广大科技工作者主动肩负起历史重任，勇攀科学高峰，勇担时代使命。

专业创作团队　创新传播方式

"在晋院士"科普创作启动后，山西科技传媒集团组建了"在晋院士"精品资源创作项目团队，包含经验丰富的专家、动漫图文制作、文案编辑等人员。

在剧本创作方面，为了确保文案的科学性与娱乐性、趣味性、实用性充分融合，内容一改严肃、死板的传统形象，将枯燥的科学知识与现代手法的动漫图文艺术相结合，使受众对连环画和动漫内容有良好的体验。

"对黄院士了解越深入，越感受到他在成就背后付出的努力和心血，他科研、育人的责任感太宝贵了。我想记录下来，让更多的人知道。"山西省科协直属单位山西科技传媒集团二级插画设计师王慧婷谈起创作思路时说道。

通过广泛搜集资料和了解，王慧婷决定从黄庆学带领科研团队在生产线上摸爬滚打，在实验室夜以继日地进行计算和分析等一件件小事讲起，讲述他在学术和育人道路上，严谨求实、甘为人梯和无私奉献的精神。

"和蔼与严谨"是王慧婷最想要呈现的形象和神态，但这并不容易，经过反复多次修改调整，最终得以成稿。

山西科技传媒集团主任插画师、资源创意工作室副主任赵雅楠负责创作王一德院士手绘作品，王一德是太原钢铁（集团）有限公司董事会规划委员会副主任、中国工程院院士。

王一德曾说："我这一生经历多次坎坷，可以说是在挫折中成长起来的。"的确如此，由于常年超负荷工作，他多次累倒在工作岗位上，甚至在办公室和医院病房输液时，还在工作。正是凭着这种不怕困难、矢志不渝的顽强意志和毅力，才成就了他突出的业绩，成就了太钢，成就了中国乃至世界的钢铁事业。

在创作前，赵雅楠阅读了大量王一德院士的事迹，了解他的工作内容，最终决定从他工作时的照片开始具体构思画面。"我希望用我的专业来致敬王院士，把王院士的科学家精神传递出去，"赵雅楠说，"希望我们年轻一代也能向王院士等学习，踏实肯干、敢于吃苦。"

生动活泼的漫画，打破了人们对科学家严肃刻板的印象，形象更加"接地气"。广大公众的驻足观看与赞誉，也给创作者们带了新生动力——"漫画形式确实吸引了很多观众，也使我大受鼓舞，让我在弘扬传递科学家精神的道路上充满力量！"

目前，在晋院士谢克昌、李魁武、赵阳升、金智新的人物形象也已设计完成，下一步将排版制作成连环画和动漫。

精神深入人心　打造创新生态

习近平总书记指出，"科学成就离不开精神支撑，科学家精神是科技工作者在长期科学实践中积累的宝贵精神财富"。

近年来，山西省科协高度重视弘扬科学家精神，涵养优良学风，于2021年启动在晋院士成长资料采集项目工程，持续推动山西省科学家博物馆建设工作，努力打造创新生态。

山西省科协党组成员、副主席郝建新表示，宣传科技工作者风采、弘扬科学家精神是科协的主责主业，院士成长资料采集工作是省科协忠实履行"四服务"职能，发挥联系科技工作者桥梁纽带作用的重要工作之一。

山西省科协率先在培养多名院士的太原理工大学同时集中启动院士资料采集工程，收集更多原始的手稿、信件等资料，并在做好前期资料采集的基础上，以学科为特点呈现优良学风，将采集成果的应用与学校思政相结合、与文化相结合，增强科学传播力。

如今，依托在晋院士成长资料采集项目工程，"在晋院士"科普创作仍在继续，山西科协将扩大科学家采集对象，通过充分采集科学家学习、工作、生活等多方面素材，以更新颖方式、更大众化手段，推广应用采集成果，为山西省实施创新驱动、科教兴省、人才强省战略，全力打造一流创新生态，不断开创科技创新和高质量转型发展新局面作出贡献。

点评

创新发展离不开科学家精神的支撑，科学家精神是科技工作者在长期科学实践中积累的宝贵精神财富。近年来，山西省科协高度重视弘扬科学家精神，秉持开放、多元的思想，通过手绘、动漫等大众喜闻乐见的方式，以生动诙谐、活泼可爱的画风，展现科学家的精神风貌、学术工作，吸引了广大公众的喜欢，并得到了广泛的赞誉，为山西全力打造一流创新生态，不断开创科技创新和高质量转型发展新局面绘就精神底色。

百名专家走进盟市旗县科普传播行

内蒙古自治区科协

"今天若不是有专家指导，还真不知道存在这么多的隐患！"

7月6日，2022年内蒙古自治区"百名专家走进盟市旗县科普传播行"活动专家组来到乌兰察布市察右前旗平地泉镇泉脑村泉脑养殖服务中心，内蒙古乡村振兴研究中心高级畜牧师鄂志荣教授现场进行的技术指导，让养殖服务中心技术人员豁然开朗。

8月中旬，中宣部公布2021年全国文化科技卫生"三下乡"活动示范项目，内蒙古科协"百名专家走进盟市旗县科普传播行"活动被评为"三下乡"示范项目。

5 年塑造科普品牌

从2018年开始，内蒙古科协围绕农村牧区实际和农牧民需要，依托弘扬科学家精神宣讲团、科普专家团、科技志愿者、科普信息员四支队伍，在"三个着力"上持续下功夫，扎实开展"百名专家走进盟市旗县科普传播行"等系列科技志愿服务活动，取得显著成效，为促进农牧业高质高效、农村牧区宜居宜业、农牧民富裕富足贡献了重要力量。

内蒙古科协以塑造"百名专家走进盟市旗县科普传播行"科普品牌为抓手，带动和提升全区公民科学素质，活动受到基层群众一致好评，也为内蒙古科协带来了多项荣誉。

内蒙古科协连续5年开展覆盖全区12个盟市、103个旗县（市、区）的"百名专家走进盟市旗县科普传播行""科技助力精准扶贫旗县行"活动11个批次，组织1172位专家，围绕农牧业、卫生健康、生态文明、环境保护、防灾减灾、防疫科普、食品安全和碳达峰碳中和等，走进乡村、社区、学校、企业举办科普讲座、

"百名专家走进盟市旗县科普传播行"兴安盟义诊

实用技术指导、义诊等 4400 场次，受益群众 500 余万人，积极营造崇尚科学的社会氛围，推动科技志愿服务深入基层，助力乡村振兴战略，着力把科普传播延伸到"最后一公里"。

以人才促进服务

内蒙古科协注重在科技志愿服务活动上下功夫，以科技教育促进服务水平提升。科协配合自治区文明办组织开展的新时代文明实践中心包联挂点工作，对包联点给予项目、资金、政策支持。依托新时代文明实践志愿服务中心、社区综合服务设施、社区服务中心（站）、社区图书馆等平台，持续推进基层新时代文明实践中心和党群服务中心科技志愿服务工作，每年举办社区科普志愿服务、"送科技下乡"志愿服务、应急科普志愿服务等活动 3000 多场次，受益人数超过 110 万人次。

内蒙古科协加强科普人才队伍建设，组建起 55 人的弘扬科学家精神宣讲团，116 支、3207 人的科普专家团队，1821 支、14.7 万人的科技志愿者队伍，59.6 万人的科普信息员队伍，信息员人数排在全国第七位。在此基础上，累计开展科普

"百名专家走进盟市旗县科普传播行"通辽大棚技术指导

信息员培训 500 多场次，培训人数超过 10 万人次，开展科技辅导员培训班 46 期，培训科技教师 5700 余人。加强先进典型选树宣传，对 162 名优秀科普专家、279 名优秀科普信息员、140 名优秀科技志愿者、31 个优秀科技志愿服务队、100 个科普队伍建设优秀组织单位提出表扬。

为提高本土科普人才的科普能力，科普专家还发挥传帮带作用，通过专题报告、辅导培训、座谈交流的形式对基层科技工作者进行培训，提升其科普工作能力和水平。2022 年，内蒙古科协向全区发出广泛开展学雷锋科技志愿服务的倡议，各盟市围绕学习宣传党的二十大、助力乡村振兴主题，依托科技场馆、科普教育基地广泛开展生产技能培训、文明健康生活、村居环境治理等科技志愿服务活动 1025 场次。

品牌带动效应显著

"百名专家走进盟市旗县科普传播行"活动，面向青少年、农牧民、产业工人、老年人、领导干部和公务员五大重点人群，以科普讲座报告、实用技术培训和普及推广为重点，针对受众需求开展心理咨询、义诊等活动，注重科普资源向农村牧区、基层一线倾斜，为基层提供多元、高效、精准、普惠的科普服务。

在青少年中传播科学精神、普及科学思想，院士专家们为学生量身定制科普讲座内容，科普教育专家根据少数民族小学生的知识储备情况和民族地区特点，用更加通俗易懂的语言传播航天知识。

面对农牧民群体，科普专家深入田间地头开展实用技术现场指导培训，用"走村入户"这样最贴近受众的方式走访畜牧养殖户，现场进行技术指导，真正做到说给农牧民听、做给农牧民看、教会农牧民干，面对面、一对一地开展科普传播。

面对产业工人群体和基层中小型企业，科普专家下沉指导基层企业"强筋健骨"，实现质量至上、品质取胜，助推当地经济高质量发展。

点评

抓教育、促服务，"百名专家走进盟市旗县科普传播行"品牌带动效应显著。内蒙古科协科技志愿服务活动蓬勃发展，涌现一批基层科技志愿服务先进典型。

2020年，自治区科技志愿服务总队的伊毕格乐图和乌海市海勃湾区"科普智荟"进社区系列活动，获得中国科协2020年度科技志愿服务先进典型。呼伦贝尔市草原科普轻骑兵科技志愿服务队荣膺"科普中国2020年度基层科普人物"。2021年，自治区科技志愿服务总队塔娜、"百名专家走进盟市旗县科普传播行"活动科技志愿服务项目、呼和浩特市新城区东风路街道丽苑社区获得中国科协2021年度科技志愿服务先进典型。

"社区书院"打造家门口的科普生态圈

上海市科协

"走，去社区书院坐坐！"看科普电影，给机器人编程，体验各种"黑科技"，还能跟科技大咖面对面……在上海，百余家主打科普的社区书院已经成了大家越来越熟悉的词汇，亲近科学的新风尚悄然流行。

这种"党建+科建"的社区书院落地新模式，通过共建共治共享全市各区现有各类基层活动场所，把过去"零敲碎打"的科普工作聚了起来，效果明显提升。

目前，上海市已建成 131 家社区书院，覆盖全市 16 个区，近 75% 的社区书院配备了科技志愿服务团队，400 多支科技志愿服务队伍、14000 多名注册科技志愿者活跃在城市各个角落。

普陀区桃浦镇"桃普驿+"社区书院活动剪影

家门口的科普 打通"最后一公里"

在日常的科普工作中，科协组织往往会面临服务群众覆盖不到不全、基层"最后一公里"不畅等难点。

针对这个难题，上海市科协社区书院借鉴高校"书院制"学科渗透、多元互补、打通资源的核心理念，围绕百姓15分钟生活圈，依托各街镇现有的党群服务中心和"三区一圈"（园区、居村社区、校区、商圈）等空间场所，层层推动优质科普资源下沉延伸，建设社区书院实体阵地。

在推进过程中，社区书院逐步构建了具有科协组织特色、上下"一盘棋"的工作体系。

作为牵头单位，上海市科协将社区书院建设作为科协参与基层社会治理的重要抓手，做好顶层设计，发挥科协组织开放型、枢纽型、平台型的功能作用，努力形成工作协同、阵地覆盖、渠道打通的整体格局。

各区科协则调度配合，做好区域内整体规划和品牌打造，不断推进内容更新、项目筛选和调度配送，常态长效做好社区书院建设。

例如，静安区织密基层科协组织和社区书院这"两张网"，率先实现了基层科协组织和社区书院阵地全覆盖；普陀区通过"组织＋阵地＋项目＋融合"，在普陀区城市网格化综合管理服务片区内打造出各具特色的科普阵地。

而街镇作为资源承接、落地实施的主体单位，积极整合基层党群、科普、文化等相关条线和科技志愿服务力量，提高居民群众对社区书院的归属感和认同感，推动"党群服务圈＋科普生活圈"相融互促。

精准施策 强化服务功能

戴上虚拟现实头盔，虚拟参观井冈山革命根据地；利用3D打印机，打印一枚金光灿灿的党徽……虹口区北外滩白玉兰"科普驿站"专为楼宇白领打造的党建和科普活动，深受欢迎。

需求导向、因地制宜，在上海的社区书院，初步形成了"片区综合服务模式""专业主题分类模式""重点人群分类模式"三种建设模式，不断涌现出"家门口科学社""科学咖啡馆""科技会客厅"等个性化子品牌。

工作上的创新活力，要从 2020 年 10 月上海市科协印发的《关于推进上海市"社区书院"工作实施办法（试行）》（以下简称《办法》）说起。

《办法》提出各区、各街镇可结合自身实际进行自主创新，可针对不同人群的需求特点和不同区域的需求差异，建设形成有针对性、有创造性的基层落地模式。

例如，获评"最具人气书院"的普陀区甘泉路街道沪太片区社区书院主要服务老年人，他们从下载微信软件开始教学，开发了 8～10 节的培训课程，让老人与信息生活接轨；被授予"上海社区书院特色创新单位"的陆家嘴社区书院，针对周边人群知识水平高、科技兴趣浓的特点，将人工智能、编程类书籍放进了图书馆。

浦东新区陆家嘴街道 Science Club 社区书院面向青少年的气流科普活动

从老年人、青少年，到科学家、白领、农民等人群特点，试行多项举措，传递出科协服务民生、服务社会的温度、温情、温暖。

盘活资源　社会共建提升专业力量

在深入了解基层需求的基础上，上海市科协启动建设项目库、专家库二合一的"科普中央厨房"线上平台，吸引和撬动社会力量投入社区书院项目运作。

上海市"基层科普行动计划"资助项目和社区书院相融合，深入基层、服务群众；上海市"科技创新行动计划"科普专项新增学会科普专题，助力上海社区书院建设；上海科技发展基金会专项资助一批科技志愿服务项目直接落地社区书院。

据统计，社区书院目前每年可汇聚各方资金近千万元，同步撬动区级、街镇级、社会资源超千万元。

为进一步帮助街镇减负、增能、赋权，上海市科协创新推出了"科普经理人"制度，形成三级管理体系，即经理人、策划人与科技志愿者，为资源落地提供个性化服务和专业化指导，挖掘和培养项目管理专业运营团队。

经理人充分体现资源库与基层单位之间资源输送的"桥梁"作用，同时整合系统内外各类科普资源，为社区科普出思路、提方案，发挥"舵手"功能；策划人则针对单个资源项目进行策划、管理、运作，并承担项目过程中的实施经办、质量把控和信息反馈任务，全方位支撑社区书院建设，减轻基层工作压力，做实做优科普服务供给机制；科技志愿者负责资源项目的落地执行及日常管理工作，将科技志愿服务作为社区书院建设可持续发展的重要力量。

在实践过程中，上海市科协还面向基层科普工作者、志愿者和第三方团队开展专业的培训培育，让社区书院建设工作持续扩大参与度、提升精准度。

据统计，近3年来，科普经理人团队深度参与和提供业务指导的社区书院已达104家。"科普经理人"制度在资源内容上提升专业度，在科普形式上提升趣味度，在群众需要上提升满意度，全方位辅助了社区书院建设，在协同构建基层治理体系上发挥了积极作用。

通过两年多的摸索和实践，上海市科协初步把"社区书院"这个构想，变成了在社区可操作、可落地的方案和项目，实现了"从无到有"的创新，提升了科普精准服务，推动了城市科普服务的多元化发展，在科学普及、服务民生等方面起到了积极作用。

点评

科学普及的厚度决定着科技创新的高度，上海市科协准确把握新时代科学普及工作的新内涵、新要求，充分发挥科协跨界融合与组织动员的优势，自觉增强大局意识、全局观念，并转化为党建引领下新时代科普工作的务实行动，进一步助力基层治理体系建设和市民自治能力提升，让社区科普工作更好地为城市发展赋能、为美好生活添彩，为上海科创中心建设和社会主义现代化国际大都市作出了新的贡献。

突出"一老一少" 践行科普为民

浙江省科协

随着科技不断发展，智能设备跟日常生活的联系越来越紧密，操作也越来越复杂。时至今日，仍有一部分老年人不会使用智能手机，容易被数字时代的高墙阻隔。

浙江省科协把数字化转型作为推动科协系统深化改革的先导性、战略性、基础性工程，在数字科普领域率先开展先行先试，打造"浙里科普"业务板块，围绕"一老一小"重点建设"银龄跨越数字鸿沟""科普助力'双减'"场景应用，成为浙江科普服务民生的"金名片"。

贝壳公益基金太古城社区手机培训、"双减"活动现场

一年来，"银龄"行动培训 208 万老年人，"科普助力"惠及 362 万青少年。

跨部门、层级、区域、业务构建"银龄"平台

2021 年，浙江省科协将实施"银龄跨越数字鸿沟"作为落实"我为群众办实事"的重要举措之一，会同浙江省委老干部局、省教育厅、省卫生健康委、省文明办、中国移动通信集团浙江有限公司、中国建设银行浙江省分行等六部门下发面向全省开展"银龄跨越数字鸿沟"科普专项三年行动计划。

该计划按照"千家教学网点、万名科技志愿者、服务百万老年人"的工作要求，开通数字化科普平台，构建跨部门、跨层级、跨区域、跨业务的协同体系，为老年人免费提供智能手机使用培训，提升老年人信息素养，让老年人融入数字生活和现代社会，共享改革发展成果，安享幸福晚年。

截至 2022 年 8 月，"银龄"平台整合了全省 800 多个中国移动门店、700 多个建行营业厅，利用社区学院、老年大学、农村文化礼堂等建立培训网点 5155 个，发展社会各界科技志愿者 14603 名，完成超 189 万人次培训，成效良好。省委省政府领导多次给予批示肯定。

杭州市西湖区翠苑街道翠苑社区王阿姨表示："子女都不在身边，不会使用智能手机确实有很多的不方便，现在学会使用智能手机，扫码、预约自己都能做了，我们许多参加培训的老年朋友讲，学会使用智能手机，比自己的儿子还管用！"

"科普助力'双减'"　让中小学生成长更健康、更全面

2021 年，中央关于教育"双减"的重大决策部署后，在社会上引起强烈反响。

针对社会、学校、家长呈现的不同程度的焦虑与困惑，省科协第一时间领会精神，把助力"双减"作为应尽之责，联合省教育厅、省科技厅等整合科普场馆、院士专家、媒体等资源，开展"双千"助力教育"双减"科普专项行动。

在此基础上，省科协按照省委数字化改革要求，不断推动"'双千'助力'双减'"向"群团助力'双减'"迭代升级，组织"科技'零距离'、科普助'双减'"浙江高新技术企业助力"双减"科普公益行动启动仪式，进一步整合群团资源，强化多跨协同，助力重大应用改革推进。

目前，平台已入驻基地 4625 余家，专家 2000 余人，高新企业 100 家，活跃

度 350 万余人次。

中国科协领导批示肯定，并要求做好推广。中国科普研究所还专门设置了"浙江数字化转型与科普创新发展"课题。

"银龄科普行动""群团助力'双减'"活动手机端应用界面

发挥科协组织优势　全方位发力

不同于服务"银龄"，落实"双减"政策更是需要全方位发力，营造社会氛围、提供有力支撑。

浙江省科协充分发挥了科协组织善于大联合、大协作、大动员的工作特色，主动推进全社会、全领域支持政府工作，助力"双减"政策落地。会同省教育厅、省科技厅印发《关于开展"双千"助力"双减"科普专项行动的通知》，向全省 11 市各发出两轮动员，推动拥有学科专家的学会、优质资源开发的企业、提供志愿服务的高校积极参与服务"双减"各环节。积极动员《浙江日报》、浙江卫视等主流媒体全面参与科普助力"双减"活动，充分发挥浙江科学传播融媒体联盟集团传播作用，利用纸质媒体发布"百城联动，乐享科学"活动清单，在地铁、公交显示屏等每日播放宣传视频，为服务"双减"营造良好社会氛围。

同时，浙江省科协充分发挥了科协组织在自然科学领域学科齐全、智力集聚优势，提供校内科普点单服务，解决学校师资、场地、课程等不足问题。开辟地市和学会双通道，分批次征集航空航天、海洋探索、双碳科技、生命科学、心理健康等领域院士专家，成立千人"双减"服务团，首批133名专家在"浙江发布"公布，为学校提供点单式服务，龙乐豪、张泽、陈旭等10余名院士加入助力"双减"专家队伍；推进科技课程教育与科学实验实践相结合，联合中小学校和社区搭建科普教育实践平台，共同举办课后学生兴趣培训课程，推出"科学快乐学""爱上科技馆""科学魔力秀""科普快闪站""专家进展厅"等系列活动，"科学梦工场"云课堂、"博士讲科普"等一批明星课程。

充分发挥科协组织科普场馆、教育基地等丰富资源的功能作用，主动在专业领域筛选建网、推进结对合作、提供错时服务，解决家长群体时间疑虑和信任问题；严格筛选研学主题突出、科学特色鲜明、师资队伍齐整、科学课程完备的科普教育基地和基层科普场馆，建成开放式科普场馆专项服务网，首批确定的120家基地覆盖应急保障、网络安全、植物矿物、机器技术、海洋生物等众多领域，成为中小学生丰富"第二课堂"打卡地；制定主动式课后错峰错时服务表，在原来双休日的基础上推出更多科学实践课程，涵盖实时大数据、人工智能安防、北斗导航、5G应用等多个前沿智能创新领域，各级科技场馆制定错峰、错时开放时间表，受到了中小学生热烈欢迎。

点评

"银龄跨越数字鸿沟"科普行动利用浙江省数字化改革大背景，用多跨协同的数字化思维，建立多用户使用的便民数字化全省平台，助力老年人群体精神生活富足，引起中央文明办以及民政部的高度关注；"科普助力'双减'"使"系统集成"得以高效应用、"教育共富"得以扎实推动、"育人为本"得以实质回归，有力促进了广大中小学生全面发展、健康成长。

科普产品博览交易会十载成果丰硕

安徽省科协

走，逛逛去！以前，逛商场似乎是人们闲暇时的不二选择；如今，逛科博会正在引领一股新的风尚！

作为我国科普领域国家级展会，中国（芜湖）科普产品博览交易会（简称科博会）于 2004 年由中国科协、安徽省政府联合创办，目前已成功举办十届。在传统科普展览展教的基础上，科博会逐渐增加了科普研学、科普网络与游戏、数字科普、科普艺术等业态，科普产业内涵进一步丰富。

2012 年以来，科博会累计 2100 家单位参展，展品 2 万余件，线下观众达 81 万人，线上观众达 2500 万人次。来自 10 多个国家以及港澳台地区的科技团体和科技企业，60 多家高校、20 多家科研院所、10 多家全国学会参展参会。

摸摸"玉兔号""蛟龙号"；看看 4D、5D 电影；听听探月、探火故事；运气好，没准还能和院士、大咖面对面……10 年来，科博会让芜湖人真真切切感受到科学的魅力，同时也实实在在体会到科技发展带来的好处。

融合发展　加快科技资源科普化进程

10 年来，为贯彻党的十八大、党的十九大精神和全国"科技三会"精神，践行"两翼论"，推动科技创新和科学普及的融合发展，科博会在保持科普产品展示的基础上，加速科技资源科普化。

科博会让重要科技机构和重点科技领军企业来到人们身边，先后组织了中国空间技术研究院、中国航天科技集团、中国航天科工集团、中国电子科技集团、中国船舶重工集团公司、中国移动、华为、小米、科大讯飞、阿里巴巴集团以及世界工业机器人四大家族的瑞士 ABB、德国库卡、日本发那科和安川电机等参展，提升了展会能级。

与此同时，科博会集中展示了人工智能、量子通信、新能源、新材料、通用航空、重大装备、产业互联网及分享经济产业等最新重大创新研究成果，先后有"神九"航天的返回舱、神舟九号与天宫一号 1∶1 交会对接模型，玉兔号探月车模型、C919 模型、ARJ21 模型、深海探潜的蛟龙号模型等代表我国最新科技成果的大国重器科普展品，加速了科技资源的科普化进程。

此外，科博会还展示了增强现实 / 虚拟现实、4D 及 5D 影院、智能机器人、感知家庭系统、全屋智能、光影夜游科普技术等贴近群众生活的高新技术应用产品，促进了科技资源的生活化、群众化、科普化。

供给侧改革　加大科普资源的有效供给

10 年来，科博会的展示内容不断丰富，科普产业业态不断完善。

科博会树立了跨界融合发展理念，实施"科普＋"战略，不断拓宽科普产品供给渠道。在办会过程中，不断进行"科普＋科技""科普＋教育""科普＋文化""科普＋艺术"探索，丰富科普产品的表现形式，科普产业的外延进一步拓宽。

此外，科博会期间还邀请院士、知名专家、从事科普事业理论研究的权威学者、科普产业领军人物举办了科普产业发展论坛、全国科技馆发展论坛、中国科普资源共建共享论坛等 16 场专题活动，通过专家学者的理论研讨和思维碰撞，对我国科普产业发展进行前瞻性指导。

科学解读社会热点一直是科博会的工作重心。10 年来，科博会在展示内容安排上，紧密关注探月工程、火星探测、新冠肺炎疫情、科幻影视、人工智能、社区微科普等热点事件和知识，满足公众急需的科普需求，推动相关产品的科普化和应用推广。

优化产业生态　促进科普产业发展壮大

2022 年，合肥安达创展科技股份公司、合肥磐石智能科技股份公司相继在新三板挂牌，有望登录北交所。10 年来，两家公司借助科博会平台，不断发展壮大，成为科普产业领域内的翘楚，也拉开了科普产品生产制作企业进军资本市场的帷幕。

其中合肥安达创展公司通过参加科博会，及时了解了行业技术最新发展状况，

科博会现场的火爆场面

开阔了视野、锻炼了队伍，公司从最初的 20 多人发展到现在的 600 多人，产品也从最初的手工制作发展到数字化信息化产品为主，业务范围也从提供科普产品发展到科技馆整体运营管理服务，并已进入资本市场，成为行业领军企业。

随着科博会的影响力逐步提高，科普企业的数量不断增加。据中国科普研究所调查，目前国内主营参展企业数由 10 年前的 400 多家增加到 634 家；另有众多的高校、科研院所和科技企业将部分资源投入科普产品研发和科普活动之中。

能级提升　不断创新办展方式

10 年来，科博会的办展方式不断创新，进一步规范化、科学化发展。其间，科博会不断进行"科普＋科技""科普＋教育""科普＋文化""科普＋艺术"探索，丰富科普产品的表现形式，科普产业的外延进一步拓宽。

科博会采取线下、线上并举的方式办展，利用 3D 引擎技术、平面展示等互联网技术，进行线上展示、在线直播、在线洽谈、营销推广等云上一体化服务，推出虚拟现实全景现场全景在线展示，打造了真正意义上的"永不落幕"的科博会，顺应了疫情防控常态化办展需要，也进一步完善了办展手段，提高了展会的信息化建设水平，提升了品牌影响力，满足了参展企业和公众的需要。

此外，科博会的宣传方式可谓变着花样、不断创新。由原来的依靠纸质媒体、网络媒体宣传，到以主流媒体为主，充分发挥自媒体、新媒体的宣传作用，特别是哔哩哔哩、西瓜视频、抖音、快手等年轻人喜爱的短视频平台宣传，进一步增强了展会的黏合度与活力，扩大了影响面。

点评

科博会已成为贯彻落实习近平总书记关于科技创新和科协工作重要指示精神的生动实践，为加快科普产业要素集聚、加速科技资源科普化、推动我国科普产业发展、提升全民科学素质发挥了积极作用。

构建特色科技馆体系
向高质量科普迈进

福建省科协

"迷你菜园"特别展览是福建省科技馆加强与分馆资源融合共享、拓展多元化科普服务供给举措的新落地项目。展览把水果黄瓜、叶用枸杞、红豆苗等农作物搬进了科技馆内；馆内无土基质栽培、发光二极管植物生长灯等现代农业技术更是让人大开眼界。

2018年以来，福建省科协不断深化科普资源供给侧改革，在充分发挥省市县科技馆优质科普资源作用的同时，积极推行"科技馆总分馆制"，规划布局、遴选认定一批专业分馆，引导社会力量多渠道参与科技馆体系建设，不断提升服务的可及性、精准性和有效性，有力推动全省科普事业发展。

跨界合作：拓展领域　扩大规模

福建省科技馆分馆工作的开展始于2018年。工作人员在走访中发现，一方面科技馆场地条件有限，已满足不了人民群众日益增长的科学文化需求，另一方面不少企事业单位建设了专业（行业）科普场馆，但公众却知之甚少，科普效应亟待提高。

鉴于此，福建省科协基于"构建社会化大科普格局"理念，积极探索，挖掘联动优质社会专业（行业）科普场馆资源，认定了第一批福建省科技馆分馆。

福建省科技馆每年都会进行分馆认定工作，综合评估各申报单位的基础条件、建设方向、地域特点、行业特色等要素，分批次遴选、认定分馆，逐步扩大分馆的专业覆盖面。

目前，福建省已认定了动物科学分馆、地质科学分馆、中医药分馆等19家福建省科技馆分馆。总馆及其分馆室内展示面积达 9 万平方米，室外展示面积 54 万平方米，展品 5700 余件。

福建省科协聚焦社会特色科普资源，通过分馆认定与建设工作，进一步整合高校、科研机构、企事业单位、科技社团等社会各行业科普力量，变"独唱"为"合唱"，带动社会力量加大科普场馆建设投入，推动特色专业资源科普化并向公众开放，有效拓展了多元化科普服务供给。

完善机制：规范建设　提升水平

为了提高分馆规范化、专业化建设水平，福建省科协指导出台《福建省科技馆分馆认定与管理办法》，对分馆建设的资质条件、权利义务、评审认定、管理考核等方面提出明确要求。例如，必须配备专业稳定的专兼职科普工作人员，场馆面向社会公众开放，其中科技场馆类、自然资源类、其他类分馆每年实际服务公众天数原则上不少于 200 天，教育科研与重大工程类、"三农"类、企业类分馆能够提供团队预约科普服务等，在场馆面积、开放天数、展品展示等方面发挥指导作用。

福建省科协还积极争取省财政设立专项经费，每年遴选 25 个优秀社会科普场馆给予资助，支持各分馆开展科普活动、开发科普资源、培养科普人才、完善科普设施等。

此外，福建省科协通过定期召开分馆工作会议和交流座谈会等举措，结合全省科普场馆建设培训、科技辅导员培训、科技辅导员大赛等活动，为各分馆的交流合作、人才培养等搭建平台，提升分馆科普服务能力。

在福建省科协的指导和福建省科技馆的直接推动下，2021 年 12 月，核电科技分馆与化学分馆签订了科普合作共建协议，并联合举办了"优'化'强科技，降'碳'添新绿"科普专题活动。这是福建省科技馆探索分馆科普资源、科普活动共建共享和联动机制的一次成功试水。

汇聚特色：丰富内涵　激发活力

2021 年暑假，福建省科技馆首次携手 3 家科技馆分馆——福建省中医药大学中医药博物馆、福州大学化学实验教学中心、福建省农业科学院数字农业研究所，共同举办"奔跑吧　探索者"科学夏令营，充分发挥"馆馆结合"优势，将科普活动搬到了博物馆、实验室和种植棚内，深受青少年青睐。

福建省科技馆联合多家分馆开展"奔跑吧 探索者"科学夏令营活动

近年来，福建省科技馆充分联动 19 家分馆单位特色资源，共同举办了"美丽生灵·礼赞百年"动物摄影作品展、"做一天马可·波罗：发现丝绸之路的智慧"等主题展览，开发"虎年话虎""核电科普展"等展项，开展青少年科技研学活动等。丰富多彩的活动形式、包罗万象的特色展项，充分展示了福建省在农业、化学、生物等领域所取得的科技进展，打破了科普资源馆际壁垒，形成科普合力，更好地满足公众的科普需求。

同时，福建省科技馆还着力引导和联合分馆，推进研究型科技馆建设，努力在科学研究、科学普及内容和方式上探索创新。

2021 年 12 月，福建省科技馆与石材科学分馆共同发布了全球迄今为止科学记录最完整的恐龙胚胎化石，该研究成果发表在 *iScience* 杂志。2022 年 5 月，该分馆又在国际学术刊物《BMC 生态与进化》上发表鸭嘴龙类胚胎化石的研究成果，轰动海内外。学术研究的推进，有效扩大科技场馆的内涵与外延，为我国科技馆科技藏品收集、研究与传播拓展了新视野，提供了新启迪。

福建省科协还充分发挥福建区位优势，加强与中国台湾自然科学博物馆、台湾科学教育馆等科普场馆的交流合作，多次联合举办"海峡两岸科学嘉年华"活动，同时持

"海峡两岸科学嘉年华"台湾科普专家做科学表演

续举办好两岸科普交流座谈会，组织互鉴研讨，推动两岸现代科技馆体系融合发展。

如今，在福建省科技馆示范带动下，福州、泉州、三明等各市科技馆也大力推进分馆建设工作，全省已认定省、市科技馆分馆34家，覆盖33个专业（行业），2022年新一批的分馆正在申报认定中，立体协同、多元融合的全省科技馆分馆体系初步建成，社会公众对优质、专业展教资源的可及感、满意度大幅提升，得到普遍赞许。

点评

科技创新根植于科学普及的土壤，科学素质的提升离不开科学普及的力量。福建省科协积极探索，将社会专业（行业）科普场馆纳入科技馆体系建设，以省市县科技馆为龙头和依托，统筹全省流动科技馆、科普大篷车、数字科技馆等协同发展，辐射带动其他基层公共科普服务设施发展，形成了具有福建特色的现代科技馆体系，充分发挥现代科技馆体系服务全民科学文化素质提升的作用，为福建全方位推进高质量发展超越作出新贡献。

小 e 站　大作为

湖南省科协

"电器着火啦，该选择哪种类型的灭火器？"

在湖南郴州市北湖区阳光苑社区的科普 e 站里，小朋友们尽情翱翔在科学的海洋中，体验着虚拟现实设备、动感投影仪等科技产品；大人们也乐此不疲，既带孩子们增长科学知识，又通过体验刷新自己对科技的新认知。

2021 年以来，北湖区的社区居民有了一个休闲新去处——科普 e 站。这是郴州市科协和北湖区科协两级联动，深入推进科协系统深化改革的一项重大举措，旨在为民众提供家门口的优质科普产品和科普服务，不断提升居民科学素质，共同营造

小学生体验虚拟灭火培训系统

科学、文明、温馨、和谐的生活环境氛围，共享文明健康生活成果。

打通科普服务"最后一公里"

科普 e 站是中国科协利用信息化手段塑造的一项科普品牌，力争让科普走进寻常百姓家，让科学触手可及。

2018 年春，阳光苑社区负责人主动找到郴州市科协，表明来意："听说市科协以前打造了很多科普示范社区，能不能也支持新建的阳光苑社区建成特色的科普社区？"

郴州市科协党组被他们的科普热情感动，立即研究决定先行先试，在城区选择两个社区筹建社区科普 e 站。

彼时的阳光苑社区还是一个新建社区，办公场地是从楼盘开发商手中"讨"来的，基础条件和经费条件都相对较弱。面对一个新生事物，科普 e 站该怎么建？建成什么样？

当时的郴州市科协科普专项经费并不富足。为此，郴州市科协党组决定集中力量办大事，好钢用在刀刃上，精简原来的郴州市基层科普行动计划项目，分两年支持，同时积极争取当地街道和社会机构的支持。

没有经验，那就走出去学习。郴州市科协组织相关社区赴长沙学习，考察长沙的社区功能布置、e 站定位、建站场地选择等。他们此行收获颇丰，比如，e 站应根据社区居民热议的话题和社会热点等进行主题选择和设施搭配，可与社区图书室、四点半课堂等有机结合。要争取省、市、区三级投入，社会共享共建 e 站。一个 e 站的建设成本约 20 万元，建成后可持续管理并发挥作用等。

与此同时，郴州也在自己摸索经验。2018 年开始，郴州市科协和北湖区科协两级科协，在暑期期间组织郴州市航模协会等社会机构，积极开展暑期亲子科普活动。

2019 年，北湖区科协组织北湖区政协科技科协界别委员赴安徽考察学习，回来后撰写专题考察报告向北湖区政协提案报告，积极争取社会各界支持。在多方努力下，2019 年 5 月，郴州首家社区科普 e 站——阳光苑社区科普 e 站建成并对外开放。

科普 e 站成网红科普打卡地

阳光苑社区科普 e 站一开放，就吸引众多民众前来体验，这里的各式新鲜科技产品广受追捧，成了网红科普打卡地。

在郴州市科协、北湖区科协及各方的共同努力下，该市 2020 年又在主城区建了 2 家社区科普 e 站、2 家校园科普 e 站；2021 年建设 4 家社区科普 e 站；2022 年计划再建 2 家社区科普 e 站和 2 家校园科普 e 站。每个投资约 20 万元。

除了阳光苑社区，其他社区也因科普 e 站变身网红社区。北湖区科协在建站之初，就强调发挥社区平台优势、突出社区特色来打造科普 e 站，让科普工作真正深入基层、服务大众、惠及民生。

比如，阳光苑社区科普 e 站以党建带群建为主题，打造了"一米阳光"社区活动中心，率先在郴州市投入 16 万元精心打造垃圾分类科普馆。振兴社区科普 e 站与党群活动议事厅、妇女儿童之家巧妙融合；冲口路社区科普 e 站把可持续发展作为科普重心，水资源利用和垃圾分类处理流程一一呈现；立欣洲社区则立足辖区实际，打造了地质灾害防范为核心内容的科普 e 站。

常态化提供科普服务的同时，每个科普 e 站还在全国科普日、全国科技活动周等重大节点，组织开展防震减灾、低碳节能等多种形式科普活动，尤其针对青少年、家庭妇女及老年人进行科普教育。据不完全统计，北湖区社区科普 e 站单独或联合小区党支部共开展科普类活动 830 余场。

协力打造融洽社区

郴州市的社区科普 e 站不仅很好地发挥了打通科普服务"最后一公里"的作用，以接地气、聚人气的科普活动普及了科学知识，增强了居民科学意识，还寓教于乐、寓教于美，提升了社区文化品位，让邻里关系更加融洽，进一步助力基层治理工作。

目前，科普 e 站已成为聚集社区青年团员的重要力量，积极推动了社区青年科普服务活动。阳光苑社区科普 e 站发挥青年团员力量，积极开展各项科普志愿服务活动，如协助开展"周末科普兴趣班""科普知识讲座等"等志愿服务活动，让青年团员们充分发挥特长，为社区科普工作奉献自己的青春力量。振兴社区则把科普 e 站建在党建精品示范小区里面，与小区的提质改造、党群活动议事厅、妇女儿童之家等项目一同设计、施工。北湖区委组织部组织区委宣传部、区委政法委、住建、城管等相关职能部门召开党建精品小区建设现场会，筹集小区改造经费；发挥小区党员模范作用，针对小区提质改造经费不足和设施设备不完善的问题，党员带头捐资捐物，并积极发动小区居民捐资捐物，合力筹集了相关的建设资金。

振兴社区科普志愿者在香樟雅苑科普 e 站向未成年人讲解新型毒品的危害

　　此外，振兴社区还以香樟雅苑为题，香樟文化为引，与绿色生态、防灾减灾、法治宣传、邻里和谐等文化有机融合，设计打造绿之苑、安之苑、法之苑、和之苑以及香樟记忆文化长廊为主体的"香樟红庭心连心"的社区科普文化符号。

点评

　　科普是实现民族复兴、高水平科技自立自强的奠基工程。进入新时代，社会主义现代化建设需要更高水平的公民科学素质、更加崇尚创新的社会氛围和更加深厚的科技文明程度。湖南省郴州市科协打造的社区科普 e 站，既为民众提供家门口的优质科普产品和科普服务，打通了科普服务的"最后一公里"，还提升了社区文化品位，吸引各方共同营造科学、文明、温馨、和谐的生活环境氛围，共享文明健康生活成果。

社区科普大学服务市民"零距离"

陕西省科协

沙画表演、话剧、实验秀和知识竞答……2022 年 5 月,在陕西西安市临潼区,以科普为主题的各式特色活动在社区科普大学里轮番上演。

如今在西安,爱科学、学科学已成为社区活动"新风尚","加入社区科普大学"在邻里之间互相"安利"。在西安市社区科普大学,从科学生活、防震减灾到食疗养生、节能环保,与居民生活息息相关的科学普及让数万群众受益,深得大家欢迎。

2022 年,西安市社区科普大学教学点数量达到 165 所,市级讲师 120 余人,学员 12000 余人,社区科普大学已成为扎根基层、服务百姓的重要科普力量和阵地。

办在民间　利在群众

最新发布的西安市《贯彻〈全民科学素质行动规划纲要(2021—2035 年)〉实施方案》中明确提出,到 2025 年全市公民科学素质指标要从 13.2% 跃升至 18%,

为全面提高社区居民科学文化素质,由陕西西安市科协主导,创建了面向社区居民的公益性科普教育品牌"西安市社区科普大学"。

自创建始,"服务群众"是社区科普大学的第一要义,弘扬科学精神、传播科学思想、倡导科学方法、普及科学知识是西安市社区科普大学的宗旨。紧紧围绕卫生健康、智慧生活等社区居民关心的问题,针对普通社区居民、离退休老年人、下岗职工和城镇务工人员,开展内容丰富、形式多样的科普教学和宣传活动,使市民群众接受并掌握科普知识,建立科学观念和认知,树立科学思想。

"结业了,短短数月有汗水、有收获,如果时光慢一点多好"……许多社区居民在自媒体上分享着自己的感受,还配上了学习过程与成果的照片。

不少学员从最初的"科普听众"转变为"科普宣讲者",影响身边家人、亲戚和

表彰先进集体和优秀个人

朋友，辐射片区周围群众。

星星之火　渐成燎原之势

科普工作要深入社会、深入群众，必须大力推动科普阵地建设。

近年来，西安市科协大力加强社区教学点管理工作和办学思想建设，大力加强帮扶建设，有力巩固了社区科普阵地。

作为一所"大学"，西安市科协首先最为注重的是其标准化和规范化。每年，市科协积极发动区县科协深入街道、社区，挖掘和指导一批办学积极、条件成熟的社区，通过科学指导建设，积极推动申请创办。

试运行期间，市科协带动各区县科协深入一线开展调研活动和教学督导，并进行"手把手教学"、面对面和社区居民座谈沟通。

针对教学次数、听课情况、教学环境设施、经费开支使用等进行了解查看，"教学督导组"科学指导社区理顺各项管理制度，规范报表资料填报等工作，通过完善教学设施和环境，成立社区科普领导组织，帮助解决实际困难，推动社区教学点在创建之初就打好基础，迅速走上正轨，逐步建立严谨、高效、正规的运行机制。

对于较为"困难"的社区，西安市科协大力实施帮扶帮建，"办实事，暖人心"。全市 13 个区县分校每月至少开展一次社区教学点调研、检查和帮建活动，旨在摸清办学底数，发现办学困难和问题，通过思想动员和协商沟通，大力开展实际有效的帮扶帮建，切实解决基层遇到的实际困难，推动社区科学大学真正为群众服务。

社区科普大学的工作人员是关系大学能否办好的关键一环，通过有效实施激励奖惩，激发管理人员的工作热情、凝聚士气。组织形式多样、内容丰富的群众性科普活动，让大家围绕科普大学建设，积极建言献策，树立"主人翁"意识，凝心聚力。

联合强大外援　拓宽科普形式

做"正确的"科普需要专业化队伍。为给基层提供内容更丰富、领域更广泛的科普教学资源，西安市科协积极引入社会化、专业化科普讲师团队，有力指导区县和社区两级挖掘社会科普资源和力量，动员更多的科普工作者以及更多的部门、单位参与社区科普活动，壮大社区科普志愿者队伍。

同时引入"外援"，各区县科协积极推动与卫生、应急、地震、工信、红十字等部门的联系协作，引入各部门专业讲师团队和专家等进社区，大胆探索与社会上的科普组织、科创企业、创客团队等合作，开展特色科普活动。与周边医院、银行、电信、高校、消防等企事业单位合作，挖掘专业科普力量。

"银龄科普"是社区科普大学专业化的一大特色，针对当前网络社会老年人存在的"数字鸿沟"问题，社区科普大学发挥平台作用，与陕西省"星火计划"科普团队、工信、高校和电信等部门和单位深入合作，引入为老人科普智能手机应用程序使用的科普力量。

除了线下活动，社区科普大学意识到，当前，人们获取信息的方式已发生很大的转变，新媒体成为信息发布的重要渠道，融媒体成为信息编辑的主要形式，移动端信息传播分享成为主流，西安市科协组织科普课堂和科普活动也随之调整适应。比如：大力推动社区居民安装使用科普智能应用程序，大力推送和运用权威科普网站、频道和栏目优质科普资源，让群众身边有一个"电子科学家"，随时随地享受优质、精准、权威的科普信息。

此外，开发移动端科普课堂。包括线上讲座类的微课堂、短视频以及线上直播等，课堂扩展至社区居民日常生活中，科普内容则是社区居民喜闻乐见、兴趣浓厚的活动，比如网络竞答、线上科普游、云上观展等，大胆引入互动式、体验式、场景式的教学形式，为社区群众提供优质、新奇的科普体验。

2500 余次课堂、5000 多学时、20 万受益人群……西安市社区科普大学办学规模和办学质量不断提升，社区影响力不断加强，已成为提升全民科学素质、推动社区治理、维护社会安定和谐的有效力量。

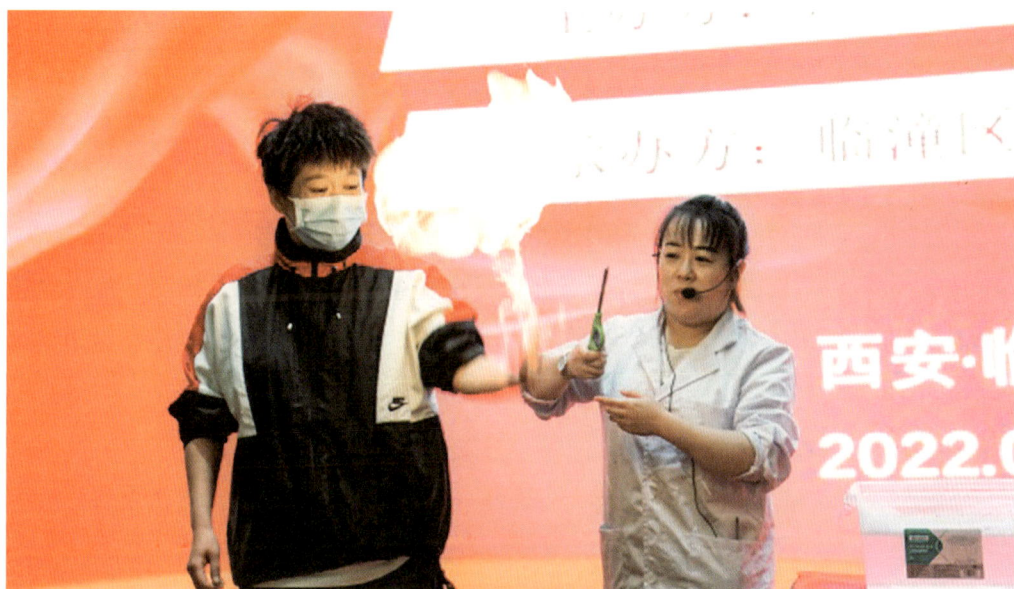

实验秀

点评

西安市社区科普大学"办在民间，利在群众"，是提升全民科学素质、推动社区有效治理、维护社会安定和谐的有效力量。创建 15 年来，始终以弘扬科学精神、传播科学思想、倡导科学方法、普及科学知识为宗旨，立足社区、面向居民，贴近生活、贴近实际，不但圆满完成了各学年各项教学任务，还为丰富社区科学文化生活、提高社区居民科学文化素质和道德情操修养、倡导科学文明的生活方式和尊重科学的社会风尚做出了新的成绩。

科普进寺庙
打造"青海科普工作样板"

青海省科协

　　"我认为科普进寺院是一个非常好的事情,在现在的寺庙里可以学佛教的文化,也可以学现代科学文化,融合在一起是非常好的事情。"2021年9月17日,在以"红色百年路　科普万里行"为主题的2021—2025年青海省"科普进寺庙"活动启动仪式上,青海省藏语系佛学院学生仁增龙智多杰说。活动现场,他和同学们观看科学表演、参与科学体验,并参加了有奖竞答以及科普展板展示等活动。

　　"十四五"期间,青海省科协联合省委统战部,会同相关厅局、省级学会,省市

"科普进寺庙"活动启动仪式

县三级联动，在全省开展"科普进寺庙"活动，进一步加快青海省民族地区科学普及，提升全民科学素养，助力青海省民族团结进步示范省建设。

多部门协同联动　打好"组合拳"

青海多民族聚居、多宗教并存，多元文化交织，是民族区域自治地方面积最大、全国少数民族人口比重最高的省，是全国民族工作大省。民族团结是青海各族人民的生命线，在青海不谋民族工作，不足以谋全局。

立足新时代新征程，青海省做出了"以创建民族团结进步示范省作为本省民族工作新的牵引性工程，进一步在更高起点上推动民族团结进步工作提档升级"的战略决策。

青海省科协为进一步发挥组织优势，服务好省委、省政府中心工作，结合青海省情，系统谋划、全力打造"青海科普工作样板"，在全省开展"科普进寺庙"主题活动。"科普进寺庙"活动得到省委统战部高度重视和全力支持，将其作为推进我省民族团结进步事业的重要举措；省宗教工作领导小组办公室与省全民科学素质纲要实施工作办公室联合印发"十四五"青海省"科普进寺庙"活动实施方案；省科协会同省民宗委、省自然资源厅、省卫健委、省应急管理厅、省林草局、省气象局、省地震局、省级学会（协会）汇聚资源和力量，统一安排、各负其责、协同联动，形成工作合力，实现一体化推进。

"科普进寺庙"活动为宗教教职人员和信教群众学习科学、感受科学提供了平台。青海省将力争在"十四五"期间，实现全省宗教场所科普活动全覆盖。

多样化内容　唱出科普"品牌戏"

在"科普进寺庙"启动仪式活动现场，青海省藏语系佛学院的学生格乐尖参乐呵呵地说："这是我第一次参加科普活动，今天的科普活动太丰富了，科普剧《香蕉钉钉子》、机器人表演、防灾减灾展板以及各类科普体验等，让我了解了很多的科学知识，激发了我的科学兴趣，希望今后能经常参加这样的活动，不断提高自己的科学文化素质。"

"科普进寺庙"活动多角度延伸覆盖，主题活动集中示范，专项活动、日常活动相融合，形式多样、内容丰富，受到人民群众的欢迎。

　　每年9月，选择具有代表性的寺庙，"科普进寺庙"活动与"民族团结进步月"同步开展集中示范活动；面向寺庙教职人员及广大信教群众，广泛开展生态科普、应急科普、健康科普、安全科普进寺庙专项科普活动；省、州（市）、县（区）三级联动，持续开展科普大篷车"万里行"，科学知识题"万人答"活动。

　　"科普进寺庙"活动开展以来，深入海东市、海西州、海北州、玉树州、果洛州等6个州（市）、13个县（区）的25个寺庙，为2890余名寺庙教职人员和周边民众提供优质的科普服务。活动期间，发放双语科普宣传手册科普宣传资料16700余份，内容涉及防灾减灾、应急救护、疫情防控、节约能源、环境保护等方面的基本知识。"科普进寺庙"活动的社会影响力不断提升，受到社会各界的关注和认可。

　　活动将"民族团结+科普"深度融合，实现多阵地融合集成，用喜闻乐见的方式，凸显科普工作的生动性、科学性和群众性，唱出了科普"品牌戏"。以"科普进寺庙"活动为切口，青海省科协持续推动科学技术传播与普及，把宗教活动场所建设成为传播科技文化、文明守法的窗口和促进民族团结的阵地。团结和引导广大宗教教职人员和信教群众学习了解更多现代科学知识，提高科学素养，形成科学理性的思维方式，养成健康文明的生活方式。

青海省科协向佛学院配送"科普中国"e站

多媒体宣传　树立新"风尚"

青海省科协引导寺庙教职人员深层次主动参与，营造科普"好氛围"。活动的开展，极大激发了全省寺庙教职人员爱科学、学科学的热情，特别是青年教职人员表现出了浓厚的科学兴趣和好奇心，主动参与，互动体验。引导带动寺庙设立科普阅览室、科普宣传长廊。

为进一步强化科普专业性，青海省科协正在探索建立教职人员科普志愿者队伍，并依托队伍，推动科学普及向信教群众延伸、向基层延伸。在海南州贵南县鲁仓寺活动现场，有位僧侣还特别告诉工作人员："你们这些高科技东西我们之前都没见过，只是我们白天要组织大家诵经念佛，没有充足的时间体验你们这些高科技东西，你们能不能晚上再组织这样的活动，我们会有很多时间让大家体验，开阔眼界。"

"科普进寺庙"活动，有力调动了宗教教职人员和信教群众学科学、爱科学、用科学的积极性，进一步提升民族地区和边远农牧区群众科学素质，为积极引导宗教与社会主义社会相适应作出了积极贡献。

在活动举办过程中，青海省科协注重全媒体广泛宣传，树好科普"风向标"。主题活动采取线上线下渠道立体全面宣传，吸引央视新闻频道、《光明日报》、中新网、网易网、今日头条、《西海都市报》等媒体的报道转载，进一步增强影响力和传播力。

同时借助新媒体手段，广泛开展在线科普知识有奖竞答，并通过"科普中国""青海科普""极地科普"等科普平台推送内容丰富、生动有趣的科普信息和科普内容，吸引更多的寺庙教职人员及广大信教群众参与活动，进一步增强互动力。

点评

"科普进寺庙"活动团结引导广大宗教教职人员和信教群众学习了解更多的科学知识，提高科学文化素质，有利于民族团结进步，有利于社会和谐，是科协组织发挥组织优势，提升基层科普服务能力，服务公众科学素养提升的重要抓手。

守护宁夏大地的"火焰蓝"

宁夏回族自治区科协

2022年全国科普日期间，一场别开生面的消防科普宣传活动在宁夏回族自治区青铜峡市陈袁滩镇举行。

活动现场，科技志愿者以日常生活中如何正确用火、用电、用气等基本常识为切入点，结合秋季农村生活特点，有针对性地讲解了生活中的火灾隐患、初期火灾的扑救方法、如何疏散逃生等各类消防知识并开展现场演练。当地村民赵生福说，专家讲的知识特别对大家的胃口，都是农村常见的隐患，希望他们多来几次。

在宁夏大地，这样的活动现场正变得越来越常见。2019年成立的宁夏消防协会科技志愿服务队，打造了一支业务能力强、志愿热情高、社会影响好的科技志愿服务队，他们以各种方式用自身看家本领，通过送平安上门等途径，全力守护着宁夏大地的"火焰蓝"。

打造一支科技志愿服务尖兵

近年来，宁夏各地的农村经济有了较快发展，农民生活水平不断提高，但与此同时，农村火灾也较为多发，这直接影响着老百姓的经济状况，很多老百姓因为火灾一夜返贫。

如何把火灾风险化解在萌芽之时、成灾之前？这是各方一直在思考的问题。

预防火灾，关键还是要有消防安全意识。为有效提高群众学习消防知识的能力，更好应对突发火灾情况，宁夏消防协会高度重视，于2019年7月成立宁夏消防协会科技志愿服务队，由会长同时兼任科技志愿服务队长。

其实，各地每年都常规性开展相关消防安全知识普及活动，但由于范围小、针对性不强等原因，收效并不显著。

　　让专业的人做专业的事。为了解决上述问题，宁夏消防协会科技志愿服务队在成立之时就决定，吸收科普专委会、消防退役专业技术人员等专家进入服务队作为核心，其他志愿者担任中坚力量，并广泛吸纳社会各界力量共同参与科普志愿服务。

　　目前，该服务队注册有科技志愿者 32 名，已打造起一支业务能力强、志愿热情高、社会影响好的精干科普队伍。

2022 年 9 月，"送平安到家"应急消防科普活动在吴忠市青铜峡市陈袁滩镇开展

　　不仅有内容丰富的宣传讲堂和生动逼真的现场演示，服务队还在陈袁滩镇政府广场上设立了宣传展板，发放宣传图册，并开展直播活动，丰富的宣传形式提高了乡镇居民的消防安全意识，得到了当地民众的一致好评。

　　2021 年以来，宁夏消防协会科技志愿服务队紧紧围绕"提升全民公众应急能力、筑牢防灾减灾思想防线"主线，以"送平安到家"科技志愿服务活动为主题，配备专业装备，大力开展消防科普知识进农村、进社区、进家庭、进企业、进机关、进学校"六进"活动并常态化，融科普展览、装备展示、知识宣讲、科普应急体验、实践操作为一体，真正实现把安全送上门、把平安送到家。

搭建永不落幕的科普阵地

　　2021 年年底，宁夏消防协会科技志愿服务队多了一员"干将"，每到基层开展科普宣传，总能引起群众围观，它就是消防科普宣传车。

消防科普宣传车配备了由高空逃生结绳缓降逃生体验装置搭建起的仿真化场景平台，车厢一侧还有多媒体显示屏，可随时播放消防安全知识相关视频。而火灾报警模拟体验软件则能让群众与虚拟接警员进行语音交互，学习正确的报警流程。

消防宣传车每到一地，就相当于建起了一个移动消防咨询点，志愿者会结合不同地区特点，有针对性地播放消防公益广告、火灾案例和火灾逃生短片等内容，很受群众欢迎。一年多来，消防宣传车50余次深入各地开展宣传，播放消防安全宣传素材100多小时，开展现场模拟灭火演练、应急体验、逃生自救演练5000余人次，成为宣传现场最闪亮的明星。

线下宣传有"吸睛"利器，线上科普也有声有色。宁夏消防协会科技志愿服务队结合各类线上平台，打造了一个多渠道、全方位的消防安全宣传网络矩阵，每年在宁夏消防协会网站上发布科普服务活动宣传信息50多条、科普微课堂170多条；通过微信公众号发布科普工作动态200多条、科普微课堂100多条；通过视频号、抖音号发布科普微课堂等原创小视频百余条。

宁夏消防协会科技志愿服务队工作人员合影

让人人都有消防安全理念

在消防安全知识科普路上，光有一支精良的专业队伍还不够，要把全社会力量动员起来，让大家都参与进来并从中受益。因此，建设专门的消防培训基地尤为重要。

2021年年底，宁夏消防协会联合宁夏建筑材料研究院，在宁夏建筑材料研究院举行消防科普教育基地暨宁夏嘉华消防培训学校挂牌仪式。该基地总建筑面积380平方米，设置有消防知识基础区、防火技能操作学习区等20多种功能区，设置了建筑物火灾自动报警与消防装置联动演示等多个专项实训科目，以及模拟灭火演练、消防标志体验区、消防科普展示区、全国重特大火灾事故案例等多个体验项目。

基地成立近一年来，先后有50多家社会单位，500余人次来此参加技能培训和科普体验活动。该基地如今已成为集互动性、体验性、专业化、标准化等特点于一体的科普教学培训阵地，"参观消防科普教育基地"成为越来越多单位组织开展消防安全教育的必选项。

时光镌刻的荣誉印证了宁夏消防协会科技志愿服务队传递科普薪火的辛勤付出。据悉，该服务队成立3年多来，已先后获得全国科技活动周组委会、科技部科技人才与科学普及司，中国科协办公厅全国科普日优秀组织单位，宁夏科协"点赞·2021科普宁夏年度科普团队"等诸多荣誉。

点评

如何把火灾风险解决在萌芽之时、成灾之前？这是各方一直在思考的问题。宁夏消防协会科技志愿服务队线下创新宣传模式，线上"互联网+"赋能，双管齐下搭建起永不落幕的科普阵地，进一步提高了群众的消防安全意识和自防自救能力，使安全意识深入民心，营造了"人人参与消防，人人关注消防"的良好氛围。

科普馆共同体赋能乡村振兴

新疆维吾尔自治区科协

屋顶上的星空展，通过声、光、电等科学技术展现宇宙的浩瀚无垠；人体结构科普展品，让你了解自己的健康密码……在新疆巴音郭楞蒙古自治州（以下简称巴州），覆盖全州的 117 个乡村科普馆打通了农牧民与科技创新和科普的"最后一公里"，成为农牧民身边的"科技馆""科技孵化器"和文化润疆大舞台。

如今，巴州 117 个乡村科普馆共配备科普展品 3560 件，联动全州科技馆、各类农村专业技术协会 53 个、科普示范基地 146 个、科普教育基地 192 个、农家科技小院 83 个，实现各类科普阵地与乡村科普馆资源共享、平台共建的乡村科普馆共同体。

立足乡土　打造农民身边科技馆

为实现乡村科普馆对农牧区人口的全覆盖，在建设中巴州各县市科协将乡村科普馆纳入村委会阵地的有机组成部分，让农牧民进入村委会时都必经过乡村科普馆，让乡村科普馆成为农牧民接受经常性教育的阵地。

巴州各县市科协实施"3+N"工作法。"3"即主题活动机制、重大节日活动机制和订单式活动机制，"N"即各县市结合工作实际做好自选动作。各职能部门依次轮值、点对点、交互式实施，做到天天有活动，周周有内涵，月月有点题，季季有主题。

以乡镇为单位，各县市科协统一对乡村科普馆展品展项进行登记造册，制定流动巡展计划，打破乡村科普馆同质化现象，确保展品展项常态化更新，因地制宜提供科普文化服务。

同时，统筹科普志愿者、村两委、驻村工作队干部、返乡大学生等力量，每个乡村科普馆配备 2 名讲解员，实行 AB 岗制度，确保每天都有讲解员为民服务。

通过"请进来"与"走出去"的方式，组织举办乡村科普馆讲解员培训班，推行讲解员"集体备课"和"解说词审读制"，确保通俗易懂接地气的讲解让老百姓听得明白、乐于接受。举办金牌乡村科普馆讲解员巡讲周、技能大赛等一系列活动，辐射带动全州乡村科普馆讲解员综合能力的提升。

打造乡村科普馆乡土专家队伍。深入群众挖掘乡村科技达人和科技致富能手，开发以乡土人才为主角在乡村科普馆做讲解展示、在田间地头传授技术的科普视频产品，将其推送到各个乡村科普馆滚动播放，讲好农牧民自己的科学故事。

农牧民培训暨技能展示直播活动现场开展葡萄覆膜机技术展示

依托科创中国试点城市建设、"科技工作者之家"等，巴州各县市科协还将组织百名科技人才及服务团队深入乡村科普馆、田间地头和企业，指导农牧民进行科学生产，文明生活。

目前，全州已注册科技志愿者1万人，组建科技志愿服务组织476个，开展志愿服务活动1200余次，覆盖群众125万人次。通过组织开展"科普大篷车联盟"巴州行活动，实现区、州、县市科普大篷车三级联动，推动乡村科普馆固定展品和大篷车深入互动、资源共享，充实了乡村科普馆的拓展和延伸功能。

辐射带动　建成乡村振兴孵化器

巴州科协在推进乡村科普馆扎实落地的过程中，非常注重在馆内充分展现科技创新与现代农牧业紧密融合,为产业发展按下快进键。

和静县的肉牛养殖、和硕县的葡萄酒产业、焉耆县的"三红"产业、博湖县的渔业、库尔勒市的香梨产业、轮台县的小白杏产业、尉犁县的棉花产业、若羌且末两地的红枣产业,每个县市的科普馆都为本地的优势产业设立专题展项。示范田、养殖场(合作社)、加工厂等可以通过远程监控系统实现与科普馆大屏的实时连线互动,把优势产业依靠现代高科技所取得的成果展现在各族农牧民眼前,让他们感受到科技的魅力。

以"小切口"做"大文章"。围绕石油石化、纺织服装、农产品深加工等产业发展开展"科创中国"路演、产业发展需求精准画像、征集科技经济融合中的"卡脖子"难题,依托乡村科普馆平台扩大聚能效应,用经济发展反哺阵地建设。

乡村科普馆把定期举办高质量的科技服务活动作为保持常见常新吸引力的关键,通过组织开展技能竞赛、科技创新和发明创造展示、致富经验传授、"科普 + 旅游"、亲子科普活动等,与农牧民群众形成了良好的互动。

精准服务　搭起文化润疆大舞台

在乡村科普馆的展项展品设置和活动组织上,巴州科协十分注重体现"让中华文化浸润各族群众的心田,让中华民族共同体意识根植各族群众心灵深处,写好铸牢中华民族共同体意识的科普篇章"这个主题。

各种展项和展品用科技手段充分展现中华民族共同创造的优秀文化和先进成果,让群众看得见、摸得着、用得上,不断增强各族群众对中华民族的认同感、归属感和自豪感。

从文化入手,巴州科协举办了中华传统文化进乡村科普馆活动。开展书法、刺绣、曲艺、舞蹈等传统文化培训,以丰富多彩的文化活动凝聚人心,不断增强群众的获得感、幸福感、安全感。

为了发挥乡村科普馆助力"双减"的教育服务功能,巴州科协实施"青少年科技创新人才"培养工程,建成 10 个"乡村青少年科学工作站",遴选命名 100 所乡村科普馆为"青少年科普研学实践教育基地",举办青少年科技创新大赛,"小小乡村科普馆讲解员"大赛等活动,通过"小手拉大手"辐射带动整个家庭、社会。

通过两年来的摸索和实践，巴州科协使科普馆在乡村落地生根，实现了"从无到有"的创新，提升了科普精准服务，推动了乡村科普服务的多元化发展，成为开展科普活动、弘扬科学家精神、科技成果展示推介的主阵地，也是党团员科技主题活动的主阵地，更是新时代文明实践中心建设的主阵地。

2022 年 1 月 16 日，且末县组织学生参观阿热勒镇乡村科普馆

点评

巴州科协积极探索在乡村开展科技传播的大科普工作机制，"科普＋乡村振兴＋文化润疆＋铸牢中华民族共同体意识"的乡村科普馆落地新模式，以提升各族群众科学文化素质为根本，充分发挥了科协组织在政治引领、创新发展、民族团结、社会稳定等方面的积极作用。乡村科普馆增进了各民族对中华民族的自觉认同，真正让科技与广大农牧民零距离接触，成为服务群众、教育群众，引领科学文明新风的载体和平台，为乡村振兴提供智力支持和精神动力。

倾力打造"科普中国"品牌

中国科协科学技术普及部

中国科协从 2014 年起推进科普信息化建设，建设和塑造我国科普全新品牌——"科普中国"。

截至 2022 年 7 月，"科普中国"已经成为科普高质量发展的象征和最大的科普资源库之一，平台累计科普资源达 53.8T，相当于 3.2 万部《四库全书》的信息量，签约科普专家 4468 位，含院士 57 位，科普号 6206 个；"科普中国"总用户数量达 4125.03 万；累计传播量 429.3 亿人次，话题活动总量 1092.07 亿人次；累计服务 64 家全国学会协同工作 6384 次，联动 49 家地方科协参与工作 3217 次。

以"科普中国"进行价值引领

多年来，"科普中国"着力加强价值引领、弘扬科学家精神，创新手段方式，通过打造"科普中国"品牌，激励引导广大科技工作者增强"四个意识"、坚定"四个自信"、做到"两个维护"，塑造新时代科协组织的良好形象。

为贯彻落实习近平总书记在科学家座谈会上的重要讲话精神，"科普中国"以

发展概况

工作理念

Brand
品牌引领

Content
内容为王

Shared
共建共享

Ecological
培育生态

工作定位

1 让科学知识在网上和生活中流行起来

2 帮助全社会想看科学的可以看到

3 帮助全社会想做科普的可以做成

"科普中国"工作理念及定位

"科普塑形"和"精神铸魂"为抓手,大力弘扬科学家精神。联合北京电视台开设首个科学家演讲类电视科普节目,开展"科普中国·繁星追梦"活动,举办"大国学者——我眼中的中国科学家"活动,邀请李兰娟、张伯礼、欧阳自远三位院士作为发起人,邀请科技工作者围绕"我眼中的中国科学家"拍摄精品短视频,给公众以鲜活的新时代科学家形象,拉近科学家与公众的距离。同时策划"礼赞科学家精神"精品内容。邀请李兰娟、包为民、闪淳昌等科学家参与拍摄专题视频片《科学光芒》,在央视频等 19 家渠道上线并在腾讯视频做开屏展示,共覆盖 1.06 亿人次;创作《时代镜像》《科技解码 2 分钟》系列视频,在学习强国等 16 家渠道陆续上线,传播量接近 3000 万次。

"科普中国"平台积极培育健康向上的网络文化,让科学知识在网上和生活中流行起来。结合"北京冬奥会""神十三发射"等热点重点事件,协同生产传播图文 4010 篇、视频 791 个,举办活动 49 场,总浏览量 15.14 亿次,维护微博、今日头条等平台"传递科普正能量"话题,阅读量 5415 万人次,建立并运营主题社团 1 个,累计发帖量 930 条。

2021 年,"科普中国"平台紧跟大事要事,专注精品内容制作汇聚与传播。传播量超百万的作品 434 个,超千万的作品 19 个,"热点"作品持续出圈。《33 种传染病》系列动画播放量已达 1300 万次;《"天宫课堂"离你多远》等多条视频登上抖音热榜,播放量突破千万。爆款文章《人人都适合做近视眼手术吗? 同仁眼科专家这样说》总浏览量突破 1.6 亿人次。

"科普中国"积极拓展网络、电视台、IPTV、OTT、广播、铁路等各类线上线下传播渠道,目前已达 669 家。其中,IPTV、OTT 还登陆北美等海外地区,为"科普中国"外文资源传播创造了有利条件。

应急科普快速响应

2015 年以来,"科普中国"强化新闻导入、科学解读,建立科普快速反应机制。对于可预见的重大事件,提前策划和创作,在事件发生 30 分钟内占领各大媒体平台头条;对于突发性的重大事件,第一时间开展创作,在 24 小时内推出图文作品、48 小时内完成视频脚本、72 小时内推出视频作品。

依托科普快速响应机制,2020 年新冠肺炎疫情发生以来,"科普中国"第一时间主动发声，着力打造全国应急科普资源汇聚和分发枢纽，引导公众加强科学防护，疫情期间共计发布 1243 个视频、12906 篇图文，维护 28 个微博话题，开展 30 多个品牌活动，覆盖量达到 44 亿人次。印制下发基层一线《科学防护，疫问医答》挂图 15.3 万套、《科学防护，战疫必胜》折页 32 万份。联动中央党校开设网上党校科普专题，面向 6000 万党员领导干部传播科普资源；联动北京、深圳、上海、郑州、南京、成都等 6 大城市 50 条地铁网线，覆盖人群超 1.8 亿。领导同志共作相关批示 14 次，给予充分肯定。

针对各地散发疫情做好精准科普。"科普中国"平台根据全国新冠肺炎疫情防控态势，针对散发性疫情，及时提供防疫资源至省级科协和广电系统，有力支撑了地方防疫工作。

让科学"跑赢"谣言

2019 年 8 月，由中国科协、国家卫健委、应急管理部和市场监管总局主办，中央网信办指导，全国学会、权威媒体、社会机构和科技工作者共同打造的"科学辟谣平台"正式启动。该平台旨在切实提高辟谣信息的传播力、引导力、影响力，让谣言止于智者，让科学跑赢谣言。

2021 年，共邀请 234 位权威专家入驻参与辟谣，谣言库新增谣言 569 条，引导专家原创辟谣资源 401 条，制作辟谣短视频 431 个，其中原创辟谣短视频 70 个，传播量超过 3.616 亿次，5 个作品传播过千万、22 个作品传播过百万。

截至 2022 年年底，科学辟谣专家库专家总人数已达到 1498 人，谣言库累计包含谣言 8148 条，累计总用户近 669 万，累计传播量超过 25.21 亿次。《100+ 高校科学辟谣联合行动》《长时间看手机会导致黄斑变性吗？》等作品入选中央网信办"2021 年度中国互联网辟谣优秀作品"。在学习强国平台开设辟谣专区，搭载每日辟谣将消息推送至党员干部群体；在百度等搜索引擎开设百家号，开通不到一年用户数量已激增 320 多万。

多年来，"科普中国"累计获得国家机关、专业学会、社会机构等奖项近 200 项。2021 年，"科普中国"成功纳入互联网新闻信息稿源单位"白名单"；"科普中国"微信公众号获得中央网信办走好网上群众路线全国百个成绩突出账号；"科普中国"平台、科学辟谣平台相继入选国家新闻出版署"数字出版精品项目"；"科普中国"首次获得《人民日报》的最佳政务奖、喜马拉雅最佳政务奖;"100+ 高校科学辟谣联合行动"等精品原创内容获得中央网信办年度图文优秀作品奖和年度中国互联网辟谣优秀作品奖。

> **点评**
>
> 　　党的十八大以来,我国科普事业蓬勃发展,公民科学素质快速提升,我国公民具备科学素质比例由 2015 年的 6.2% 增长至 2020 年的 10.56%。"科普中国"是为深入推进科普信息化建设而塑造的全新品牌,充分依托现有的传播渠道和平台,使科普信息化建设与传统科普深度融合,以公众关注度作为项目精准评估的标准,激发科普新动能、释放科普新活力,推动新时代新科普高质量发展。

"三三制"模式让科学家倾心科普创作

中国科普研究所

党的十八大以来，中国科普研究所与中国科普作家协会聚焦科普供给侧改革，持续开展科普创作实践，组织科学家、作家、媒体人士等共同编写《水利民生》《第四次国家气候变化评估报告特别报告：科普版》等科普图书，探索出"三三制"创作模式。相关案例表明，这种新的创作模式能带动更多"想做，不会做"的科研人员投身科普实践，让他们在科研中谋划科技资源科普化，通过科普创作与有效传播增强获得感和满足感，推动高质量科普源头活水常新常流。

聚焦科普供给侧改革　持续广泛深入调研

中国科普研究所深入贯彻落实习近平总书记关于"科技创新、科学普及是实现创新发展的两翼，要把科学普及放在与科技创新同等重要的位置"等一系列重要指示精神，秉持高质量科普创作是科普工作的源头活水的基本理念，围绕科普供给侧改革，聚焦靶心，主动调研科研人员参与科普创作的现状、困难和需求。2017年，结合中国科协九大代表调研课题开展问卷调查，结果显示，科研人员普遍认为有必要参与科普创作，但实际参与科普创作的比例不高，且创作形式偏传统，时间精力有限、对专业术语转化为科普语言的驾驭能力要求高以及激励机制不够等因素是制约科研人员参与科普创作的主要障碍。英国科学杂志《自然》刊文指出，对于撰写科普图书来说，科学家和作家合著效果更好。科学家建构科学故事作品是一项"令人生畏"的工作，渴望著书的科学家未必有能力单独完成著作，与专业作家或者科技记者合作，可以缓解压力，并极大提高书稿质量。结合国内科普创作实际以及国外相关经验，中国科普研究所与中国科普作家协会对部分学会和科研人员进行调研，认为融媒体时代应调动多元力量组建复合型团队，共同打造高质量科普作品。

发力科技成果科普转化　创作精品回应时代命题

　　为迎接中国共产党成立 100 周年，针对我国科技出版碎片化现象突出，缺乏集成化、系列化反映多学科多领域科技成果的高端科普图书等问题，15 家中央级出版社共同打造"中国科技之路"丛书（共 15 分卷），入选 2020 年中宣部主题出版重点出版物。其中，水利卷图书《水利民生》由中国水利水电科学研究院王浩院士担任主编。项目实施一年后，科研人员全力推进，但实际效果与出版社要求仍有较大差距。在卡壳的困难时刻，主创团队经多方打听向中国科普研究所寻求帮助，科普创作研究室结合前期研究经验，迅速联合所内外力量组建创作转化团队，与科研人员共同奋战三个月，在"七一"前顺利出版，圆满完成向建党 100 周年献礼任务。

图书主编王浩院士专门致感谢信，对科普所解决燃眉之急，克服时间紧、任务重的现实困难，圆满完成科技成果科普化写作相关工作予以高度肯定。与此同时，为贯彻落实以习近平同志为核心的党中央关于实现碳达峰碳中和的重大战略决策，由科技部社发司牵头，中国科普研究所组建复合团队，邀请中国气象局、交通运输部等单位科研人员与科技记者、科普出版人等共同编写《第四次国家气候变化评估报告特别报告：科普版》，以高质量科普精品回应公众关切，满足公众科普需求。

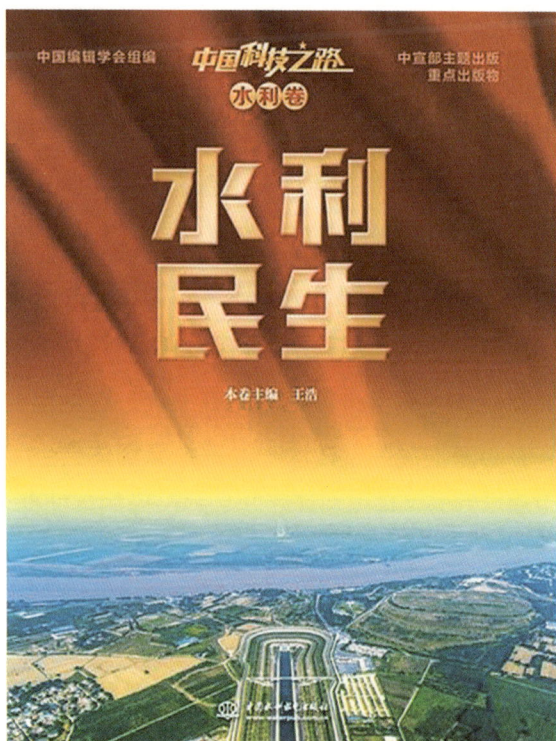

《水利民生》封面

构建融合创作新模式　助力新时代科普工作高质量发展

　　结合《水利民生》和《第四次国家气候变化评估报告特别报告：科普版》创作经验，中国科普研究所探索出了"三三制"创作模式，即面向三类主体，组建复合型创作团队，梳理创作流程，形成三步走流水线模式。三类主体包括懂科学、不擅科普的科技工作者，尤其是掌握专业领域前沿科技、有科普意愿，尚不具备良好创作能力，也没有足够创作时间的行业专家；会写作、有科普创作经历的文字工作者；懂科普、有表达创意，熟悉科普作品设计、出版、传播的业界人士。创作前期，三方人员充分沟通，就创作思路和主要问题达成一致。创作过程进行流水线作业，主要分为三个步骤，包括打底稿，建构科学内核；再创作，进行科普化写作；理素材，灵活形式优化表达。相关研究经验得到中国科协领导肯定。

优化科普创作机制　提升科研人员科普创作获得感和满足感

在"三三制"创作模式实施过程中，中国科普研究所对参与科普创作的研究人员进行访谈交流，进一步了解科研人员对新创作模式的意见和建议。调研显示，"三三制"创作模式能降低门槛，带动"想做，不会做"的科研人员开展科普实践。在创作过程中，由科研人员完成自己最擅长、最熟悉的科技内容，相关工作耗时少，压力小，不用为成品效果担忧，科研人员的参与意愿明显提升。通过新的创作模式，科研人员可以看到文字工作者如何补充完善作品，同时也可以结合修订内容提出新的想法和思考。水科院的科研人员表示，中国科普研究所团队参与，是实现水利相关专业技术内容科普化的关键一步，看到自己不成型的文字稿经过打磨变得精巧动人，心里很高兴，在这一过程中真切体会到了科普创作的乐趣，增强了获得感和满足感，激发了投身科普实践的积极性和主动性。

点评

中国科普研究所致力于科学大众化的理论与实践研究，科普创作研究室深耕科普作品创作研究，旨在组织、动员更多科学家加入科普创作队伍。近年来，结合文献研究成果和科普图书创作实践，探索出了"三三制"科普创作模式，显著提升了科研人员参与科普创作的意愿，让科研人员在科普创作中收获幸福感和满足感，值得在更大范围内推广完善。

强化示范引领　激发院士专家科普工作室活力

中国科普研究所

近年来，中国科普研究所聚焦深化科普供给侧改革，创新科普工作机制，筹划建立院士专家科普工作室，面对突如其来的新冠肺炎疫情，与武汉市科学技术协会共同推动全国首家由院士领衔命名的健康科普工作室落地，及时有效回应民众关切，激发科普新动能，取得了良好的科普成效。以此为示范，在北京、青岛等地进行深入拓展，扩大学科领域，探索多元主体，贯彻大科普理念，为新时代科普高质量发展赋能添力。

创新机制　示范引领　描绘院士专家科普工作室蓝图

科普工作室由知名院士专家牵头成立，旨在深化科普供给侧改革，增强高质量内容源头供给，服务科普高质量发展，探索建立"院士引领、专家科普、分批组建、团队服务"的工作机制。科普工作室强化价值引领，深度融合党的建设和科普工作，充分发挥院士专家在弘扬科学精神、传播科学知识、提升公众科学素质等方面的组织发动和领衔示范作用。科普工作室突出强调科普"双引领"作用，一方面引领科技工作者投身科普工作，让科技工作者在科普工作中获得满足感和成就感，通过科普工作室凝心聚力，提升归属感和价值感；另一方面引领公众关注科普，激发公众科普需求，通过科普工作室高质量科普内容供给促进公众理解科学，助力全民科学素质提升。工作室先行探索试点，在总结经验、梳理问题的基础上，逐步在全国范围内推广，形成院士专家在各地区、各领域成立工作室牵头开展科普工作的良好局面，充分释放院士专家开展高质量科普的新活力，以科普高质量发展服务支撑国家科技创新大局。

把握需求 探索试点 实现从零到一的历史性突破

2019年8月，中国科学院院士、武汉医学会会长、华中科技大学同济医学院附属同济医院外科学系主任陈孝平在京参加全国"最美科技工作者"座谈会，会上发表了一席具有科学精神和哲理的话语，中国科普研究所所长王挺深受启发，提出建立院士健康科普工作室的想法，希望院士带头做权威科普，更广泛传播思想，组织动员更多领域专家参与，形成合力，得到陈孝平院士充分肯定和支持。2020年年初，新冠肺炎疫情突如其来，网络上各种消息纷至沓来，真假难辨，处于"风暴眼"的武汉民众急需大量权威科普信息。面对病毒对人民生命健康带来的巨大威胁，中国科普研究所和武汉市科学技术协会密切沟通，加快推动工作室试点落地。武汉医学会将拥有百年历史的民国建筑一层改建为具有直播功能的科普工作室，同时将学会党建阵地植入其中。2020年8月，"陈孝平院士健康科普工作室"正式挂牌，以"党建领航 汇智健康科普"党建品牌为抓手，搭建医学专家、媒体和宣传渠道相结合的立体化科普平台，开展直播讲座、线下义诊、带教查房等活动，邀请"人民英雄"张定宇做工作室首场直播，聘请诺贝尔奖得主、美国科学院院士迈克尔·莱维特和

中国科学院院士宋微波（右）和中国海洋大学出版社社长杨立敏共同为"海洋科学科普工作室"揭牌

中国科学院院士饶子和、陆林、仝小林担任"健康科普大使"，有力提升了工作室专家团队力量和社会影响力，为打赢武汉疫情防控阻击战发挥了积极作用，得到了社会公众的高度认可。结合首个院士科普工作室相关经验，武汉地区陆续在生命健康、信息通信、自然教育、农业科普、精密测量、智能制造等领域推广布局，目前已有6家院士科普工作室落地，共吸纳院士21名，专家团队成员552名，成为江城科普的"形象代表"。

优化完善　协同发力　依托工作室构建大科普发展格局

2021年，为深化科普供给侧改革，推动科技资源科普化，盘活科普创作源头活水，中国科普研究所组织实施"院士专家科普创作工作室试点"项目，在全国范围内面向高校、科研院所、社会组织、企业等，征集遴选3家有基础、有意愿、有潜质的承担单位，探索工作室在更大地域、更广领域、更多主体上发挥示范引领作用。项目实施以来，中国实验动物学会、中国海洋大学出版社、北京华风气象影视有限公司依托各自资源优势，以丛斌院士、宋微波院士、中国气象局公共气象服务中心气象服务首席专家朱定真为核心，组建"创作＋传播"、老中青相结合的复合型团队，努力打造高质量科普精品。同时，结合承担单位实际情况，开展科考、研学等活动，探索科普事业公益性和科普产业市场化有机结合的可行性路径，推动科普工作可持续发展。

瞄准热点　把握时机　以高质量科普精品服务国家服务大局

2022年，北京迎来冬奥会、冬残奥会，习近平总书记强调，这场体育盛会"不仅可以增强我们实现中华民族伟大复兴的信心，而且有利于展示我们国家和民族致力于推动构建人类命运共同体，阳光、富强、开放的良好形象，增进各国人民对中国的了解和认识"。伴随赛事推进，民众的科普需求不断激发。作为中国科普研究所"院士专家科普创作工作室试点"项目承担单位之一，北京华风气象影视有限公司敏锐捕捉到公众气象科普需求，及时制作《冬奥气象100》科普短视频内容。2022年2月13日，在备受关注的"青蛙公主"谷爱凌张家口首秀比赛取消之际，制作短视频"为什么滑雪比赛怕下雪"，回答下雪带来的升温对赛道和对高速滑行的运动员视线带来的主要影响，在《人民日报》微博、中央电视台财经频道等平台播出，及时有效回应公众关切，产生了良好的社会效果。此外，还通过"双语说双碳""定真科普时间"等系列品牌制作短视频，围绕双碳、高温、能源等热点事件进行权威科普，助力提升全民气象科学素质，服务厚植科技创新根基。

点评

中国科普研究所深入贯彻落实《全民科学素质行动规划纲要（2021—2035年）》，深化科普供给侧改革，推动科技资源科普化，谋划实施院士专家科普工作室，树立大科普理念，强化统筹协同，以满足公众需求为导向，大力提升科普作品的原创能力和传播能力，有效发挥了院士专家的示范引领作用，取得了良好的社会效果。

"天宫课堂"：太空科普点燃科学梦想

中国科学技术馆

2022 年 3 月 23 日下午，"天宫课堂"再次开讲，神舟十三号飞行乘组三名航天员又一次给全国的青少年们带来了精彩的太空实验。在近 1 个小时的授课过程中，他们不仅现场演示了丰富多彩的科学实验，而且以天地连线的方式回答了地面课堂的学生提出的问题。

两次"天宫课堂"激发了无数孩子爱科学、学科学的热情，太空授课已经成为开展科学技术普及的知名品牌。

"天宫课堂"两次活动线上线下同步开展并面向全球直播，全网总点击量超过 40 亿次，是我国科学教育活动在一天内覆盖面最大和参与公众最多的一次重大科普实践。

强化内容　组建太空授课专家组

"天宫课堂"由中国航天员担任"太空教师"，以青少年为主要对象，进行天地交流。在这个过程中，尤为重要的一环就是课程内容的制定，背后凝结着无数工作人员的心血。

基于常年服务青少年开展科学教育的经验，中国科技馆邀请相关领域专家组建太空授课专家组，多次组织召开项目研讨会，提出授课项目、编制授课教案，对航天员授课内容进行整体把关，采用公众特别是青少年能够接受的方式进行科普。

在具体课程的编排落实上，中国科技馆科技辅导员根据多年实践探索形成的科学教育课程和活动模式，与航天员中心一起为两次授课梳理课程主题和脉络。

其中第一次授课"太空转身""水球光学实验"为中国科技馆原创，与航天员科研训练中心联合创作了"浮力实验""泡腾片实验"；第二次授课设计水油分离和平抛实验作为太空授课课程内容，形成了环环相扣又层层递进的航天员授课脚本。

第一次"天宫课堂"活动现场

同时，为了增强观众的参与感和体验感，"天宫课堂"还通过中国科技馆的馆校结合基地校、分课堂、门户网站等渠道，面向全国中小学生征集问题，再经由专家组遴选，保证科学性。

在引导课程设计方面，中国科技馆真正做到了以授课对象为中心，分别针对小学生和初高中生群体，原创设计了不同形式的课程引导内容。

第一次授课活动中，"天宫变形记"用通俗易懂、乐趣十足的形式演示了我国空间站的建设与发展；第二次授课则更加注重中学生科学思想和科学方法的养成，结合神舟一号返回舱原件、天和核心舱结构验证件以及飞天一代、二代舱外航天服等珍贵的航天实物，以"科普大师课 + 物理小课堂"的形式展开中国载人航天 30 年发展的宏伟画卷。

天地互动　全国同上一堂课

天地互动对比是太空授课的最大特点，中国科技馆两次作为"天宫课堂"地面课堂承接单位，在课堂组织形式方面，通过"天宫授课 + 地面课堂"的互动模式，呈现具有中国科技馆特色的课堂组织形式。

第一次"天宫课堂"的地面课堂划分为地面主课堂和地面分课堂，主课堂位于中国科技馆，地面分课堂分别安排在广西南宁、四川汶川、香港、澳门；第二次"天宫课堂"地面课堂的分课堂分别设置在西藏拉萨和新疆乌鲁木齐。

地面主课堂的设置注重营造沉浸式的授课氛围，强调天地互动的参与感和体验感；地面分课堂的设置重在扩大"天宫课堂"的覆盖范围，让全国更多地区的学生有机会与航天员直接交流互动，直接提出自己关心的科学问题，进一步激发探求科学知识的热情。

在地面课堂上，全国各地青少年们利用中国科技馆配发的实验资源包，在地面课堂老师的带领下同步开展地面实验，通过天地对比的现象差异，直观了解实验背后的科学原理，从设计到内容都完美匹配了航天员老师在天宫中开展的实验，实现了同上一堂"天宫课"。

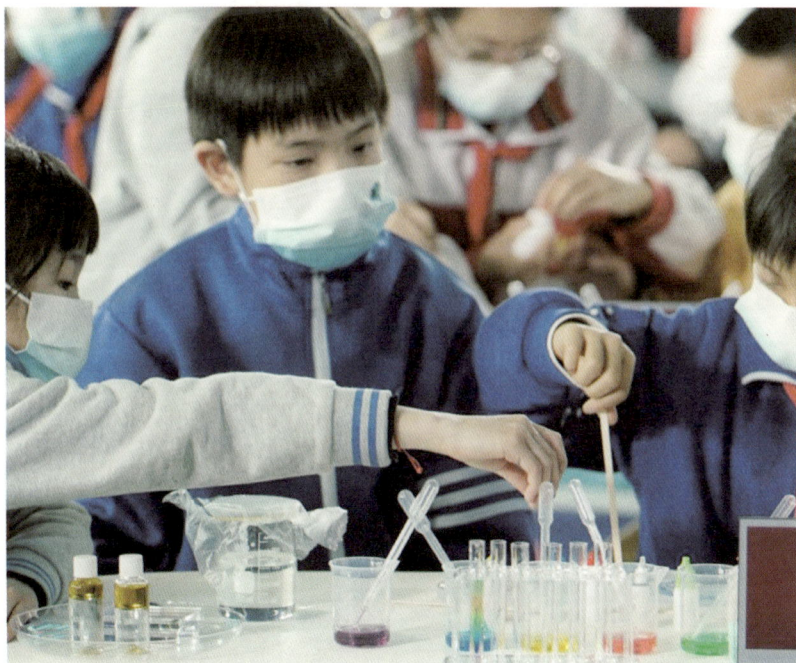

同学们在进行地面实验

为配合地面主课堂的活动，"天宫课堂"建立通信保障组，按照活动需求制定技术方案，并实施了视频会议系统的技术支持和现场保障。直播连线活动开创了中国科技馆重大活动中直播连线场馆最多、连线时间最长、同声收录切换场馆范围最广的纪录。

在"天宫课堂"活动中，全国科技馆体系的 200 余座实体科技馆、700 余个流动科技馆站点、500 余辆科普大篷车和 800 余所农村中学科技馆收看直播并开展现场活动，参与线下互动青少年超过 350 万人，充分发挥了科技馆体系的优势，同时彰显了科技馆作为社会教育和校外教育的优势。

多方联动　增强科普体验

"天宫课堂"的举办，是各方共同努力取得的成果。2020 年 7 月，中国科技馆主动谋划设立"在科技馆体系中实现中国空间站航天员与公众'天地通话'的可行性研究"项目。

2021 年 9 月 6 日，中国科技馆和中国载人航天工程办公室共同成立"中国空间站科创体验基地"，基于基地共同开展了系列航天科普活动和太空授课活动。

为了让"天宫课堂"进一步带动科普热，在第二次授课活动中，中国科技馆全面总结活动经验，聚焦授课结束后公众感兴趣的科学问题，策划并制作了实验揭秘视频，通过采访科学家、教师，深入相关实验室，获取一手资源和素材。

同时，授课后第一时间向各大媒体推出，新华社、人民网等主流媒体纷纷使用和转载，成为"天宫课堂"科技馆的新名片。这一提前布局不仅保障了实验解读视频的科学性、趣味性，也为"天宫课堂"的二次传播提供了大力支撑。

此外，实体科技馆、流动科技馆、科普大篷车、农村中学科技馆分别依托自身优势开展特色航天科普活动，包括科学实验秀、科技小制作、航天科普展览展示、科学家精神宣讲等，让科学梦想播撒在青少年心中。

点评

　　"天宫课堂"的成功举办，向全世界展示了中国实现高水平科技自立自强的决心和能力，也展现了我国科技创新成就和科学普及实力。此外，"天宫课堂"还面向公众传播航天精神、弘扬科学家精神，对激发社会大众特别是广大青少年弘扬科学精神具有重要意义，增强了对中国航天事业的信心与力量，是一堂爱国主义教育公开课。"天宫课堂"首次将中国科普事业推向太空，也是高效利用科普资源助推"双减"工作的有益尝试。

《中国公民科学素质系列读本》：
融合出版实现精准推送

中国科学技术出版社

为深入贯彻实施创新驱动发展战略，服务公民科学素质提升，2014 年起，中国科学技术出版社启动《中国公民科学素质系列读本》出版项目。

项目服务于《全民科学素质行动计划纲要》确定的五大重点人群，有针对性地开发符合各人群实际需求、认知特点和阅读习惯的全媒体读物，立足于融合出版，结合科普信息化建设项目，力争实现"立体开发、多维呈现、精准投放、迭代增值"。

充分调研　整合优质资源

为了更好组织工作，《中国公民科学素质系列读本》出版项目最初确立为由中国科协牵头，全民科学素质纲要成员单位共同组织实施，各重点人群科学素质行动牵头单位和实施单位加强联合协作，在读本工作的总体设计、编写、推送、宣传工作中，共同发挥作用。

项目组对现有公民科学素质读本进行调研发现，现有公民科学素质读本近 20 种，在质量上仍有提升空间。

具体分析，从受众群来看，现有读本虽基本侧重于《全民科学素质行动计划纲要》中的五大重点人群，但大部分读本面向的是其中的一个或几个人群，不能达到五大人群的全覆盖；从内容来看，现有读本内容主要集中在低碳环保、健康、安全等方面，前沿科技内容明显不足，科技伦理内容也是极大"短板"；从写作风格来看，现有读本基本做到了通俗易懂，未来的开发工作可在趣味性和文学性方面加大力度；从体例和装帧来看，现有读本的体例格式及装帧设计尚有提升空间，绝大多数读本整体设计风格略显陈旧，不适应当代读者特别是青少年读者的阅读习惯。

针对找到的痛点，项目将受众细分为小学生、中学生、农民、城镇劳动者、领导干部和公务员、社区居民六个群体。

打磨内容　科学性和艺术性并存

主创团队由科学家团队和作家团队共同组成。科学家团队由林群、秦大河等院士领衔，具有丰富创作经验的百余位科研领军人物、一线科学家组成，负责科学化文本的撰写工作，保证书稿的权威性和科学性；作家团队由叶永烈、卞毓麟等知名作家领衔，由在科学文艺领域具有深厚创作积累的 10 多位职业作家组成，负责对科学化文本的二次创作和加工，提升内容的通俗性和艺术性。

《中国公民科学素质系列读本》丛书共 6 种，根据不同的读者对象，确定了不同的分册内容规划。

《小学生科学素质读本》内容侧重于小学阶段基础自然学科科学知识的拓展。内容符合小学生心理特点、认知水平和阅读习惯，图文并茂，简单易懂。

《中学生科学素质读本》从提升中学生科学探究兴趣和水平、培养中学生的科学思想和科学精神角度编写。内容侧重于中学阶段基础自然学科的科学知识，可适当增加带有思辨性的科技哲学、科学社会学问题。

《领导干部和公务员科学素质读本》从完善知识结构、丰富决策信息、提升科学管理和科学决策能力的角度编写。体现世界科技发展前沿态势、发达国家科技创新战略的主攻方向、科学决策方法与机制等内容。

《农民科学素质读本》从科学生产和科学生活的角度编写，内容侧重于保护生态环境、节约水资源、保护耕地、防灾减灾，倡导健康生活方式、移风易俗，反对愚昧迷信、陈规陋习等。

《城镇劳动者科学素质读本》从提升城镇劳动者适应职业和生活环境变化、安全生产、节能降耗、企业创新角度编写。适当侧重失业人员就业能力、创业能力和适应职业变化能力等内容。

《社区居民科学素质读本》从促进社区居民形成科学文明健康的生活方式角度编写。适当侧重节约资源、保护环境、节能减排、健康生活等内容。

在装帧设计风格上，各分册图文根据读者对象进行了适当调整。中学版、小学版图量适当增加，领导干部分册适当减少，配图取幽默活泼的卡通风格，领导干部分册宜大方简洁，以示意图、表格结合实景照片为主。

《中国公民科学素质系列读本》丛书

打造矩阵 全媒体精准投放

《中国公民科学素质系列读本》立项之初，即确定了以"传统出版与新兴出版融合发展"理念为指导的工作原则，采用"1+X"全媒体生产方式，"1"是核心内容，"X"是呈现方式。

在打造核心内容的基础上，力争实现该内容通过纸质图书、融媒体图书、电子图书、微博微信、动漫微视频、科学素质竞答游戏等不同产品形态的多维呈现。在最终项目完成时，除传统出版物外，还制作了366集科普微视频、素质读本融媒体版图书和电子书、"科学答人"科学素质竞答游戏等产品，以多维度的宣传形式形成传播矩阵。

同时，《中国公民科学素质系列读本》及其衍生的立体资源，通过线下、线上渠道实现了向细分受众的精准投放，收到良好的传播效果。

线下渠道方面，充分发挥中国科协及纲要办成员单位的渠道优势，通过中组部干部教育培训系统、科协系统、工会系统，以及农家书屋、中小学图书馆配书等渠道，实现图书针对六大读者人群的精准投放，图书最终配发86万余册，为各地提升全民科学素质提供了有力的抓手。

线上渠道方面，依托中国科协科普信息化工程——"科普中国"云平台进行推送。"科普中国"云平台根据精准的用户数据分析，对不同年龄、教育水平、职业背景、阅读需求的受众进行定向精准投放，有效扩大提升全民科学素质的人群。

点评

提升公民科学素质是加强国家自主创新能力的重要基础。增强自主创新能力，基础在公民科学素质。《中国公民科学素质系列读本》以过硬内容和高质量传播为核心优势，融合品牌、内容、技术资源，锚定科技与科普深度融合发展，围绕科协中心工作，搭建"1+X"全媒体生产方式，提供垂直化、专业化、易趣化优质需求产品，建立立体传播矩阵，构建了一套在行业内领先的以"内容＋产品＋投放"的融媒模式，通过智慧融合阅读服务有效扩大了全民科学素质。

五、
服务政府决策咨询

凝聚科技力量　助力国家重大工程

中国岩石力学与工程学会

　　川藏地区是全球新构造运动最为活跃的区域，该地区各项工程均面临"显著的地形高差""强烈的板块活动""频发的山地灾害""恶劣的气候条件"和"敏感的生态环境"五大环境挑战。

　　为着力解决制约川藏地区岩石力学工程、国家重大水利工程、能源工程等重大难题，促进推动科研力量优化配置和资源共享，服务国家重大战略，中国岩石力学与工程学会发起成立"岩石力学与重大工程——国家重点实验室科技创新联合体"。

迎难而上

　　建设川藏铁路是贯彻落实新时代党的治藏方略的一项重大举措，对维护国家统一、促进民族团结、巩固边疆稳定，对推动西部地区特别是川藏两省区经济社会发展，具有十分重要的意义。

　　同时，"南水北调工程""滇中引水"等水利工程主要解决我国北方地区、滇中地区等，尤其是黄淮海流域的水资源短缺问题，构成以"四横三纵"为主体的总体布局，以利于实现中国水资源南北调配、东西互济的合理配置格局。

　　然而，川藏地区的公路、铁路等交通工程和水利水电工程，所处板块活动强烈、山地灾害强烈、生态环境脆弱的环境，是世界上科学与技术难题最多、难度最大、最为复杂艰险的超大型岩石力学工程。

　　为此，在正式发起成立联合体之前，学会已经对关于川藏地区公路、铁路等交通工程建设中岩石力学相关科学问题、技术难题发力多年，为后续联合体深入攻关打下坚实基础。

2019 年 2 月，学会受中国科协委托，举办了"川藏地区交通工程建设中的科学问题与工程技术难题"高层论坛，梳理凝练出工程建设中十大科学问题与工程技术难题。

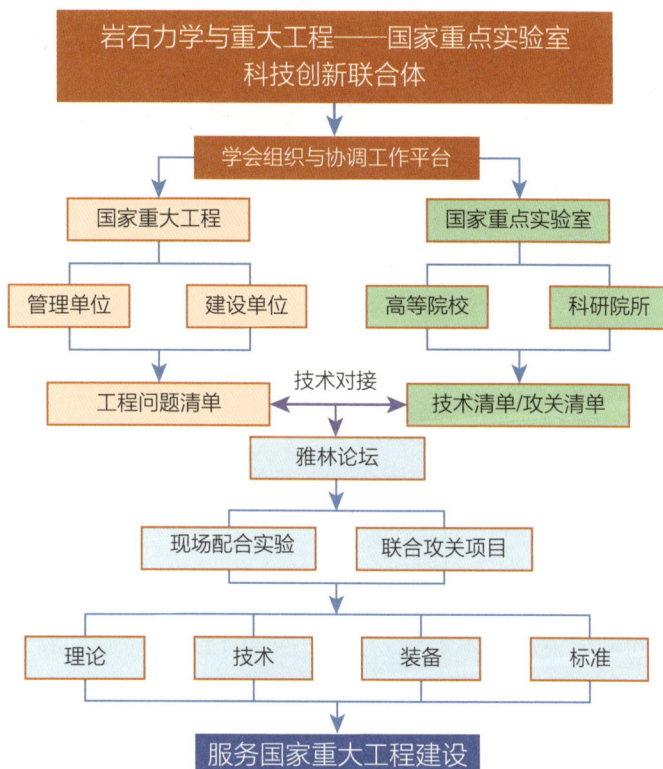

联合体科技创新路线图，体现的理念是：直面问题、结合工程、战略统筹、优势互补、避免重复、强化服务，形成战略科技支撑

2019 年、2020 年又相继举办 9 场"川藏铁路建设理论与工程对接"专题高端论坛，均采用"直面问题、结合工程、深入研讨、商定对策"的形式，到交通工程沿线各工程技术难题现场组织召开了系列高端专题论坛，对十大科学问题与工程技术难题逐一进行深入研讨，并形成《科技工作者建议》上报中国科协。

2021 年 2 月，中国岩石力学与工程学会发起成立"岩石力学与重大工程——国家重点实验室科技创新联合体"（以下简称联合体）。

服务川藏铁路建设，凝练科学工程难题

持续发力

在相关工作的基础上，中国岩石力学与工程学会分别于 2021 年 4 月和 11 月在西藏自治区林芝市举办了两届"雅林论坛"，16 位院士参会。

通过"雅林论坛"专家达成共识，发扬"两路精神"和青藏铁路精神，针对川藏铁路重大科学问题和关键技术难题，积极开展科技攻关，及时将科技成果应用到川藏铁路建设。

2021 年 6 月，学会举办"众心向党、自立自强"党史学习教育（引汉济渭）活动。中国科学院院士、理事长何满潮带队前往引汉济渭秦岭隧洞 TBM 施工段开展现场勘查，就岩爆防治技术研究进行交流研讨，为解决工程技术问题建言献策。

2021 年 12 月，学会一行 6 人赴云南省昆明市滇中引水建管局进行调研考察，交流研讨滇中引水工程中的岩石力学科学问题和技术难题。

目前，学会组织专家正在承担川藏地区铁路工程重大基础科学问题项目、青藏高原综合科学考察研究项目等；学会在"十四五"规划和中长期战略规划中，也把服务川藏地区国家重大工程建设作为今后 10 年到 15 年的重点工作。

久久为功

2022 年 7 月，联合体批复正式成立。该联合体由岩石力学与工程领域的国家重点实验室、工程管理单位、工程建设单位构成。联合体将重点在以下几个方面开展工作：

建立岩石力学重大工程高端科技创新智库。瞄准岩石力学国际前沿、国家重大战略需求和未来产业发展，跟踪国内外岩石力学领域的发展动态，研究并提出我国岩石力学前沿发展方向和技术路线，为国家发展战略、科技发展规划、重大工程建设和产业政策提供决策咨询。

建立岩石力学与重大工程原创理论与重大关键技术协同创新平台。整合国家岩石力学与岩土工程领域优势科研力量，承接国家重大战略任务等科技攻关项目，组织推动一批"从 0 到 1"的原创基础理论突破和重大关键技术创新，提升我国岩石力学与岩土工程领域整体科研水平，服务国民经济建设主战场。

构建国家重点实验室机制体制创新的策源地。通过联合体搭建学科国家重点实验室间的沟通交流、协同创新平台，创建有机互动、协同高效、资源开放共享的长效机制，形成共谋发展、联合攻关、协同改革的稳定体系，打破国家重点实验室间人才资源和体制机制壁垒，为国家重点实验室机制体制创新提供新引擎。

打造岩石力学与重大工程领域国家战略科技力量。面向国家重大工程需求，调动国家重点实验室、工程建设单位、工程管理单位、科研院所和高等院校等多方科技创新力量，按照优势互补的原则协调联合体内部各成员任务分工，凝聚科技攻关合力，加强人才队伍建设，做好优秀青年科技人才的发掘和培养，探索形成科技人才选拔、培养和评价的有效模式，形成岩石力学领域人才辈出的新局面。

建立技术推广、科技成果转化和重大工程服务平台。围绕国家重大工程建设的关键问题，筹办"雅林论坛"等技术交流平台，以信息化的方式搭建协同创新服务平台，促进国家重大工程的建设与管理单位同国家重点实验室的交流，深入国家重大工程一线，协调组织科技成果的现场试验与示范应用，加速推广本领域的新理论、新技术、新材料、新工艺等科技成果，搭建国家重大工程需求与行业领先科研成果的对接桥梁。

点评

　　联合体的成立，形成了岩石力学与工程领域的国家战略科技力量，将在事关国家安全和经济社会发展全局的国家重大工程建设中发挥重要支撑和引领作用。该联合体通过定期、不定期组织论坛、咨询、承担项目等多种形式，促进理论与工程的对接，紧跟工程进度，实现科技实时支撑工程需求，对"科创中国"建设作出了积极贡献，发挥了"赋能组织"作用。

发挥科技社团优势
服务党和政府科学决策

中国电机工程学会

　　积极建言献策，服务党和政府科学决策既是中央赋予科技社团的重要任务，也是加快建设中国特色一流学会的内在要求。

　　近年来，中国电机工程学会充分发挥人才荟萃、智力资源密集优势，紧密围绕能源电力科技发展需求，在高端科技智库建设、国家重大战略决策咨询、重要政策制定实施等方面开展工作，持续推动行业科技创新发展，不断增强为党和政府科学决策的能力。

建立高端科技智库　　开展重大战略决策咨询评估

　　为进一步整合行业技术优势力量，创新科技服务体制机制，提升学术技术水平，着力强化学会作为行业创新发展的支撑平台作用，中国电机工程学会建立了汇集行业内科研、高校、设计、生产、制造等领域 2000 余名专业技术人才的专家库。

　　入库专家遴选通过采用多维度指标综合考量，充分重视专家所属工作领域、资产隶属单位、地区等方面的均衡匹配，兼顾考虑专家本人资历、技术专业、经验，实现了智库资源的持续更新。依托智库专家资源，学会年均完成科技成果评价 250 多项、科技成果登记 400 多项，组织编制团体标准 80 多项，开展国际工程师资质认证 76 人，受理完成能源动力类专业工程教育认证 40 个，完成 42 家电力查新机构的资质周期复检和认定，为开展各类社会化公共服务提供了重要支撑。

　　中国电机工程学会积极参与国家重大战略决策咨询评估工作，先后承担完成了"'十二五'期间'863'计划作用与影响专题评估（先进能源技术领域）""《国家中长期人才发展规划纲要（2010—2020年）》在新型能源技术领域实施情况的评估"等重大战略决策咨询评估10多项。受国家能源局科技司委托，分别组织开展了"660MW超超临界循环流化床锅炉（CFB）重大示范项目"和"燃气轮机关键部件自主化制造项目"重大装备技术评估工作，为国家重大战略实施提供了决策参考。受国家能源局电力司委托，组织开展了"充电基础设施监控平台建设与运营项目"评审工作，为实现充电基础设施的全面互联互通和政府有效监管提供了重要决策参考。

编制高质量决策建议报告　参与政策法规制定

近5年来，中国电机工程学会先后承担中国科学院、中国工程院、中国科协、国家发展改革委基础产业司、国家能源局等单位委托的决策咨询项目30多项，组织编写了《构建我国新一代电力系统》《我国新一代能源系统战略研究》《雄安新区智慧能源系统战略研究》等多个高质量决策建议报告。特别是受国家能源局委托，编写的《新能源电力系统发展及其技术装备创新支撑研究咨询报告》获得国家能源局

《电力行业碳达峰、碳中和实施路径研究咨询报告》发布

有关领导的批示，为新型电力系统建设提供了决策建议。

受中国工程院委托，中国电机工程学会编写的《电力行业碳达峰、碳中和实施路径研究咨询报告》，由中国工程院面向社会正式发布，为我国制定碳达峰、碳中和实施方案，构建新型电力系统提供了重要技术支撑。

受中国科协委托，中国电机工程学会组织召开"新能源高层次研讨会"并编写《新能源高质量发展科技工作者建议》。2020 年抗击疫情关键时期，向中国科协编制提交了《关于加强应急状态下电力供应能力研究的建议》报告，为应急状态下电网安全稳定运行和可靠供电提供了科学决策建议。

中国电机工程学会还组织编制出版《新型电力系统导论》《"十四五"电力科技重大技术方向研究报告》《动力与电气工程学科发展报告》。2016—2021 年累计出版专业发展报告 53 本、专题技术报告 51 本，有力支撑行业技术发展和学科建设。

中国电机工程学会充分发挥行业学会具有的专业性、公共性、服务性和密切联系企业、熟悉行业、了解政策等优势，积极在行业法规政策制定方面发挥作用。

学会先后受国家能源局委托，组织编制了《防止电力生产事故的二十五项重点

学会组织编写的专业发展报告和专题技术报告

要求》《电力安全生产三年行动计划（2018—2020 年）》《〈防止电力生产事故的二十五项重点要求〉案例警示教材》《电力安全监管技术支撑体系》，对提升全国电力安全生产水平，保障电力系统安全稳定运行和电力可靠供应具有重要意义。

根据有关工作安排，中国电机工程学会参与《中华人民共和国电力法（送审稿）（修订）》征求意见讨论，参与《电力安全生产"十四五"行动计划》中有关电力安全新技术应用发展方向的编制工作，参与《专利法实施细则》修订并提出咨询意见，为推动相关法律法规的修订工作作出了积极贡献。

点评

10 年来，中国电机工程学会努力建设能源电力行业高水平科技创新智库，围绕行业热点难点问题，组织开展了立法咨询、专业报告、政策解读等多种形式的重大战略咨询研究和重大工程项目咨询，为党和政府科学决策与行业高质量发展提供了重要支撑，取得了显著成效。

《农业科学家建议》集思汇智聚力

中国农学会

1951 年，中国农学会成立，面对新中国百废待兴、百业待举现状，积极组织农业科技工作者为农业生产提升提出多项建议。如沈其益等专家联名提出《关于当前农作物病虫害防治工作的紧急建议》，列入中共八届十中全会正式文件。

从成立农林部、实施《改进中国农业计划》，到促进黄淮海平原农业发展、推进武陵山区农村开发等，一些农业重大事件背后都有中国农学会积极参与的身影。

党的十八大以来，中国农学会组织动员广大农业科技工作者建言献策，着力打造《农业科学家建议》决策咨询品牌，探索形成了可复制、可推广的制度化、规范化、长效化决策咨询工作模式。2021 年，已形成《农业科学家建议》20 期，报送 15 期，其中 4 篇被中共中央办公厅采用，5 篇得到部领导批示。

开展选题征集　加强组织建设

党的十八大以来，中国农学会面向有关农业高校、科研院所及农业科研杰出人才，每年征集 350 篇左右建议选题，选题涉及粮食生产、大豆油料、种子耕地、乡村特色产业等 10 个主要领域。每年结合中央一号文件、中国科协、农业农村部重点工作，组织专家从中优选出 100 篇左右。邀请农业农村部相关行业司局、部属"三院"及规划院主要负责同志从 100 篇中遴选 30 篇建议选题，作为年度编发任务。

同时，加强编委会、专家组建设。编委会由主编、副主编、编委组成，负责策划提出当年的重点选题。专家组邀请农业农村部机关行业司局、中国科协相关部门的负责同志组成，负责对选题的把关。并组织邀请"两院"院士、神农英才、农业科研杰出人才、农业产业技术体系首席专家、国家科技奖和神农中华农业科技奖获

征集

面向有关农业高校、科研院所及农业科研杰出人才，征集了340篇建议选题。选题涉及粮食生产、大豆油料、种子耕地、乡村特色产业等10个主要领域。

遴选

结合中央一号文件、中国科协、农业农村部重点工作，组织专家从中优选出108篇。

定题

邀请农业农村部相关行业司局、部属"三院"及规划院主要负责同志从108篇中遴选了30篇建议选题，作为2022年编发任务。

组稿

组织邀请"两院"院士、农业科研杰出人才、农业产业技术体系首席专家、国家奖和神农中华农业科技奖获奖人员以及农业科研教学单位科研人员开展决策建议报告撰写。

审定

形成的送审稿，需经领衔建议专家审核签字后，呈编委会审定。

呈报

1.向党中央、国务院报送的建议。2.通过中国科协向中央有关部门报送建议。3.向农业农村部党组、部有关司局报送的建议。

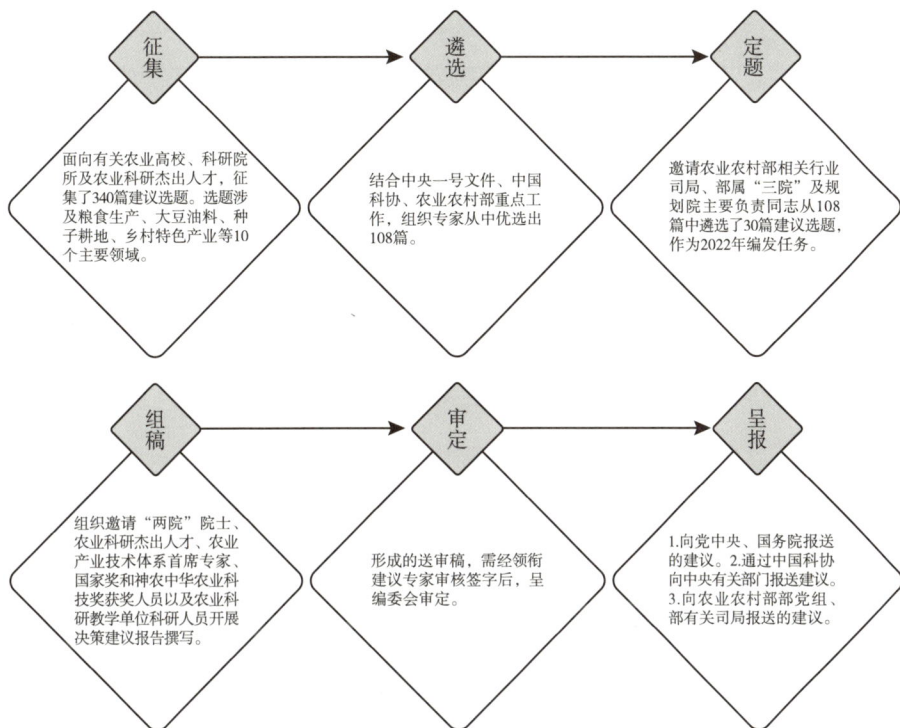

农业科学家建议工作流程，共有征集、遴选、定题、组稿、审定、呈报6个环节

奖人员以及农业科研教学单位科研人员开展决策建议报告撰写。

建立建言献策长效机制

审核机制。先后制定《农业科学家建议》起草参考模板和格式要求，组织组稿对象起草，动员学会秘书处广大青年干部积极参与实地调研、文献研究、提纲制定、初稿起草和交流研讨。形成的送审稿，需经领衔的院士专家审核同意后，呈编委会审定。

呈送机制。一是向党中央、国务院报送的建议。报农业农村部办公厅，经分管部长签发，以机要文件交换的形式，报国务院主要领导同志。二是向中国科协、中央有关部门报送的建议。通过中国科协《科技工作者建议》等渠道，将形成决策建议呈送中国科协、中央有关部门。三是向农业农村部党组及有关司局报送的建议。根据建议内容在与相关业务司局充分沟通的基础上，通过部内文件交换形式，报送部领导及有关司局主要负责同志。

激励表彰和工作保障机制。每年年底邀请农业农村部机关行业司局、中国科协相关部门的负责同志评选"优秀咨政建言成果"，对有重要批示或产生重大推动作用的成果，给予表彰鼓励，努力打造有影响力的品牌。中国农学会领导班子高度重视建言献策工作，将其作为新时期提升学会社会影响力的战略举措，纳入《中国农学会事业发展"十四五"规划》，提供专项经费保障工作顺利实施。

打造国家级高端农学智库

在中国科协的指导和大力支持下，中国农学会集思汇智聚力、高质量服务党和政府科学决策能力不断提升，决策咨询工作取得了丰硕成果。下一步，中国农学会将从三方面发力打造农学智库。

一是加强智库人才队伍建设。强化中国农学会粮食安全与重要农产品供给决策咨询专家团队、中国农学会乡村基础设施决策咨询专家团队建设，完善结构、充实力量。不断扩大"专家库"和"朋友圈"，逐步建设形成战略科学家、领军人才、青年人才、管理人才"四位一体"的智库人才梯队。

二是探索决策咨询工作"揭榜挂帅"机制。目前，《农业科学家建议》选题主要是面向广大农业科技工作者征集遴选。下一步，将组织编委会、专家组成员召开决策咨询建议工作谋划会，由中国农学会策划提出重点选题，并面向社会发布课题项目；同时，根据"三农"应急性任务及中国科协、农业农村部领导交办的研究工作，对选题进行动态调整，真正实现农业科学家建议选题"自下而上"和"自上而下"相结合。

三是抓好两个重点。一方面，为高层决策建言献策。立足全面建设社会主义现代化国家新征程重大需求，围绕乡村振兴战略实施和农业农村现代化建设，开展前瞻性、全局性、战略性政策研究，向党中央、国务院提出高质量的农业科学家建议。另一方面，服务农业产业和区域经济发展。围绕实施创新驱动发展战略，紧盯国内外科技发展趋势，开展农业科学评估预判，提出咨询建议。围绕区域经济社会发展、产业提质增效，开展政策创设、战略咨询服务，促进科技创新与经济社会发展深度融合。

点评

　　中国农学会广泛调动院士专家资源，聚焦"国之大者"，紧紧围绕实施乡村振兴战略和加快推进农业农村现代化，瞄准"四个面向"，聚焦"十四五"农业农村科技发展的"难点""卡点""断点"等问题编发《农业科学家建议》，得到了相关部门的高度重视，许多建议被决策部门采纳，有力地推动了相关政策出台、项目实施和区域发展。

构建中国林业智库平台
服务党和政府科学决策

中国林学会

中国林学会自成立以来，多次组织专家针对林业重大、热点问题开展广泛调研，提出了许多有针对性的建议。如，1962 年提出的《对当前林业工作的几项建议》、1986 年提出的《林纸一体化建议》、1999 年提出的《迅速遏制松材线虫病在我国传播蔓延的对策及建议》，2008 年提出的《关于重视和加强林业及生态恢复重建的建议》。这些建议受到了国务院、国家林业和草原局（林业部）和中国科协等领导的高

2015 年，中国林学会发起成立中国林业智库

度重视，为林业现代化建设作出了应有的贡献。

党的十八大以来，以习近平同志为核心的党中央高度重视智库建设，提出了"加强中国特色新型智库建设"一系列新理念新思想。

为了充分发挥学会生态、林业专家资源丰富的优势，为建设生态文明和美丽中国提供智力支持，2015 年 12 月，中国林学会牵头成立了中国林业智库。

多措并举　打造立体智库平台

中国林业智库成立以来，聚焦国家重大战略和林草改革发展重大问题，开展调研咨询。先后组织院士、知名专家聚焦"双碳"战略、林长制、国家公园体制改革、科学绿化等国家重大战略和深化集体林权制度改革、人工林企业创新、经济林果产业提质增效、森林草原防火等林草改革发展重大问题，组织开展调研和咨询活动，形成了一批有分量的咨询成果。重大专题调研产生的《关于设立国家公园节（日）的建议》《粤港澳大湾区生态环境保护与生态系统修复的建议》《关于自然教育的发展报告》和《经济林果产业亟待提质增效》等建议获得中办专报单篇采用，极大提升了中国林业智库服务高层领导决策的功能。

中国林学会创办了《林业专家建议》，作为刊登林业专家建言献策文章的重要载体。学会积极组织科技工作者围绕林草改革的重大、热点问题建言献策。《林业专家建议》自创刊以来，先后围绕深化"双碳"战略、国家公园、粮油安全、天然林保护、林长制、林权制度改革、林业科技推广、林业文化遗产等主题，策划刊发专家建议 46篇，其中，近 30 篇建议得到了上级部门的批示和采纳，为服务党和政府科学决策作出了重要贡献。为了传播智库成果，学会先后出版了《林业专家建议汇编》（1～3 册）。

学会还举办现代林草业发展高层论坛，搭建高层领导与知名专家学者的对话平台，服务林草改革发展大局。论坛邀请国家林业和草原局、中国科协、中央农村工作领导小组办公室主要领导和中国科学院、清华大学、北京大学、国务院发展研究中心等单位知名专家围绕气候变化、国家公园、林业与乡村振兴战略、退化草地修复等林草业发展综合性、战略性问题开展对话交流，形成了一批有影响力的观点和建议。

凝练科技创新战略方向，引领林草科技工作者聚焦靶心，开展联合攻关，是中国林业智库服务科技创新和科技工作者的重要手段。学会先后组织开展了"十大林

《林业专家建议汇编》（1~3 册）

草科学问题和工程技术难题"的征集活动，并组织召开 4 次高层次专家咨询会议进行了研讨和凝练，于 2020 年最终遴选出 10 个重大林草科学问题和 10 个重大林草工程技术难题。90% 的问题难题纳入了国家大科学计划。

完善机制　提升服务科学决策能力

为了加强对智库建设的领导，中国林学会理事会成立了决策咨询和继续教育工作委员会，每年召开 1~2 次专题的智库建设专家咨询会，在重大调研、建议选题、论坛策划、咨询形式等方面发挥核心引领作用。

经费是学会开展智库建设、服务党和政府科学决策的重要保障。学会将智库建设列入年度重点工作，确保学会公共经费和"一流学会"建设经费中拿出固定经费进行智库建设。同时，充分利用中国科协与国家林草局战略合作，共同支持中国林学会建设世界一流学会的机遇，主动策划相关决策咨询、论坛等活动，积极争取经费支持；积极申报国家林草局、中国科协等部委相关研究、技术服务等项目，多渠道拓展智库建设经费来源。

学会还积极完善智库成果的产生机制。定期开展年度重大调研和《林业专家建议》选题会，明确决策咨询选题方向；充分调动各分会、专业委员会的积极性，支持分会、专业委员会围绕林草改革发展和林草科技创新开展专题调研和决策咨询，形成上下联动的机制；挖掘学术会议、重大科研项目成果的政策价值，凝练政策建议和学术综述，丰富智库成果渠道；完善《林业专家建议》审稿和凝练程序，建立智库成果专家盲审制度和编审制度，提升专家建议的文稿质量。

在智库成果的发布与应用机制方面，学会拓展智库成果的发布渠道，加强对《林草局专报》《科技工作者建议》等渠道的投稿，形成服务党中央、国务院和林草部门科学决策的工作体系；通过主流媒体、学会网站和学会各类活动等途径发布智库成果，加强智库成果宣传和应用；每年围绕国家重大战略和林草改革发展重大问题开展咨询，持续发布中国林业智库报告。加强智库成果采用情况的追踪力度，及时掌握领导批示和部门采用情况，及时反馈智库专家。

点评

中国林学会以中国林业智库为依托，广泛组织科技工作者围绕"国之大者"开展决策咨询活动，着力打造"调研、专刊、论坛"等立体智库平台，突出学会的科技特色，探索了一条适合学会特点的智库建设道路。持续输出高质量的智库成果，围绕重大问题持续发声，多篇智库建议得到上级领导批示，服务党和政府科学决策成效显著。

"标准"助力新冠肺炎疫情防控

中华预防医学会

2020年以来，中华预防医学会迅速响应，制定发布了《新型冠状病毒样本保藏要求》《新型冠状病毒疫苗预防接种凭证基本技术要求》《预防接种车基本功能》等团体标准，组织起草了《疫苗追溯区块链技术应用要求》团体标准。

以上系列标准，为的是及时总结新冠肺炎疫情防控工作中的经验，将已达成广泛专家共识和已有效实施的防控技术方法转化为标准，用标准指导各地高效开展常态化疫情防控工作。

团体标准转化为国家标准的成功案例

《新型冠状病毒样本保藏要求》（T/CPMA 019—2020）于2020年12月正式发布，由中国疾控中心牵头多家单位起草完成。其内容分别从保藏信息与保藏条件基本要求入手，对应数据库与实物库两大部分，描述新冠病毒样本保藏必要信息、条件与要求，为规范开展新冠病毒样本的筛选与保存，并为新冠病毒样本保藏以及相关监管评价提供了重要指南。2021年，《新型冠状病毒样本保藏要求》被国家标准委立项转化为国家标准，这是目前我国卫生健康领域首个团体标准转化为国家标准的成功案例。

《新型冠状病毒疫苗预防接种凭证基本技术要求》（T/CPMA 024—2020）由山东省疾控中心牵头，中国疾控中心等多家单位参与起草完成。其中规定了新冠病毒疫苗预防接种凭证的基本技术要素，包括接种凭证内容、预防接种凭证样式和预防接种凭证输出方式等。该标准为学会组织制定的全国首个疫苗接种凭证标准，发布后得到了国家卫生健康委采纳推送至国务院客户端、国家政务服务平台。

2021年，学会还发布了《预防接种车基本功能》（T/CPMA 025—2020）团

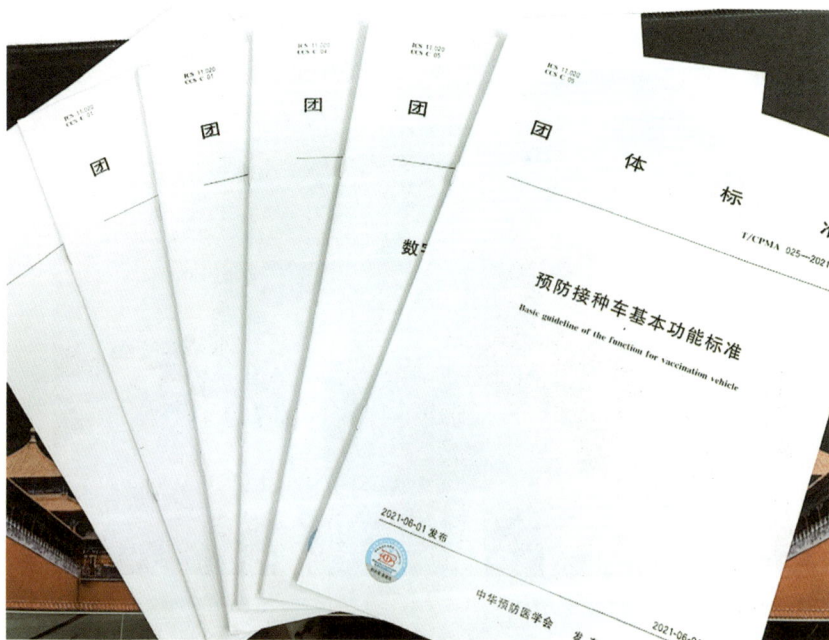

中华预防医学会发布并出版《预防接种车基本功能标准》

体标准，为我国新冠病毒疫苗接种车大规模投入生产以及国际输出提供了技术参考。

2022 年，学会组织中国疾控中心等多家单位起草了《疫苗追溯区块链技术应用要求》团体标准，该标准聚焦疫苗追溯信息管理需求，提出了应用区块链技术实现疫苗追溯的基本要求，是落实《"十四五"国家信息化规划》《关于加强数字政府建设的指导意见》等国家战略和《疫苗管理法》等法律法规的具体举措。

探索性研究和创新性实践

在培育公共卫生领域优秀团体标准的同时，学会积极开展系列团体标准的探索性研究和创新性实践。

2018 年至今，学会连续 3 年获批中国科协团体标准研究项目。

2020 年，受国家卫生健康委委托，学会组织开展了卫生健康领域团体标准管理机制研究，并牵头起草了卫生健康领域团体标准实施指导意见供政府决策参考。

2021 年，学会面向标准起草人举办了标准质量提升培训班，全国公共卫生领域近 100 名标准起草人参加了此次培训，进一步提升学会团体标准编写质量和价值影响。

中华预防医学会组织举办标准编写质量提升培训班吸引了近百名标准起草人，
课程安排和课堂效果得到了培训对象一致好评

2022年，学会启动了《中华预防医学会团体标准制定程序手册》《中华预防医学会团体标准汇编》和《中华预防医学会团体标准实践与探索》相关标准专著编撰工作。

其中，《中华预防医学会团体标准制定程序手册》旨在对标看齐国际标准化制定程序，研究制定出符合当前条件下的具备国际研制水平的标准制定规则。该手册将为高质量的标准输出提供支撑。

学会团体标准平台价值得到了越来越广泛的认可。截至目前,学会共批准发布团体标准 27 项,这些标准均为公共卫生领域多年研究和实践的学术成果,有效填补了我国现有卫生标准的空白。

点评

中华预防医学会自 2017 年受国家标准委批准,启动开展团体标准工作。本案例将新冠肺炎疫情防控中成熟的经验方法转化为标准化成果,用标准指导疫情防控科学、精准开展,保障公共卫生安全。

汇聚国际专家资源
保障雄安战略落地

中国城市规划学会

2017 年，国家决定设立河北雄安新区，这是以习近平同志为核心的党中央做出的一项重大的历史性战略选择。雄安新区的历史意义不言而喻，它将作为标杆推动国家的高质量发展。关于雄安新区的规划建设工作，中央明确指出要坚持"世界眼光、国际标准、中国特色、高点定位"，用最先进的理念和国际一流的水准开展雄安新区的规划设计。

为贯彻落实中央对雄安新区发展的指示精神，在新区规划建设工作启动后，中国城市规划学会为该项工作提供了多次技术服务，在国际规划界产生了巨大影响。

坚持全球视野　充分发挥国际影响力和号召力

雄安新区启动区城市设计是雄安新区建设工作的首要环节，中国城市规划学会于 2017 年 6 月启动了服务雄安新区规划建设的系列工作，并率先发布了雄安新区启动区城市设计国际咨询建议书征询公告，搭建国际化咨询平台，吸纳全球优秀的规划设计机构参与该项工作。

2017 年 6 月，中国城市规划学会发布了"河北雄安新区启动区城市设计国际咨询建议书征询公告（中英文）"，并通过国际城市与区域规划师学会及法国、美国、意大利等国家的规划专业团体的组织体系，向全球发布了雄安新区启动区城市设计国际咨询的信息。

公告发出短短一周时间，组织方就收到了来自英国、美国、德国、法国、西班牙、意大利、荷兰、丹麦、瑞典、俄罗斯、澳大利亚、日本、韩国、马来西亚、新加坡等国家以及我国香港、台湾地区的著名公司和研究机构的报名申请。据统计，共有279家国内外单位提交了正式报名材料，这些设计机构组成了183个设计团队，其中包括国际、国内著名公司组成的设计联合体67个。

雄安新区的城市设计工作技术难度很大，时间紧、任务重，在有限的时间内能够得到国内外规划设计机构的积极响应，吸引如此众多著名设计机构报名参加，充分反映了雄安新区规划建设在全球的影响力，凸显了我国在重大工程咨询领域向世界开放市场的态度和博采众长的包容精神，也体现了中国城市规划学会在国际城市规划界的号召力和影响力。

贯彻平台思维　遴选顶尖国际规划团队

中国城市规划学会落实党和国家战略的另一个优势，在于组织能力。学会通过组织国际研讨会、专家咨询会、技术论证会等，吸引来自不同国家、各有专长的设计机构献计献策，也有助于在雄安新区建设过程中博采众长，运用最先进的理念和使用国际一流的城市规划技术力量。经过前期的国际征集，学会组织专家评审团在

雄安新区现场调研

260 多家报名单位中遴选出的 12 家国内外优秀设计机构（联合体）。

2017 年 7 月 14—16 日，河北雄安新区启动区城市设计国际咨询第一次现场咨询会在保定市举行，中国城市规划学会承办了此次会议。来自国内外的 12 家设计机构派出团队来到保定，并到新区现场踏勘，就本次城市设计相关内容进行热烈讨论。

2017 年 7 月 26—27 日，河北雄安新区启动区城市设计国际咨询第二次咨询会在北京市举办，中国城市规划学会继续承办。大会分别听取了 12 家咨询团队前一阶段城市设计工作进展情况和对本项目的初步理解，对各设计方案提出建设性、引导性的意见和建议，并对各团队提出的 70 多个问题逐一进行了解答。

本次国际咨询不仅在国内规划、建筑等领域引起强烈反响，也得到国际规划设计界的高度重视。中国城市规划学会向国际规划界发布雄安新区启动区城市设计国际咨询的信息后，共有 103 家境外设计机构，以及部分在华注册的外资设计机构报名参与，国内 176 家实力雄厚的设计机构报名。

这将有助于用最先进的理念和国际一流的水准进行城市设计，实现党中央提出的"世界眼光、国际标准、中国特色、高点定位"的目标。

融汇多方智慧　为规划实施提供技术指引

受河北雄安新区委托，中国城市规划学会承接了《雄安新区规划技术指南（试行）》（以下简称《指南》）的研制工作。2018 年 4 月 26 日和 5 月 14 日，《指南》项目启动会和第一次技术研讨会先后在北京、雄安召开，围绕《指南》基本要求、研究技术路线、分工与进度安排等问题展开讨论，明确任务要求。

2018—2019 年，中国城市规划学会组织了来自北京、上海、天津、南京、深圳等地的 12 家顶级规划研究团队共同推进，邀请 20 多名院士、100 多位专家参与《指南》的编制工作，历时一年多的时间编制完成。

编制《指南》工作标准高、任务重，更是对我国城市规划转型发展具有重大影响。编制工作采取"专家领衔、多方协同、系统集成、面向实施"的工作思路，由中国城市规划学会的标准化工作委员会为核心，行业权威专家组成顾问组和执行组，全程指导和参与编制工作，把握技术路线和研究深度。

同时，集聚北京、上海、天津、深圳等国内一线城市规划编制团队和清华大学、同济大学、东南大学等知名高校规划研究和设计力量，协同雄安新区规建局和编研

《雄安新区规划技术指南》结题会议

中心，共同参与研制工作。工作过程中，还邀请相关国际规划组织和机构、有关 IT 企业共同参与此项工作。

2019 年 5 月，《雄安新区规划技术指南》项目结题研讨会在雄安召开，《指南》的成果质量得到高度认可，一次性评审通过。《指南》施行几年来，得到主管部门、设计机构和相关企业的肯定，发挥了重要的作用。目前，中国城市规划学会正根据需求进行《指南》的修订工作。

点评

科技社团凝聚了大量专业人才，具有组织边界柔性化、社会化、非营利性等典型特征，在提供科技评估、决策咨询等公共服务方面具有独特优势和巨大潜能。中国城市规划学会近年按照中国科协部署，积极争取各项资源、努力拓宽业务范围、提高科技类公共服务水平。通过一系列项目的实施，中国城市规划学会探索和打造了多个社会化科技公共服务品牌，通过将智力资源与地方一线需求对接，不断增强学会服务党和政府科学决策的能力。

"集智攻关"科学布局专业智库体系

北京市科协

从 2017 年开始，北京市科协整合优势资源，按照"自愿合作、考察评审、审核批准"程序，在一批既有决策咨询基础，又有中长期、战略性、前瞻性研究潜力的学会、高校和科研院所中，设立 20 个专业特色明显、涉及自然科学领域、半实体化的专业智库基地。

几年来，这些专业智库基地发挥"集智攻关"优势，积极建言献策，产出各类决策咨询成果 600 余篇，超 1/3 的成果被中央单位、北京市领导、北京市相关部门批示或者采纳，成为首都新型科技智库体系的重要组成部分。

实行首席专家负责制

智库基地研究领域覆盖通信技术、科技情报、智慧农业、公共卫生、集成电路半导体、智能装备、人工智能、新能源材料、科普政策等首都科技创新和高精尖产业方向。

为了健全智库工作运行机制，提高智库的专业性，北京市科协要求各个智库基地实行首席专家负责制，由行业领域内知名专家担任。通过首席专家的设立，智库很好地吸引凝聚全国范围内本领域的优秀科技工作者参与北京市科协专业智库建设。

除此之外，各个基地在基本运行管理制度基础之上，陆续建立智库工作委员会、基地理事会决策议事制度、专报征集机制、选题决策机制等维持智库健康运行。

各基地还建立"平战结合"的应急机制，面对突发热点问题，发挥基地联系广泛、人才聚集的优势，形成一批快速响应、专业视角、操作性强的问题建议。

建体系　育人才　出成果

为了转变过去单一的成果导向，北京市科协印发相关管理办法，在统一管理制度的基础上，指导各个智库基地结合工作实际分别制定管理办法，目的是最大限度发挥智库基地特长优势，广泛吸收专业人才，建设开放型基地。

有了制度上的保障，还需要研究力量的支撑。为此，北京市科协鼓励智库从单一的做课题转变为整合研究项目，广泛参与决策咨询活动，以此来吸引汇聚各方专家，打造科技人才"蓄水池"。同时，北京市科协还开展有目的、有计划地"一对众""一对一"等形式的培训或辅导，引导科技工作者从调查研究中增强提炼问题的意识，增强与理论对话的意识，培养出一批理论和实践相结合的决策咨询队伍。

在创新研究方式上，北京市科协通过智库设置"规定动作 + 自选动作"的工作模式。每个基地确定一个研究主攻方向，设立专门的课题研究，同时开展大量自主选题、追踪式研究，推动智库基地聚焦首都高质量发展和国际科技创新中心建设，各显其能、献计献策。

与此同时，北京市科协还建立了成果挖掘机制。鼓励智库基地挖掘已经取得的研究成果，从中找亮点、做对比、提问题，深度转化成为决策咨询报告，赋予束之高阁论文报告新的决策咨询价值。

再就是创新"交往圈子"。过去，北京市科协往往是"自己干"，现在已转变为主动与相关部门紧密联系合作。通过广泛联系来自科技部、中国科协、国家自然科学基金委、北京市委研究室、北京市政府研究室、北京市科协九届常委会决策咨询委员会、高校和研究单位的 50 多名专家，建立专家库，邀请专家们深入参与确定选题、课题评审、成果转化等环节，共同参与智库建设。

科学决策服务区域发展

随着决策咨询质量的提升，北京市科协决策咨询工作得到了越来越多部门的关注。而且，北京市科协充分调动各方资源力量，努力发挥智库在服务首都区域发展、社会治理、重点工作等方面的作用。

2020 年初，新冠肺炎疫情防控形势十分严峻。北京市科协迅速发挥智库基地的

2021 年 6 月，"科技赋能 助力冬奥"智库研讨会

优势，2020 年春节期间就上报 10 多篇专题建议，到五月份已上报专题政策建议百余篇，10 篇被中央相关部门、北京市领导采纳或批示，为科技战"疫"贡献了智慧和力量。

值得一提的是，在开展"科技冬奥"的工作中，北京市科协举办"科技赋能 助力冬奥"主题研讨会，邀请冬奥组委技术部及相关项目成员与各智库基地代表面对面交流，助推北京市科协地理信息与智慧城市专业智库基地同北京冬奥组委项目组就"关于做好 2022 年冬奥会、冬残奥会地图服务的建议"达成合作。此外，还有多份来自智库基地的咨询建议得到相关领导的批示。

围绕区域经济社会发展，北京市科协还调动智库资源向区科协下沉。例如，北京市科协与通州区政府签订了 2022 年度合作意向书，将通州区农业专业合作社的发展需求和北京市科协现代农业专业智库基地资源进行对接，后续还将开展"智库专家通州行"活动，在科技成果转化、高新技术试验示范与人才培养等方面开展深度合作。

点评

　　把科技创新的种子播撒到基层的土壤，用科技人才的智慧火花点亮一线科技的未来。推动决策咨询创新升级是科技类智库发展的必由之路，也是服务党和政府科学决策、推动科技创新发展、融入社会治理引领社会思潮、团结凝聚科技工作者投身主战场的必然要求。北京市科协"专业智库"大胆探索内部治理和运行模式新道路，激发智库内生动力，畅通科技人员释放价值的渠道，让科协组织成为有温度、可信赖，有活力、见实效的科技工作者之家。

夯实产业发展道路　智库来支招

天津市科协

2018 年，王静康、饶子和、朱坦等百余名院士专家，从国际视野和全国视角，对天津市 10 个重点产业进行了历时 1 年全面细致的调查，并在充分调研的基础上认真分析产业现状、存在问题、发展优势和劣势，形成了系列报告（总报告、分报告、专题报告和调研专报），依托调研成果形成了天津市 10 个重点产业基础数据资料、产业发展政策建议和产业招商指南等 500 余万字的研究成果。

2018 年 3 月，天津市科协向市委分管领导报送了《关于发展天津市重点产业产业链的建议》，成为市委、市政府和有关部门单位重要决策参考，获得天津市委书记李鸿忠、时任市长张国清以及分管市领导批示肯定。相关建议得到天津市发改委、市工信委、市科委等单位应用，被纳入《天津市产业链高质量发展三年行动方案》中，为推动天津产业链优化升级，实现高质量发展、实现全国先进研发制造基地的功能定位提供了重要参考。

咨询服务成果丰硕

上述成果是天津市科协发挥科技创新智库作用的重头工作之一。为拓展天津市产业链、发展产业集群，结合京津冀协同发展战略、天津自贸区建设和滨海新区开发开放，实现中央对天津定位，天津市科协发挥科协联系广泛、智力密集、人才荟萃的优势，组织动员高端专家发挥科技智库作用，开展天津市重点产业产业链决策咨询调研项目，提供决策咨询服务。

2014 年 7 月，天津市科协通过《科技工作者建议》上报《关于当前我市重点产业产业链缺失现状及对策建议》，提出了强化产业优势、加强产业引导、规范产业管理和开展深入调研四方面建议，时任市委书记孙春兰做出批示：此建议很好，对于天

关于印发天津市产业链高质量发展三年行动方案（2021—2023年）的通知

来源：天津市工业和信息化局　发布时间：2021-05-10 19:30

关于印发天津市产业链高质量发展三年行动
方案（2021—2023年）的通知

市领导小组各成员单位，各有关单位：

经市人民政府同意，现将《天津市产业链高质量发展三年行动方案（2021—2023年）》印发给你们，请照此执行。

特此通知。

天津市落实制造强国战略暨
全国先进制造研发基地建设领导小组办公室
（天津市工业和信息化局代章）
2021年5月7日

咨询建议被纳入三年专项规划

津市完善产业发展规划，打造产业链，引导投资，形成好的配套条件很有意义，符合转变发展方式、调整产业结构、进一步形成产业集聚效应，提高产业能级的方向。

在各部门各单位大力支持下，天津市科协组织高层次院士专家，开展天津市重点产业产业链的决策咨询调研项目，对天津市十大产业发展进行深度调研，并依托调研成果形成天津市十大重点产业基础数据资料或目录，产业发展指导意见、目录或相关政策，以及天津市产业招商指南。

2015年10月，首次调研成果得到广泛应用。一是报市委、市政府领导和有关决策部门供决策参考；二是供有关部门作为制定"十三五"规划的依据；三是供发改委、经信委、国资委等有关政府部门作为重要产业基础数据；四是提交有关商务部门，为天津市面向国内外招商引资提供重要的信息帮助。

2017年，天津市科协继续组织王静康、饶子和、朱坦等100多名院士专家，从国际视野和全国视角，对10个重点产业进行了全面细致的调查。

2018 年 3 月，天津市科协向时任市委常委、市委教育工委书记程丽华报送《关于发展天津市重点产业产业链的建议》。程丽华两次做出批示，高度评价该报告站位高、视野宽、思考深，聚焦实际问题，研究应对之策，所提建议有分量、有质量，极具针对性，对有关部门推动产业链升级、实现高质量发展具有重要参考价值。

调研报告报送天津市主要领导阅示后，时任天津市市长张国清、副市长姚来英均做出肯定批示。

筹划管理显成效

在服务政府决策咨询过程中，天津市科协精心筹划，强化过程管理。

首先，天津市科协明确工作任务、目标要求，摸清产业链现状、产业聚集和集群状况、产业价值链及发展科技型中小企业群的拓展空间，提出产业链拓展、产业聚集、招商引资、产业价值链增值、发展科技型中小企业群的具体产业发展对策。

其次，做好前期准备，与有关部门单位加强沟通，对研究方向进行进一步调整和细化，就项目的研究总体构想、目标任务、组织领导、专家构成原则、工作流程、进度安排、经费使用原则等进行反复研讨，形成项目管理办法等一系列相关文件。

再次，动员 30 多个自然科学和社会科学学术团体、多名专家领衔，带领团队展开工作。举办高层研讨会，邀请专家建言献策，并形成 30 多篇专题研究报告，为深入开展课题研究奠定了基础。

最后，成立调研项目工作领导小组、专家指导委员会，对项目调研进展和阶段性成果进行考评，及时修正调研中出现的方向性问题，对调研阶段性成果进行评估，保证项目进度和质量。

以精细管理提升服务水平

该项目有超百位专家参与调研，其多领域、多学科交叉特色鲜明。在项目管理中，注重将自然科学和社会科学结合，将政、产、学、研的结合，对策建议更客观，成果更接地气，更具有针对性和可操作性。

管理细节落实中坚持四个弄清楚：坚持弄清楚每个产业完整产业链所包括的各个关键环节和相关企业和产品；弄清楚 10 个重点产业产业链的天津实际状况；弄清楚 10 个重点产业产业链拓展的未来发展思路、具体方向、目标和路线图；弄清楚

10 个重点产业为实现转型升级，需要重点引进、投资建设产业链的哪些关键环节，并引进优质资源以补上缺失环节，不断引导各个课题组提升成果水平。

点评

　　天津市科协立足自身优势、发挥桥梁纽带作用，团结凝聚科技工作者，以服务党和政府科学决策为目标，以服务天津市经济社会高质量发展为方向，聚焦天津市经济发展大局提出建议，为天津市推进制造业立市、加快建设全国先进制造研发基地做长远打算，具有较强的前瞻性和战略性。

　　该项目兼顾天津实际和国际视野，兼顾当前条件和未来发展。该决策咨询项目直接服务天津市委、市政府和相关部门，而且时间紧、任务重、要求高。在前期工作中，天津市科协主动作为，推动相关工作齐头并进，其经验可概括为精确定位、精细筹划、细致管理。因此能得到市领导高度重视，为推动天津产业链优化升级，实现高质量发展作出了重要贡献。

引智聚才打造服务高质量发展新窗口

福建省科协

民营企业是福建省经济发展的重要力量、科技创新的重要主体，但福建省民企普遍规模不大、人才缺乏，创新能力不足。2021年，福建省科协积极拓展中国工程科技发展战略福建研究院工作职能，在中国工程院地方研究院中率先推行院企战略合作，积极为院士与企业牵线搭桥，探索建立协同攻关工作机制，实现技术攻关"私人订制"。

从无到有　从有到优

中国工程科技发展战略福建研究院简称福建研究院，是全国首批成立的三家中国工程院地方研究院之一，于2019年6月正式启动运行，福建省科协负责其日常管理。

通过主动作为、积极探索，在福建研究院"从无到有、从有到优"的建设过程中，福建省科协总结出了一套独特的运行机制，也将它打造成为院士服务高质量发展的新窗口，让福建成为高端人才创新创造、大有作为的热土。

全国两院院士共有1800多位，在闽工作的院士只有22位，院士资源十分紧缺。福建省科协深入贯彻习近平总书记在福建工作时倡导的"不求所有、但求所用"人才观，将福建研究院定位为公益性、咨询性非法人高端科技智库，不设编制和职数，从直属事业单位抽调人员办公，实现引才聚才工作"轻装上阵"。

福建省科协紧密对接工程院9个学部，组建包含25位两院院士在内的39人学术委员会，建立22位固定服务福建院士、41位特聘院士队伍，需要时能够聚集并调动强大的院士智力资源，承担研究院工作任务。率先制定《中国工程科技发展战略福建研究院咨询研究专项经费管理办法（试行）》等一批契合实际、操作性强的规章制度，确保研究院规范有序运行。

2021 年 6 月 22 日，周济院士、李德群院士等率项目组赴青拓集团有限公司调研

推进院企协作

在福建省科协的积极"撮合"下，福建研究院分批与 175 家重点龙头民营企业签订战略合作协议，共征集企业技术需求 685 项，选出重点需求 117 项，组织 80 多位院士及其团队与企业对接，促成一批技术攻关合作意向，推动解决福建省企业技术难题。

企业加入院企合作平台，"下单"技术攻关需求，研究院专人跟进，分领域、分专业精准匹配院士，量身打造线上线下对接活动，推动院士"接单"，帮助企业技术攻关，实现从智力到生产力的高效转化。

3 年来，福建研究院聚焦福建省民营企业技术需求，组织近 70 家单位的 80 多位院士参与企业技术攻关。柔性引进院士实现了"量的飞跃、质的提升"，同时充分挖掘了院士背后的大院名所、重点实验室、重大专项中的科技资源，使福建研究院成为集聚创新资源的"聚宝盆"。

例如，为打破欧美垄断局面，北京化工研究院毛炳权院士与福建恒杰塑业新材料有限公司合作开展"耐高温高压聚乙烯（PERT）管道研发"项目；浙江工业大学高从堦院士与福建省蓝深环保技术股份有限公司合作开展"功能性纳米线材料开发和在 MBR 超滤膜上的应用"项目，破解纳米材料研发难题；广州大学郭柏灵院士与北卡科技有限公司合作开展"面向工业互联网的数据安全体系研究与产业化开发"项目，加快突破数据安全"卡脖子"技术；清华大学江亿院士与福建福清核电有限公司的"核能驱动零碳产业园"创新能源体系开发应用项目，推动福清核电零碳产业园项目成为国家能源领域去碳的国际示范工程；肖绪文院士与中建海峡建设发展有限公司围绕基于双碳目标的绿色建造与智慧建造的关键技术展开研究，提高企业在"碳中和"目标下的绿色建造、装配式建筑以及智慧建造等领域的创新研究能力。

2021 年 11 月，福建研究院专门举行"院士专家服务民营企业技术攻关签约活动"，遴选 50 项院士最新成果向民营企业重点推介，组织 30 个院士技术攻关重点项目集中签约。2022 年 8 月，福建研究院组织桂卫华、江亿、肖绪文等 8 个院士团队与民营企业在福建省科协第二十二届年会上集中签订项目合作协议。

院士团队与民营企业就项目合作进行签约

成为"窗口"品牌

几年来，中国工程院对福建研究院的做法经验给予充分肯定。中国工程院调研组就福建研究院组织模式进行专题调研，将福建研究院成立学术委员会，完善制度建设等创新做法，吸纳到《关于深化科技合作 完善地方战略研究院的整改方案》进行复制推广，重庆、浙江等兄弟省研究院纷纷学习借鉴。

同时，福建省科协将"引智聚才窗口"向下辐射延伸，各设区市政府指定对接部门和联系人员，建立日常联动机制，协同开展战略咨询与技术攻关。

2021年9月，福建研究院应邀在中国工程院地方研究院工作经验交流会上做了题为《实施五项工作机制，打造新型工程科技高端智库》的典型发言。福建研究院战略咨询、技术攻关等工作机制的具体做法，被《中国工程科技发展战略地方研究院建设与发展指导意见》采纳。

中国科协通过《一周要情》、官方微信公众号，向全国科协系统介绍福建研究院组织院士团队服务民营企业技术攻关的经验做法。福建省政府办公厅《今日要讯》刊登《省科协汇聚院士专家资源助力民企创新发展》，向全省直各部门、各设区市介绍研究院经验做法。

正是福建研究院"亮眼"的工作成效，让他们获得了主流媒体的高度关注。中国新闻网、《科技日报》等中央主流媒体都进行了宣传报道，充分展现了福建省良好的人才创新生态环境，营造了识才、爱才、敬才、用才的浓厚氛围。

点评

企业"下单"，院士"接单"，帮助企业解决"卡脖子"技术难题。福建省科协发挥引智聚才优势，将福建研究院作为服务企业科技创新的重要平台和窗口，为院士与企业牵线搭桥，组织开展协同攻关。福建省科协通过这项工作，集聚院士专家智慧，挖掘福建创新资源，有力推动企业科技创新，助力产业转型升级。为福建省创新发展提供决策咨询和科技引领，构建先行先试的工程科技新高地，助力福建产业转型升级和创新驱动发展。

锚定黄河重大国家战略
彰显科协组织智库价值

山东省科协

近几年，有关黄河流域生态保护和高质量发展的科技智库成果频繁涌现。其中很大一部分成果，都离不开山东省科协的努力。

围绕黄河流域生态保护和高质量发展重大国家战略需求，山东省科协坚持新型智库方向，在坚持高端定位、凝练主攻方向、注重成果质量上下功夫，积极服务党和政府科学决策，成效显著。

把各方研究力量集中起来

黄河流域生态保护和高质量发展的相关研究，一直是个热门话题。然而，各地研究者对黄河流域的相关研究较为分散，不成体系。

2019 年 9 月 18 日，习近平总书记在郑州主持召开黄河流域生态保护和高质量发展座谈会，提出并确立了黄河流域生态保护和高质量发展的国家战略地位，这极大地推动了这一问题被广泛关注和深入研究。

黄河流域的高质量发展，需要各方研究人员的集中献智。同年 12 月，山东省科协组织黄河流域沿线省区市科协及有关智库专家，召开黄河流域生态保护和高质量发展专题科技工作者座谈会，发起"关于协同推进黄河流域生态保护和高质量发展的倡议"，得到社会各界高度认同。

2020 年 9 月，在山东省科协的积极争取下，中国科协组织黄河沿线流域 9 个省市区科协及相关领域专家，在济南召开黄河流域生态保护和高质量发展协同智库建设座谈会，推动搭建协同智库平台；12 月，山东省科协又承办了首届黄河发展论坛，百位专家为促进黄河流域生态保护和高质量发展、助力山东省"走在前列、全面开创"建言献策。

2020 年 7 月，山东省科协组织智库专家到黄河沿线省区市开展调研

黄河流域生态保护和高质量发展的相关研究跨区域多、涉及面广，仅靠单方面力量难获成效，需要集中力量办大事。为此，山东省科协在前期整合院士专家力量的基础上，又围绕黄河流域生态环境、城市格局、动能转换等方向，策划举办了黄河国家战略研究主题峰会、"黄河流域生态产品价值实现"高峰论坛等，近千人参与。

在此基础上，山东省科协发挥山东省智库高端人才工作专项小组办公室职责作用，在山东省委人才工作领导小组下，协同山东省委组织部等 10 个成员单位，以黄河国家战略为主导，共同打造了一支具有战略科技人才、科技领军人才、青年科技人才与经济、政治、文化、生态、社会领域专家跨界融合的高水平智库团队，为黄河国家战略研究提供了稳定的人才智力支撑。

有关建议纳入山东省重大规划

在山东省科协的积极努力下，一系列重大成果逐步涌现：编制《黄河流域生态保护和高质量发展年度发展报告（2021）》，发布"黄河流域生态保护和环境治理指数"和"黄河流域经济高质量发展指数"，完成《济南新旧动能转换起步区发展规划》《打造山东制造强省产业生态》等重点发展规划。

早在 2019 年 9 月，山东省科协就依托山东省智库决策咨询专家队伍，组成"推动黄河流域（山东）现代农业协同发展"调研组，在山东省域内黄河沿线的 9 个城市深入调研，形成了《关于抢抓机遇发挥优势建设黄河流域（山东）现代农业科学城的建议》，获得山东省主要领导实质性批示，要求有关部门提出落实意见。

之后，山东省科协积极与有关地市进行对接，通过实地调研、座谈交流等方式，就可行性、操作性、实效性等进行实地考察和深入研究。2022 年，"支持德州建设黄河流域（山东）现代农业科学城"写入《山东省黄河流域生态保护和高质量发展规划》。

近年来，山东省科协有效发挥山东省智库高端人才工作专项小组办公室职责作用，立足科协组织服务党和政府科学决策职责，通过课题研究、决策咨询、理论研讨等形式，向山东省委省政府报送决策建议，《关于更好发挥山东半岛城市群龙头作用的建议》等一批建议获得山东省主要领导批示。

实现黄河研究重大成果集聚

能否围绕国家重大战略，深入研究重大理论和实践问题，提出有思想、有价值、可操作的报告对策，是衡量智库水平的重要标准。

2019 年以来，山东省科协协同各方，围绕生态环境、乡村振兴、产业体系等方向，积极开展重大课题研究和学术研讨，设立黄河流域生态保护和高质量发展重大研究项目专题，包括"四水四定"、黄河三角洲湿地保护等 15 个具体方向，通过实地调研、数据梳理、比较分析、系统研究，形成黄河重大国家战略的体系化研究报告。

不仅如此，山东省科协还有效发挥省级学会资源优势，通过"泰山科技论坛"品牌学术活动，策划举办了黄河流域现代农业高质量发展路径探索、黄河流域科技创新与高质量发展等十余场论坛活动，同时动员指导相关学会开展相关研究活动。

2021 年 12 月 20 日，在中国科协的支持下、山东省科协的积极推动下，黄河国家战略研究院正式成立。山东大学整合校内资源设立了研究院的内设机构，设置了 7 个研究中心。

山东省委副书记、省长周乃翔，中国科协党组书记、分管日常工作副主席、
书记处第一书记张玉卓出席并为黄河国家战略研究院揭牌

　　黄河国家战略研究院将协同黄河流域沿线省区市高校、科研院所、科协组织等，充分整合科技界力量，形成协同创新载体、战略研究阵地、人才共建共享渠道、数据支撑的智库平台，为打造全国首个区域协同创新智库提供可借鉴的创新路径和模式。

　　山东省科协还积极组织协同黄河流域沿线省区市科协、高校、科研院所以及相关智库机构，通过互联互通、资源共享、协同研究、成果交流，产生高质量的决策咨询成果，为推动黄河流域生态保护和高质量发展提供有力智力支撑。

点评

　　科技智库是国家软实力和中国特色新型智库的重要组成部分。山东省科协以服务黄河重大国家战略作为推动智库工作、更好地服务党和政府科学决策的有力抓手，在智库成果集聚、平台搭建、人才建设、成果落地等方面开展了一系列探索性工作，取得了积极成效，在服务重大国家战略方面彰显了科协组织的智库价值。

六、
推进科技成果转化

为企业发展插上科技的翅膀

中国仪器仪表学会

只要接触一下就能按下电梯，轻轻滑动就可以调节汽车座椅，这些充满"科幻感"的情节，都源于北京他山科技有限公司（以下简称他山科技）研发的人工智能触觉感知芯片。

他山科技作为一家成立于2017年12月的年轻公司，在中国仪器仪表学会的推动下，得到了快速发展，初步形成了具有国际竞争力、拥有完整知识产权的核心芯片技术体系。

在此期间，中国仪器仪表学会利用大量高校、科研院所的科技资源，按照企业需求，在中国科协和地方政府的政策支持下，整合各类创新资源和社会资本，采取"科研团队 + 企业 + 社会资本"联合攻关模式，共同开展共性技术研发或推动已有的科研成果向产品转化，在企业成长的不同阶段为企业发展赋能，梳理出了可复制、可推广的工作模式。

主动作为　对接资源

2019年初，他山科技参与中国科协企业创新服务中心核心关键技术专利分析研究项目。在中国仪器仪表学会的组织下，公司结识了国内外顶尖触觉传感研发团队，于2019年3月与曼彻斯特大学成立了人工智能触觉实验室，共同研发智能触觉芯片及传感方案。

在2019年中关村论坛重大成果发布会上，他山科技与曼彻斯特大学的第一个国际重大项目"AI触觉传感芯片项目"正式签约，该芯片于2021年9月流片成功并实现量产，解决了触觉多维感知信号同时解析的全球技术难题，拥有广阔的市场前景。2020年，公司参与了"科创中国"系列路演活动物联网专场，线上推介的"分布式类脑协同计算架构芯片及传感系统"技术项目受到产业专家和投资机构的高度关注和认可,大大提升了其在业界的知名度。

中国仪器仪表学会积极为路演项目寻求对接资源,先后多次组织专家深入企业了解需求,并与青岛西海岸新区、上海市临港区、成都市天府新区等地的科协和地方政府联系协调,开展服务推进技术项目落地,并成功对接南京浦口高新技术产业开发区,就"泛在触觉产业园建设"项目开展合作。

他山科技与曼彻斯特大学的第一个国际重大项目"AI触觉传感芯片项目"正式签约

专家调研　集智攻关

针对企业的需求,2020年9月,中国仪器仪表学会组织来自高校、科研院所、资产管理公司、行业协会、学会分支机构等16家单位对他山科技开展现场调研。与会专家制定了以企业为主体,整合国内外科技资源,建立联合实验室推动触觉传感科技成果转化的工作方向。

随后组织专家撰写完成了3.5万字的《机器人触觉传感器技术发展现状报告》,报告对触觉传感技术国际发展现状进行了详尽的解读,对公司开展科研攻关提出了针对性的建议。

2020年10月,他山科技参与了由中国仪器仪表学会组织召开的"国际智能传感与物联网合作联盟筹备工作会议"。会后经多轮沟通，与巴基斯坦科学家达成了合作意向，联合开展触觉传感器领域科研攻关。他山科技也被批准成为"国际智能传感与物联网合作联盟"的发起单位之一。

2020 年 11 月，中国仪器仪表学会在南京主办了"触觉传感技术与仪器发展研讨会"。参会专家与他山科技的技术人员进行了充分交流，为公司制定产品研发路线提供了重要支撑，同时为产学研合作打下了良好基础。

2020 年 12 月，华为科技有限公司、北京互感科技公司与他山科技，以联合实验室名义发布了 8 项开放性课题，吸引 21 个团队申请。他山科技与相关科研团队进行了深入交流，并组建了"视触觉融合灵巧抓取机械手"工作组，针对触觉传感、视触觉融合、电控及算法等技术领域开展联合攻关。

多方合作　产业落地

新冠肺炎疫情暴发后，他山科技响应政府号召，为科技防疫工作贡献力量，成功开发出了非接触式电梯按键产品"无接触智能电梯按键"，该产品可实现与电梯按键距离 2 厘米的人手隔空操控电梯，避免乘坐电梯时不必要的交互接触，有效阻隔了病毒的传播。

产品快速通过相关行业资质认证后，他山科技向北京市门头沟区各医院无偿捐赠 40 套总计价值 30 万元的"无接触科技防疫智能感知产品"，产品目前已在中关

中国仪器仪表学会科技成果转化服务活动调研

村门头沟园区、商场等场所得到广泛应用，并在多个城市推广使用。

2021年3月，在中国科协指导下，他山科技与中国仪器仪表学会签订了合作协议，联合国内外多所大学和科研院所，共同建立了触觉联合实验室并以企业的形式实体运营。实验室联合国内外各科研单位，围绕他山科技产业化应用方向开展广泛技术合作，力争聚集全国各高校、院所的专业力量，解决触觉传感器这一"卡脖子"问题。

2022年6月，经中国仪器仪表学会推荐，他山科技申报"科创中国"人工智能触觉创新基地，被中国科协认定为首批"科创中国"国际创新合作类创新基地。

目前，他山科技"AI触觉传感芯片"已流片成功并实现量产，该芯片是一款人工智能触觉专用芯片，具备识别材质的触觉感知能力，可测量区分出30多种材质；三维力感知精度处于国际领先水平，从根本上解决了触觉多维感知信号同时解析的全球技术难题。

点评

创新型企业尤其是中小企业要找到合作伙伴，实现产业落地，需要供需双方经过线下频繁、深入的了解，彼此建立信任关系，这个过程涉及知识产权、公司股权、技术成熟度、市场规模等一系列问题，沟通时间较长。在中国科协促进科技经济融合行动引领下，学会紧紧抓住发挥资源优势服务经济主战场这一重大机遇，围绕地方产业发展和企业需求，集聚整合相关科研力量和创新资源，面向企业需求开展科技服务，为企业发展插上科技的翅膀，为"科创中国"品牌建设添砖加瓦。

科技成果转化平台

中国电子学会

中国电子学会立足新发展阶段，完整、准确、全面贯彻新发展理念、构建新发展格局，抢抓新一轮科技革命和产业变革重要机遇，从"四服务"职责定位出发，以线上"科技成果转化平台"与线下"世界机器人大会"等品牌活动相结合的方式，不断强化技术研发与成果转化协同，推动科技成果转化应用，营造了"量质齐升"的良好局面，为经济社会高质量发展提供了强有力的科技支撑。

除搭建线上交流平台外，中国电子学会还做大、做强、做优线下品牌互动，采取展览展示、科研赛事、供需对接、项目路演、交流座谈等多种形式，不断推动科技成果落地应用。截至 2022 年年底，组织成果转化相关活动上百场，对接项目 500 余项，对接企业、投融资机构数量超 100 家，涉及投资金额 2 亿元，融资金额 5 亿元。

成立科技成果转化平台

为更好地推进科技成果落地应用，服务科技融合高质量发展，科技成果转化平台于 2015 年 11 月正式上线运营，旨在整合优质创新资源，构建覆盖全国的网络

2015 年 11 月 23 日，科技成果转化平台正式上线运营

化科技服务创新平台体系，为科技成果转化提供支撑服务。该平台通过新媒体、数字化等科技手段为企业、投融资机构、科研机构等搭建沟通对接、务实合作的桥梁，促进科技与经济深度融合发展，打通科技成果转化"最后一公里"。

7年来，该平台通过制度创新、交易创新、管理创新、服务创新，汇聚了来自高校、科研机构、企业等大量优势资源，形成了成果库、项目库、需求库、金融服务机构库等多渠道、跨领域等科技成果，内容涉及计算机、网络通信、信息安全、半导体、电子信息等40多个领域。累计搭建分平台10多个，实现科技成果转化项目3100余项，其中专利占比11%，技术项目占比89%。

线下重点活动搭建"产业之桥"

世界机器人大会在京举办7届以来，已成为机器人领域创新策源、产品发布、产业合作的重要开放平台，为推动科技成果转化、科技跨越发展、产业优化升级、生产力整体跃升贡献了力量。

2022世界机器人大会

多年来，大会在促进技术交流、深化企业合作、推动产业发展、厚植人才培育等方面深耕细作，拉近了中国与世界、产业与创新、技术与应用之间的距离，不断推动智能产业由技术走向应用，由理论走向实践。

此外，还形成世界工程组织联合会等30家国际机构资源库；诺贝尔奖得主、图灵奖得主、两院院士等2000位专家资源库；机器人企业、系统集成商、终端用户等1000家企业资源库等，为全球机器人领域搭建起沟通协作的"产业之桥"。

大会连续多年发布《中国机器人产业发展报告》《先进机器人与自动化学术会议论文集》《机器人十大前沿技术》《十大机器人应用热点产品》等重要研究成果，开展展览展示、赛事、先进技术成果对接、成果转化优秀项目路演活动、高校企业产学研合作、产业人才培养等活动共计100余场，为科技成果转化搭建了高端化、国际化、专业化的平台。

2016年12月，由工业和信息化部、河北省人民政府指导，中国电子学会、中国科协信息科技学会联合体主办，在河北固安协办了首届中国信息科技创新成果转化大会。本届大会以"推进信息科技成果转化，服务京津冀协同发展"为主题，汇聚科技、创新、创业、转化四大关键词，集中展示科技成果转化平台的新成果，进行政策解读，分享成果转化成功案例、创业成功经验，开展创科学院、项目路演等活动，促进线下成果转化，对接地方产业需求，助力经济社会发展。

2019年4月，在第十四届中国电子信息技术年会上，中国电子学会在合肥组织开展了科技创新成果资本对接路演活动，共有10多项科技成果参与。通过此次路演，清华大学微电子学研究所的研究团队同雅瑞资本就可重构芯片相关技术建立了精准对接。

"科创中国"促进科技经济融合

2020年9月，为深入推进铜陵市"科创中国"试点城市建设工作，中国电子学会组织开展铜陵专家行暨"百名专家进百企"活动。活动期间，中国电子学会、铜陵市科协、铜陵日科电子3家单位共同就中国电子学会成果转化中心（铜陵）分平台进行了签约。三方将加强资源共享，实现优势互补与协同合作，服务科技经济融合发展，促进科技成果转化，培养企业创新人才，服务产业创业发展。

同期，学会还组织相关专家一行深入铜陵富仕三佳、铜陵三佳山田、安徽耐科装备科技、铜峰电子4家企业开展"百名专家进百企"活动，通过赴企业车间一线实地参观，听取企业负责人对产品生产工艺流程等方面介绍，并召开座谈会就企业技术问题进行讨论，专家分别结合行业和研究领域给出解决方向和建议。活动围绕铜陵市电子产业发展，深入开展了会地、会企探讨，为进一步推进该地区电子产业高质量发展注入科技动力。

2021 年，学会继续深入推进青岛市"科创中国"试点城市建设工作，组建工业互联网产业科技服务团，组织、团结、引领广大科技工作者参与现代产业经济实践，充分发挥工业互联网领域的资源优势和渠道优势，围绕地方产业和企业需求，精准梳理青岛工业互联网领域产业集聚和产业发展难题，并与地方政府单位和相关企业建立了良好的合作关系，为产业链提供精细化、落地化服务，完善产学协同体系构建，推动科技成果转化，助力青岛建成核心要素齐全、融合应用引领、产业生态活跃的世界工业互联网之都。

其中，在聚焦工业互联网助推区域经济数字化转型行动中，树立了"科创中国"科技服务团深入服务地方经济发展的良好典范，该案例被列入科协年度优秀应用典型案例并在"学会服务 365"平台进行发表报道，加速了优秀应用案例的落地推广。

点评

中国电子学会充分发挥高端智力资源和创新资源集聚优势，依托线上线下活动、世界机器人大会等顶级行业平台的影响力及品牌力，帮助产业界解决重大战略中的关键技术问题，建立产学研联合创新平台，促进科技成果和专利技术推广应用。

多视角构建科技成果转化样板间

中国作物学会

2021 年 8 月，四川农业大学李平教授组织专家在邛崃制种基地开展水稻机械化制种测产暨观摩活动，测产结果与人工制种产量相当，吸引周边 100 多位种业企业技术负责人观摩学习，为下一步机械化制种技术的推广应用奠定了基础。

这只是中国作物学会牵头组建的"科创中国"沁农作物产业科技服务团助力科技成果转化落地的项目之一。

3 年来，沁农作物产业科技服务团先后组织千余人次科技服务活动对接"科创中国"试点城市四川成都、三亚崖州湾科技城、山西吕梁、内蒙古巴彦淖尔、天津市宝坻区等地，助力 116 项科技成果的转化落地，经济效益和社会效益显著。

以需求为导向服务产业发展

基于区域产业发展的总体需求，中国作物学会为各试点区域配备了国家、省级和地市级三级科研单位，为当地新农技培训、新品种引种示范观摩等提供技术引导帮扶和资源流动支持，促进科技成果在当地落地生根发芽。

中国作物学会在确定了服务区域以后，首先与当地政府、科协、农业主管部门及服务对象进行对接，梳理当地产业发展大致需求；随后根据发展方向导入相关专家资源，由领域专家、中国作物学会和当地科协和人民政府及服务对象共同研讨商定服务目标定位，并签订《共建"农业科技服务联合体——科技服务创新基地"合作框架协议》。

协议明确了当地人民政府或科协和中国作物学会在双方共建"农业科技服务联合体——科技服务创新基地"过程中的权利和义务，双方以此框架协议为大纲，协同合作，为区域产业服务。

基于当地产业发展的总体需求，中国作物学会为其配备至少 3 家科研单位，由国家级科研院所协同确定产业发展方向，地方科研院所和高校落地执行实施，通过培训区县乡村科技人才留在乡村，实时关注当地当时的农情，确保科技在身边，服务到地头。根据当地产业需求开展适于当地的农技培训、农业政策解读与利用、新品种引种示范观摩等提供技术引导帮扶和资源流动支持。

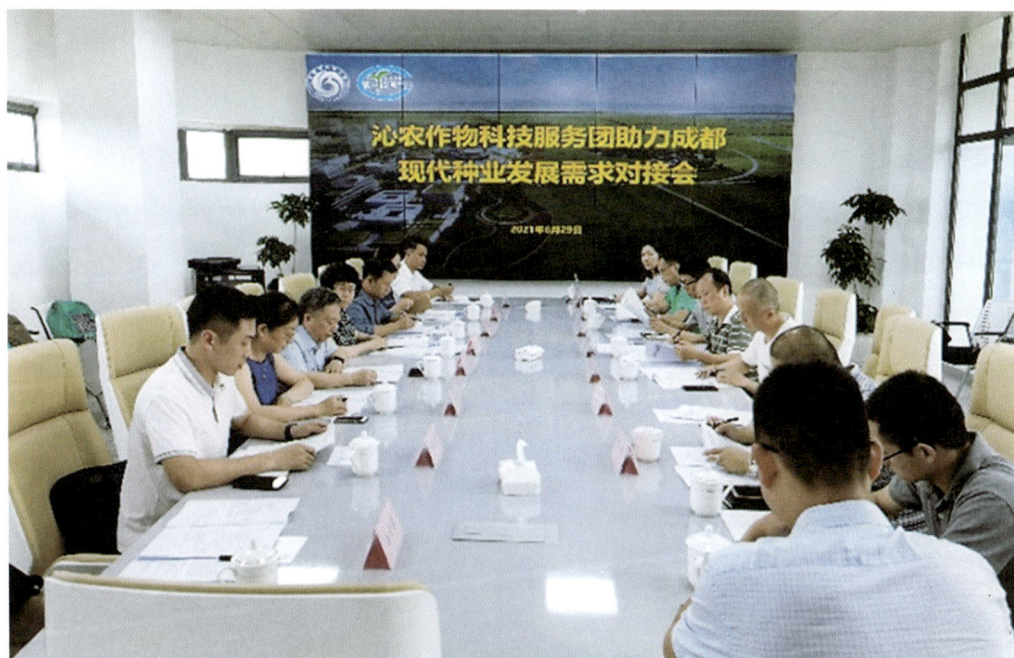

中国作物学会组织专家召开科创需求对接会

集聚各方资源优势

在明确了当地产业发展的定位、优势、需求及其短板以后，服务团整合资源制定了服务实施方案，并积极推动。

一方面，借助学会各类资源，宣传扶助支持当地产业发展需求。2021 年 7 月，学会利用承办"第 23 届中国科协年会——世界种子与粮食安全发展论坛"之机，邀请来自联合国粮农组织、国际玉米小麦改良中心等国际组织及我国种业界院士专家和项目负责人，围绕"粮食安全与农业可持续发展"作交流。同时，论坛将考察点安排在北京通州国际种业园区，促进两个园区管委会之间的互动交流。

另一方面，学会通过主办农技培训班、测产验收暨示范观摩会等活动，助力串联作物科技产业链全要素，畅通成果落地的堵点和弱点。2021年10月，首届"科创中国"邛崃天府农技培训班的举办，为科学家和企业家、农户搭建了交流平台。学会建立微信群，鼓励种植户提出需求，学会根据需求配备对口专家团队对接服务。

此外，学会协助当地举办各类科创活动，深度挖掘科技资源融入试点城市产业发展。

为有效促进我国种业科技自立自强，学会举办农技培训班、作物分子育种领域专业技术转移转化能力提升班夯实种植户和地方科技人员确保终端科技承接力；示范新品种新技术辐射带动区域产业发展，加快基层新品种和新技术的更新迭代，提升科技成果转化效能；参与发起国际种业科学家联合体、主办国际种业科学家大会、支持组建国际种业科学家智库，让种业科学家流动起来——"请进来""走出去"，加强国际交流合作，提升种业国际竞争力。

水稻机械化制种测产现场

多方协同共助区域农业发展

"科创中国"沁农作物产业科技服务团在服务地方、对接企业过程中，得到了中国科协"科创中国"试点城市试点组、当地科协和人民政府、园区管委会以及相关高校和科研院所的大力支持。

服务过程中,四川农业大学等单位既是需求的提出方也是成果的输出方。一方面他们了解当地产业发展现状,拥有适宜当地地域环境的优质种业资源;另一方面,他们也能提出最为迫切的科技难题。

而中国农科院相关科研院所和中国作物学会则成为需求对接方,成果输出方,在更高层次上协调科技资源,解决当地农业发展需求。当地科协、当地人民政府、园区管委会等负责协助协调当地相关农业管理部门、种业企业为学会开展活动提供人力、物力和平台等的便利条件。根据当地需求,有的放矢,多部门高效协同,服务团得以在乡村和试点园区开展科技成果优化的科技攻关,开展了多项科创活动,为作物科学成果转化落地助力区域经济发展发挥了积极作用。

服务过程中,邛崃科协、成都科协等地方科协与中国作物学会、中国科协成都试点组和三亚试点组协同组成"科创中国"科协服务支线;四川农业大学等当地科研院所协同组成科技服务支线;中国农业科学院作物科学研究所等单位组成共建种质资源联合实验室服务支线;邛崃市政府、邛崃科协、天府现代种业园等组成邛崃、崖州湾种业需求征集服务支线;四条支线服务路径清晰,分工明确,但又协同互通,围绕打造西南和南繁种业新高地,多举措高效整合资源输入邛崃和崖州湾,在当地科技团队的支撑下,让邛崃和崖州湾"接得住"科技资源,让科技成果在邛崃、崖州湾、吕梁、宝坻等地"留得下",落地开花结果。

点评

中国作物学会牵头组建的"科创中国"沁农作物产业科技服务团在服务乡村,助力科技成果转移落地巩固脱贫攻坚成果方面成效显著。究其原因,首先是定位准、目标明确,以需求为导向服务产业发展;其次是能够集聚各方资源优势,为"科创中国"服务当地科技成果转化对接的主要单位务实事、树典型;同时,在助力科技成果转化落地过程中,能够多方协同、各展优势、发挥所能,实现经济效益和社会效益双丰收。

滇桂黔石漠化地区的绿色之路

中国热带作物学会

"地里种的是什么？""石头去哪了？""岩窝现在好漂亮！"以前来过岩窝的人，现在再到这个小村庄必会发出"两问一感叹"。

昔日被岩石"包围"的小村庄，如今变成了"果上山、藤盖石、草盖地、花环村"的美丽乡村。这是中国热带作物学会牧草与饲料专委会通过学会平台联合植物保护、生态环境、薯类、园艺、南药、剑麻和科普等 10 个专委会，在贵州省黔西南州打造的第一个石漠化生态治理与特色作物高效种植示范基地，通过不同作物的搭配、技术集成和模式构建，成功缓解了石漠化区域"生活—生产—生态"之间的矛盾，实现了经济、生态和社会效益的共赢。

缘起黔西南　需求带动学会内部联动

石漠化区域的生态和发展是国家关注的焦点。为从根本上破解石漠化区域"越穷越垦，越垦越荒，越荒越穷"的死循环，2014 年中国热带作物学会理事长刘国道组织牧草与饲料专委会与理事单位——贵州省亚热带作物研究所成立项目组，开展了贵州石漠化区域农业产业发展的调研，探寻石漠化绿色发展新出路。

项目组调研发现，石漠化区域经济发展缓慢和生态破坏严重的根本原因是低效、单一的作物品种和传统的种植方式。

针对上述原因，项目组制定了通过高效特色作物配置和生态栽培技术集成来实现石漠化区域生态发展的方案，并选定黔西南州兴义市南盘江镇田房村为试点，开展特色作物品种的筛选、技术集成和生态栽培模式的构建。

根据黔西南州气候环境条件，项目组还组织牧草与饲料、棕榈作物、坚果、薯类、园艺、南药、剑麻、植物保护和生态环境专委会主要负责人，进行示范基地适

治理前

治理后

合种植特色作物及配套栽培技术的论证，最终确定以杧果和澳洲坚果作物为主栽作物，林下配合多年生药材和牧草种植的方案，构成了石漠化区域"上管收入、中管石头、下管生态"的特色作物栽培模式。

内部协作　造就田房村华丽变身

经过 7 年的努力和攻关，项目组筛选出适合贵州石漠化区域种植的杧果品种 4 个、澳洲坚果品种 6 个，筛选出适合贵州石漠化区域间作的牧草品种 4 个、高产饲草品种 3 个及三角梅品种 3 个。

针对石漠化区域缺水、肥易流失和管理困难的瓶颈问题，项目组研发集成杧果、澳洲坚果和牧草轻简化水肥管理和病虫害绿色防控技术 7 项、特色作物生态栽培技术 10 项、生态修复及根际调控技术 4 项，小规模设施养殖及农业废弃物高效利用技术 6 项、研发了石山棒棒缓释肥 2 种；构建了适合贵州石漠化区域的"果—草（药）—畜—肥"模式。

据了解，不同用途作物的筛选和栽培管理技术集成，不仅从根本上提高了农户的收入和减少耕作对土壤的扰动，还在石漠化区域建立了地面屏障和营养库，使土壤越种越多，越种越肥。

如今的田房村杧果、澳洲坚果都已经进入产期，杧果投产第二年，亩产鲜果 600 千克，产值 5000 元 / 亩，澳洲坚果投产第三年亩产鲜果 200 千克，产值 6000 元，较原来种植玉米增加 10 倍以上。

种植的杧果、澳洲坚果产期在 80 年以上，能源源不断地为农户增加收入，稳定的收入增强了农户改善生活的决心，家家户户都盖起了大房子，昔日的田房村已发生了彻底的改变，进入村庄是一幅绿水青山、花果飘香、生机盎然的景象。

因地制宜　确保模式"可复制、易推广"

我国石漠化区域主要分布在贵州、云南、广西、湖南、湖北、重庆、四川、广东 8 省（自治区、直辖市），其中滇桂黔 3 省（自治区）最为严重，石漠化面积达 7.79 万平方千米。

项目组与中国热作学会在各省市的分支机构和理事单位进行深度的合作，了解各地石漠化区域基本情况和产业发展现状，按照"上管收入、中管石头、下管生态"的配置方式构建适合当地的特色作物发展模式，实现石漠化区域特色作物生态高效发展模式在不同区域落地，确保模式的区域内"可复制、易推广"。

项目组构建了适合重度石漠化区域的"杧果间作绿肥还田（贵州、云南）""澳洲坚果间作绿肥还田（贵州、云南）""毛葡萄 - 光叶紫花苕轮换种植（广西）"模式和"剑麻 - 就地加工 - 麻渣还田（广西、云南）"模式 4 个，适合中度石漠化区域的"核桃 - 牧草 - 肉牛 - 沼液 - 还田（云南）"和"澳洲坚果 - 牧草 - 禽轮养（贵州、云南、广西）"模式 2 个，适合轻度石漠化区域的"澳洲坚果 - 经济作物 - 副产物还

农户丰收的喜悦

田（云南）"和"核桃－经济作物－副产物还田（云南）"模式 2 个；工程改造后石漠化区域的"猕猴桃－牧草－养殖－粪便还田（云南）"模式 1 个。

这些模式的推广不仅将石漠化变成了绿水青山，还变出了一座座金山银山。

截至 2021 年，贵州省共种植杧果 6.5 万亩，2018 年投产 1.5 万亩，总产值达 3000 万元，杧果产业已成为贵州亚热带石漠化区域致富奔小康的朝阳产业；云南临沧市累计种植坚果 262.77 万亩，成为全球最大的澳洲坚果种植区，种植面积接近全球一半；广西罗城全县种有毛葡萄 7.5 万亩，2019 年预计全县产毛葡萄 9000 吨，产值达 6300 万元。

点评

　　针对滇桂黔石漠化区域生态和产业发展的需求，中国热带作物学会通过学会平台，联合相关专委会，组建了结构合理、功能齐全的研发和推广团队，构建了适合不同石漠化区域的生态高效发展模式和推广模式，实现了石漠化区域生态、经济和社会效益的共赢。学会分支机构各省份成员通过开展技术的示范和推广，促进了石漠化区域生态与产业的发展，助力乡村振兴，这个案例也是中国热带作物学会各分支机构高效协同开展模式构建与推广的典范。

农机推广演示会打造"农机风向标"

河北省科协

2022 年 7 月 30 日，河北省石家庄市正定县立建农机专业合作社里一片欢腾。

正在这里举行的"'云上'农机地头展——2022 年（第二十四届）河北农机新机具新技术推广演示会"上，60 台套大型农机具一字排开，准备"华山论剑"，一试高下。

农机风向标

河北农机推广演示会素有"农机风向标"之美誉。

2019 年演示会现场

推广演示会由河北省农业机械学会组织主办，多家相关机构和企业参与协办，是为农机研发部门、相关生产企业搭建的成果展示交流平台和技术比拼擂台。展示会同时举办的学术交流会，充分体现了学、研、产、推多部门紧密合作，在相关领域具有较大影响力，受到业内一致好评。

每年的推广演示会都能吸引来自河北、北京、山东、河南、山西、吉林等多个省（直辖市）的农机生产企业和来自全国各地的农机管理、科研、生产、销售及农机大户等各类参观用户数千人参加。

从地头到"云"上

从 2020 年开始，演示会逐步从田间地头开始向"云"上发展。今年组织方更是做足了"功课"，为云上观众准备了航拍和直播，多机位、多角度，全景展现推广演示。现场直播包括主会场、参展展位会场、穗茎兼收试乘试驾会场以及青贮机试乘试驾 4 个会场，用户可在终端自行选择会场观看，直接感受到现场演示的魅力。

农业机械示范和推广的同时，离不开配套的机械化操作规程，农业机械学会在

2020 年演示会现场

组织展示演示的同时，还组织相关专家开展技术讲座，包括机械化实用技术、作物全程机械化推广和应用，并针对生产关键环节机械化管理技术、农业机械智能化等进行推广。

今年的推广演示会亮点是规模大、影响广、机具全、效果好。演示会重点辐射全国主要种粮大省（直辖市），并且形成了 5000 余名的来自该区域的农机管理、科研、生产、销售及农机大户等各类专业观众群体。演示、展出包括青贮机、玉米收获机、植保无人机、自走式植保机、蔬菜移植机、耕整地机械、播种机、拖拉机、花生收获机、穗茎兼收玉米收获机、镇压机、果园机械等在内的几十个大类的国内外农机设备，打造从耕整地、播种到管理，再到收获的全程机械化演示。

从参展产品来看，青饲料收获机、穗茎兼收型玉米收获机绝对是主场。这也是演示会定在 7 月底（此时华北平原大片玉米即将进入成熟收获时节，是生产企业和经销商宣传推广、用户选型备机的重要阶段）的重要原因。近年来，国外高端青贮机争相亮相演示会，克拉斯、克罗尼、约翰迪尔等美国、德国品牌相继进入国内，国产青贮机也不甘示弱，美迪、牧泽、中机美诺、勇猛、倍托等国产高端青贮机与进口机"一较高下"，美迪和中机美诺还将目前旗下最新、最大 4.5 米割幅的高端青贮机带到现场进行演示。

转化推广效益显著

遴选先进技术与装备在田间地头进行演示与展示，组织现场观摩，对接产品与用户，成为行业共同关注的开拓市场、宣传品牌、检验产品的重要方式。现场演示会可直接展现农机具的使用性能，且可以实现企业与用户的直接沟通，现场达成合作协议，是生产企业进行产品推广最直接、最有效的途径。

"近年来，随着我国农机装备产业的迅速提升、畜牧业的快速发展、玉米种植结构的有效调整，我国玉米收获机产业不断发展，尤其河北作为全国有名的农机生产制造基地，新产品、新技术不断涌现。"中国农业机械流通协会副秘书长苑同宝介绍说，"在此情形下，广大农机企业迫切需要一个平台向广大农民、用户群体推荐产品，广大农民、用户群体也迫切需要一个平台了解当前的新技术新机具，河北农机新技术新机具演示会起到了重要的桥梁和沟通作用，对推进农业科技成果转化作用巨大"。

点评

　　据主办方介绍，推广演示会之所以如此成功，和提前准备、精心筹划密不可分。

　　每年9月，组委会就开始为下一年做准备，商定办会地点，和该区域多部门进行沟通。为保障7月底能顺利进行演示，3月份就进行地膜覆盖播种，为试验演示提供早熟玉米，保证真实展现机具作业效果。演示会前，学会还联合农机推广部门积极组织，通过走访各大农机生产企业，引导企业参会。随着农业结构产业调整，演示会的产品从各类玉米联合收获机、耕整地机械、秸秆粉碎机械和小麦播种机械，逐渐扩大到青贮收获机械、秸秆收获机械、粮食烘干机械等。

　　可见，农机地头展"上云"过程中，学会在用心进行成果转化推广，正是这些细致周到的举措，才让科技转化推广服务深入人心。

"科技 110"快速反应机制
助力地方产业发展

辽宁省科协

有困难，找警察。而在辽宁，有个特殊的"110"：有难题，就找"科技 110"。

2022 年 8 月，习近平总书记在辽宁省考察时强调，全面贯彻新发展理念，坚定不移推动高质量发展，扎实推进共同富裕，奋力开创辽宁振兴发展新局面。

"科技 110"服务站便是辽宁省科协服务当地振兴发展的一个"缩影"。"科技 110"服务站致力于打造开放平台、汇聚创新资源、营造创新生态，为实现当地科技振兴贡献力量。

这里，咱们就聊一聊"科技 110"服务站的故事。

有这样一个"110"

铁岭不仅有大鹅、榛子、溜达鸡，还有驰名中外的葡萄。早在 2001 年，铁岭文选葡萄专业合作社就成为国内首家在葡萄方面通过欧盟有机食品（ECOCERT）国际生态认证的合作社，开创了我国的有机葡萄种植产业先河。

随着时光变迁，人们对于优质、特色、健康的农产品需求增加，农业生产要向高效、生态、多样化发展。如何让葡萄更好吃、把葡萄种得更好，成为文选葡萄专业合作社面临的难题。"面朝黄土背朝天"的农户，更多地沿用传统技术，对新技术"既'怕'又羡慕"。

"啥技术好，咱们也不清楚，也接触不到，"农户们很是挠头，"后来我们有了个'科技 110'，缺啥就问他们。"

为加快引育壮大辽宁省科技型中小微企业群体，全面贯彻落实《贯彻落实中央人才工作会议精神重点任务分工方案》，辽宁省科协在产业园区和县区科协建立 34 家"科技 110"服务站。

"科技 110"服务站通过有效调动省级学会、地方科协的积极性和主动性，动员更多人才、技术、数据、资本等创新资源汇聚基层，促进地方科技经济深度融合，助力地方经济高质量发展。

铁岭县就将"科技 110"服务站建设纳入县人才工作中，县委组织部统筹县直各部门，将"科技 110"服务站工作与招商引资、助企纾困工作结合在一起。文选葡萄专业合作社"科技 110"服务站自成立以来，扎根田间地头、追踪农户需求、打通产学研用，为农户解难题、办实事。

文选葡萄专业合作社"科技 110"服务站收集农户需求，提交给铁岭市清河区"科技 110"服务站，辽宁省植物保护学会根据农户们提出的有机农作物种植技术、葡萄病虫害防治技术、葡萄延迟栽培技术、葡萄生物保鲜技术和应用农业措施提高巨峰葡萄坐果率等技术需求，组织专家进行了对接，同时就其提出的需求开展了技术服务工作。

解决"驴"户口难题

不仅铁岭的葡萄，阜新的辽西驴也"求助"了"科技 110"。

据辽宁省科协相关工作人员介绍，"科技 110"服务站在地方政府（产业园区）为企业提供资本、市场、政策等现有服务的基础上，以园区科协为枢纽，发挥科协系统人才优势，增加为企业解决科技难题、谋求科技自主创新、引进专业人才、助推科技成果转移转化等科技特色服务，力争创设一批政策先行、机制创新、平台完善、精准服务、成效显著的科技经济融合"样板间"。

针对新邱区的产业技术需求，"科技 110"服务站积极引进辽宁省畜牧兽医、环境科学、土木建筑、营养等省级学会，紧密结合脱贫攻坚和乡村振兴开展多学科、全方位科技服务。

阜新绿鲜原驴肉食品有限公司是一家民营企业，怎么打响"辽西驴"的名号？这家企业也求助了"科技 110"。于是，辽宁省畜牧兽医学会肉驴产业科技服务团专家们先后多次到企业调研，对肉驴的选种、繁育、饲养、排泄物环境污染和疫病防控等方面提供科技帮扶。指导该企业建设的肉驴"育繁推一体化"示范养殖基地，获得国家农业农村部颁发的"畜禽养殖标准化示范场"。

辽宁省畜牧兽医学会专家帮助"育繁推一体化"示范项目选址

不仅肉驴已经扩繁 3300 头，年可繁育基础母驴 620 头，种驴 50 头，增收超过 230 万元，带动 354 户建档立卡贫困户实现全面脱贫，实现了"科技社团＋合作社＋贫困户"的产业脱贫模式，生产的产品被授权使用"辽西驴"国家地理标志，帮助解决了驴的"户口"问题，促进了区域性肉驴产业发展。

企业总经理程露海激动地说："学会组织专家从项目规划、上报农业部审批，到申请国家扶持资金，再到项目的实施，全程参与，全程帮扶推动，真是太感谢了，这是多少钱也买不来的呀！"

经济、民生一个不能少

辽宁省科协的"科技 110"服务站讲究的还有"全"。不仅用科技帮扶企业、助力农户，打通成果转化"最后一公里"，"科技 110"服务站还切实走进了百姓生活，例如从源头上解决百姓看病"一号难求"的困境，为辽宁省新发展全方位保驾护航。

再回到铁岭，辽宁省生命科学学会为铁岭县中心医院引进中国医科大学等专家 18 位，并建乳腺外科、儿科、神经内科与介入等学会服务站 5 家，开展学术指导和义诊活动 12 次，培训医护人员 620 人次，诊治患者 155 人。

学会为县医院在重点学科发展、学术交流、远程医疗、专家巡诊、人员培训以及实现大病不出县、疑难病患上下转诊等方面提供科技助力，并成立了紧密型医联体。

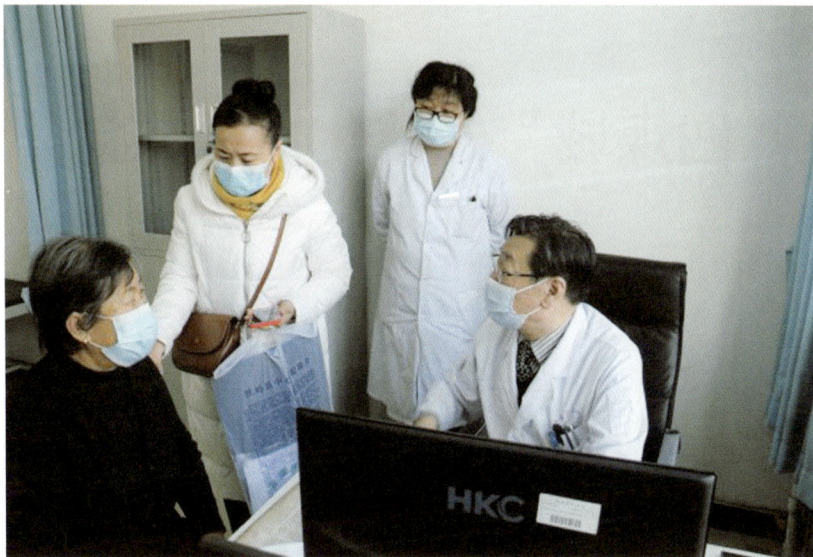

涂巍教授在铁岭县中心医院出诊

学会乳腺疾病微创诊断和治疗专业委员会专家、中国医科大学附属第四医院乳腺外科主任涂巍教授，每周三都要带领专家团队从沈阳到铁岭县中心医院进行常态化出诊。

当地偏远山区来的患者感慨道："以前去省里找专家挂号难、看病贵，'一号难求'。现在在家门口就有大专家给瞧病，水平高，治疗陪护的费用都便宜了，实在是太好了！"

春种夏耘，秋收冬藏。扎实推进科技振兴，让日子越过越红火，这是辽宁群众的期盼，也是"科技110"服务站的愿景。

点评

辽宁省，取辽河流域永远安宁之意而得其名，安宁根植于群众的幸福生活。让生活更上一层楼，正是辽宁省科协"科技110"服务站奋斗的目标。作为"找到服务对象，让服务对象找到被服务的感觉"的重要抓手和平台，"科技110"服务站是科协组织推动产学研协同创新和科技成果转移转化的合作载体，也是促进跨界、跨域、跨境集聚配置创新资源的服务平台和赋能科协基层组织建设的重要节点。

创建"四煤城"一体化协同机制

黑龙江省科协

2022 年 3 月 11 日，中国科协党组书记、分管日常工作副主席、书记处第一书记张玉卓与黑龙江省省长胡昌升代表双方签署全面战略合作协议。全国政协副主席、中国科协主席万钢，黑龙江省委书记、省人大常委会主任许勤出席签约仪式。

协议明确，中国科协支持黑龙江东部以七台河试点城市为带动，以佳木斯为枢纽，强化鸡西、双鸭山、七台河、鹤岗一体化协同机制，轮值举办科技经济融合发展论坛。这标志着，推动落实"四煤城"一体化协同机制，成为中国科协与黑龙江省政府战略合作任务。

打造"样板间"

2019 年，第 21 届中国科协年会在黑龙江省举办。根据黑龙江省委、省政府要

张玉卓与胡昌升代表双方签署全面战略合作协议

"四煤城"专场路演文艺演出

求，专门为转型发展中的煤炭资源型城市"四煤城"安排了专场活动，包括会前组织有关全国学会专家赴"四煤城"进行实地调研、会上举行科技经济融合发展论坛并组织合作签约、会后在双鸭山市举办了海外人才创新创业项目路演。

2020年，中国科协策划打造"科创中国"服务地方科技经济融合发展品牌，将黑龙江省纳入首批（东北唯一）试点省份。基于年会"四煤城"专场活动，把"四煤城"作为一个单元推荐参加科技经济融合发展行动，并商请会同中国科协学会服务中心、龙煤集团与"四煤城"市政府签约，建立一体化协同机制，约定"四煤城"定期轮值策划开展年度活动，七台河担任首任轮值城市；经进一步积极争取，七台河市代表"四煤城"被列为"科创中国"首批22个试点城市之一打造"样板间"。

从"引资"到"引智"

第21届中国科协年会"四煤城"专场活动的真正意义，对于转型发展中的煤炭资源型城市来说成为一种标志，表明"四煤城"正在由侧重围绕引进战略投资者招商引资向招商引资与招才引智并重转变，由注重面向国内开放合作向立足国内兼顾海外转变，更重要的是为参与"科创中国"创建并从中受益奠定了基础。

结合推进年会成果落地，黑龙江省科协分别与四个煤城党委政府沟通，就"四煤城"作为一个单元一体化深入对接中国科协高端资源开展合作达成共识，优先推出"四煤城"一体化概念。在中国科协学会服务中心的支持和参与下，会同龙煤集团与"四煤城"市政府经过认真协商，签订了战略合作协议，对"四煤城"统筹实行一体化协同、阵地化对接、精准化服务，坚持以习近平总书记关于东北振兴和对黑龙江重要讲话重要指示精神为指导，聚焦"煤头电尾""煤头化尾"和非煤产业发展，兼顾生态修复和环境治理，突出科技支撑和创新引领，着力实施创新驱动发展战略，促进发展动能转换，助力产业结构优化，推动高质量发展。

定制度　促发展

为了充分发挥"四煤城"协同机制作用，黑龙江省科协建立了"四煤城"一体化协同机制联席会议制度，在中国科协学会服务中心支持下，统筹各签约方协同开展合作，实行"四煤城"之间依次按年度轮值。

2021年7月21日，黑龙江"四煤城"一体化协同机制第一次联席会议在七台河市召开，确定自2022年1月1日起鸡西市为第二任轮值城市，要求轮值城市牵头协调各合作方策划拟定轮值期内合作活动计划，积极承担轮值城市责任，会同黑龙江省科协、龙煤集团，协同其他三个煤城，围绕产业发展和企业需求，积极主动融入"科创中国"资源共享平台，对接全国和省级学会及科技服务团，拓展联系省内外有关高校、院所、企业和国外科技社团，组织开展学术交流研讨、技术攻关咨询、成果转移转化、决策规划咨询、科技志愿服务等活动，导入科技资源激发创新创业活力，真正发挥"四煤城"一体化协同机制作用，助力区域经济转型发展。

为促进"四煤城"协同对接高端资源，创设了"科创中国·黑龙江煤炭资源型城市转型发展高峰论坛"，"四煤城"轮值举办。2021年7月，在七台河举办了"科创中国·黑龙江煤炭资源型城市（七台河）转型发展高峰论坛"，开展院士专家行、高端人才培训、专家服务团与企业技术需求对接等系列活动，论坛搭建了招才引智平台，与清华大学、北京大学、哈尔滨工业大学等30多所高校和科研院所及6名院士建立了战略合作关系；促成了一批合作签约，签订合作协议13项；建立了4个赋能组织，科协机构得到加强，科协工作更加活跃。

2022年，黑龙江省科协积极推动落实"四煤城"一体化协同机制，联合鸡西市、七台河市与中国煤炭学会牵头的"科创中国"煤炭清洁高效利用产业科技服务团，由市长挂帅，科技、发改委、工信等部门作为组成单位，制定了工作方案，明确了责任分工，共同策划"科创中国·黑龙江煤炭资源型城市（鸡西）高质量发展高峰论坛"，同时在七台河设置了分论坛，报请中国科协批准，将此论坛纳入2022年"科创中国"试点城市（园区）系列品牌活动项目，定为"科创中国"年度全国五大产业创新论坛之一。在中国科协和黑龙江省科协努力下，黑龙江经济社会发展的科技创新氛围将更加浓厚，创新驱动发展意识更加强烈。

点评

　　"四煤城"一体化协同、阵地化服务，是中国科协和黑龙江省针对地域经济特点、发挥组织优势、助力区域协调发展的一项探索。

　　在中国科协支持下，黑龙江省科协紧密结合地缘优势和资源优势，围绕东北工业基地振兴的国家战略，利用科协在筹办活动、引进科技人才、开展智库咨询等方面的优势，充分发挥科协力量，必将对煤炭资源型城市协同对接导入高端智力资源、凝聚创新发展共识，示范引领煤炭资源型城市高质量发展发挥积极作用。

"六位一体"科技服务体系
助力科技经济融合

广东省科协

自 2020 年入选中国科协"科创中国"首批试点城市以来，深圳市科协抢抓"双区驱动"重大历史机遇，发挥科协组织服务和统筹联络优势，在全国科协系统探索实践了"创投大会 + 服务平台 + 资源共享平台 + 投资联合体 + 大湾区联合体 + 示范试点单位""六位一体"的创新服务体系，助力科技与经济融合工作。

在"六位一体"的六个要素中，资源共享平台发挥统筹和整合作用，"创投大会"聚集科技项目并专业遴选，"服务平台"通过精准服务加速项目资本对接，"投资联合体"提供各类创新资源支撑，"大湾区联合体"将服务范围延伸到香港澳门、延伸到粤港澳大湾区，"示范试点单位"将上述创新活动进行经验总结，最后再通过"科创中国"融入经济主战场。

搭建平台　汇聚资源

从 2020 年起，深圳市科协每年举办"科创中国"创新创业投资大会，通过搭建平台广泛联系科技工作者，助力科技成果转化，促进科技经济融合。大会通过征集、专家终审会、成果发布典礼等环节精选优质创新创业项目，再邀请投资机构与项目深度对接洽谈。自举办以来，已在新一代信息技术、高端装备制造、数字经济、新材料、生物医药、绿色低碳 6 个行业征集了 11800 余个项目。

深圳国际创新创业服务平台 2019 年年底成立，采取政府指导、市场化运营、第三方机构承办的模式，致力于开展技术转移、成果转化、招才引智、双创服务。其中，"深圳国际创新创业生态数据应用平台"已汇集了 250 多万家企业，创新园区

"科创中国"创新创业投资大会（2021）成果发布典礼

"科创中国"创新创业投资大会全国 100 强项目对接会

494 个。平台通过"培训＋实战"组建了深圳首支 150 人的"技术经理人服务团队"，打造服务科技与经济融合的专业服务组织。

深圳市科协积极参与共建"科创中国"资源共享平台，发动科技组织使用共享平台人才库、项目库、需求库、资金库，使各方面需求能够得到及时、准确的对接。以深圳市科协名义印发的工作方案，在汇聚国际科技资源、培育融通创新组织等 6 个方面设置 23 项具体任务，进一步贯通了全市科技、经济、金融等部门的创新资源。

深圳市科协联合境内外投资机构、创业服务机构、创客空间等载体，汇聚了政府、企业、资本、院校、载体和服务6个方面的力量，发起成立了深圳创新创业投资联合体。通过促进优势互补、合作共赢，提高协同效应，目前主要成员已达200多人。

在中国科协的指导和支持下，深圳市科协与前海管理局、香港数码港、香港生产力促进局、澳门科学技术协进会、澳门科技大学等单位共同发起成立了"科创中国"大湾区联合体。目前，联合体正分步有序建设"1个联合体+4个中心+1个产业基金"，即大湾区创新药物中心、大湾区智能制造中心、大湾区碳中和技术与产业创新中心、亚太电竞中心和"科创中国"大湾区产业发展基金，推动大湾区科技创新和产业转型升级。

2022年，深圳市科协在全市范围内开展"科创中国"深圳示范单位试点建设工作。现已选取30家优秀创新园区、众创空间、孵化器、投资机构、科技社团等单位，重点围绕双创机制创新、组织创新、商业模式创新和服务创新开展试点工作，力争在3年时间内培育一批具有市场活力的创新创业支撑平台，并总结形成具有深圳特色、可复制可推广的双创模式和典型经验。

模式创新　组织创新

通过"六位一体"的服务体系建设，深圳市科协组织服务科技与经济融合的平台效应显现。

按照深圳市科协的规划理念，六要素既是供给方也是需求方，形成相互依托的整体。例如：没有投资联合体，就无法让创投大会找到众多的投资人，活动无法继续进行；没有服务平台，创投大会就会成为走马观花的形式，成为一个低效率的活动，失去吸引力；没有大湾区联合体，就难以汇集国际科技资源；没有示范试点单位，就难以推进制度创新。

同时，六要素相互赋能。创投大会、服务平台、投资联合体的数据库数量与质量若能够得到提高，资源平台就能更加丰富多彩。创投大会取得成功，服务平台才能拥有源源不断的创新源泉，投资联合体才能更加有的放矢、日益增强。大湾区联合体在国际科技资源方面进行赋能，示范试点单位在制度创新方面进行赋能，六要素初步形成了协同机制。

打造品牌　成果涌现

深圳市科协"六位一体"的创新服务体系自建成以来，打造了科协组织服务科技与经济融合的品牌。通过实践尝试，国际创新创业服务平台和创新创业投资大会已经成为科协服务创新创业的品牌活动，得到了上级领导的充分肯定。服务平台规模不断扩大，一些区级平台和企业分平台已经建成或正在谋划当中。大湾区联合体被列入前海管理局发展规划，受到社会高度关注。

"六位一体"的创新服务体系也取得了一系列服务成果。近年来，通过150多场项目路演，90多个项目获得风险投资或与投资人达成合作意向，160个重点项目继续开展"一对一"投资服务；32个创业团队落地深圳，一批重量级机构纷纷申请加入创新创业投资联合体。目前，通过聚集数据库、服务、项目、投资人、制度五大资源，实现一体化融合，逐步形成了良好的创新创业生态体系。

深圳市科协作为"科创中国"试点城市建设的统筹协调单位，已形成左右联通、上下互动的工作思路，发挥科技社团的组织和服务优势，带动该市科技社团积极参与到建设中。还通过发挥科协系统的统筹联络优势，聚集各类资源到试点城市建设工作中，进一步深化"科创中国"建设，做强"科创中国"品牌。

点评

深圳市科协"六位一体"的服务体系建设，不仅是一种服务模式的创新，更是一种组织创新，是在深圳技术转移成果转化工作领域的率先尝试。六要素联动，有效打通了各个环节之间的链接通道。同时，深圳市科协注重发挥科技社团的组织和服务优势，使科技社团在推动科技成果转化方面发挥了独特作用，取得了较好的效果。

坚果科技小院助产业腾飞

广西壮族自治区科协

金秋十月，广西崇左市扶绥县昌平乡"果满山坡"澳洲坚果产业核心示范区里，5000 亩坚果树上挂满了个大饱满的坚果，放眼望去，一幅丰收画卷在大地上铺展开来。

近年来，崇左市将发展坚果产业上升为全市产业发展战略，作为振兴乡村的富民产业，也将坚果产业发展作为调整产业结构、助力脱贫攻坚的重要抓手，力争"十四五"末实现种植面积达 100 万亩、年产值 100 亿元以上的发展目标。

2021 年 6 月，崇左市科协系统响应市委市政府号召，找准定位，以建立坚果科技小院、互助培训、技术交流等形式，科技助推澳洲坚果产业健康快速发展。

专家"进"小院　技术"进"果园

澳洲坚果在木本油料果树中含油率位居第一，产值高，市场供不应求，是供给侧结构性改革的最佳产业。但澳洲坚果只适宜在南北回归线之间种植，科学研究薄弱，能在生产上应用的科技成果就更少。

虽然中国澳洲坚果种植面积占世界澳洲坚果总种植面积的一半以上，但截至 2020 年，产量只占世界总产量的 13%。

起初，扶绥县当地果农的坚果种植技术也不够完善，坚果种植过程中不时出现营养不良、产量不高、植株长得慢等问题。为了解决所遇到的问题，推动坚果产业高质量发展，广西扶绥坚果科技小院以广西扶绥夏果种植有限责任公司为依托单位，应运而生。

在推动科技成果转化上，坚果科技小院积极引入 4 名广西大学专家到崇左开展各项技术服务和科研活动。例如，推广广西大学薛进军教授团队的国家发明专利——水肥药一体化管道输液滴干技术和薛氏修剪技术。这项科技成果的应用，解决了喷药不能防

技术团队为农户科普种苗繁育技术

治木质部、韧皮部、根系病虫害的老大难问题，达到了减肥、减药的"双减"目标。

除此之外，坚果科技小院里还引入了轻基质育苗法、微型嫁接法等技术的应用，解决了种植户在种植管理存在的运输难、长势不齐、成活率低等技术难题，得到广大种植群众的欢迎和喜爱。

据统计，自坚果科技小院落户扶绥以来，"果满山坡"澳洲坚果产业核心示范区的坚果产量同比增加 39.03%，蛀果螟的危害率比常规喷药防治降低了 20.5%，速衰病死亡率由 20%~30% 降低至 5% 左右，每年每亩省水 2 吨、省肥 260 元、省药 300 元、省工 350 元。

在科协组织的推动下，坚果科技小院还根据生产实际，开展了包括防治病虫害、生殖生长等领域的多项研发工作，都取得了不同程度的阶段性成果。坚果科技小院正在通过最实用、最高效的方式来解决生产的实际问题，以此服务崇左乡村振兴，产业发展。

交流培训让果农受益

研究有了成效后，坚果科技小院加大科技推广力度，通过"线上 + 线下"的培训方式,让创新成果惠及更多果农。

在扶绥县中东镇三哨村,果农方文妹手法娴熟地给坚果树修剪树枝,不久,一棵坚果树就被修剪得"通透"起来。"以前我们没有系统地学过修剪方法,产量一直上不去,参加坚果科技小院的培训班之后,学会了薛氏修剪技术,这种修剪技术简单易懂、上手快、效果好,产量一下多了起来。"方文妹说,自家种植了8亩坚果,2022年有5亩地挂果,收了1000多千克坚果。

坚果科技小院将技术应用到实际生产当中,通过技术培训让更多的农户了解和学习新技术,提升自身水平,共同享受科研成果。为将技术成果转化为生产效益,引导种植户学习新技术,2021年,坚果科技小院开展了30多期的培训活动,参加培训和科技交流3500人次。开展各项科技交流8次,科技交流600多人次。

2022年,依托单位被认定为中国农技协科普教育基地,同时也加入了扶绥县科普教育基地系统。应当地政府和农户的需求,坚果科技小院团队与依托单位在不同时期,针对不同群体开展澳洲坚果基础知识科普和种植技术培训,推广栽培新技术。疫情期间,开展线上技术培训1947人,在崇左、百色开展线下技术培训68期,培训人数达5000人次。

技术团队为种植户进行技术培训

政策驱动引导规模化建设

目前，崇左市以"政策驱动、项目拉动、示范带动、科技促动"四联驱动推动澳洲坚果产业规模化建设。

在政策驱动方面，崇左市印发《关于崇左市推进中泰产业园坚果加工园区建设政策措施（试行）的通知》，明确中泰产业园坚果加工园区内的澳洲坚果加工企业建设自用原料种植基地的，每亩给予 500 元补贴；龙州县出台《龙州县促进澳洲坚果产业发展扶持办法（试行）》；宁明县印发《宁明县精准扶贫产业"以奖代补"工作方案（修正）》；扶绥县印发《扶绥县澳洲坚果产业发展三年行动计划（2019—2021 年）》《大力发展澳洲坚果产业决定》等，每亩给予 500～1500 元补贴。

这些都为崇左市发展坚果种植提供了良好的发展环境。在示范带动、推进澳洲坚果产业规模化建设方面，坚果科技小院依托扶绥夏果种植有限责任公司，采取"公司＋基地＋农户"、林地坡改梯、免费发放苗木等形式，种植澳洲坚果种植示范区 6000 多亩，大面积应用新技术，建立田间示范基地，展现技术应用后增产增收的实际效果。

目前，扶绥县昌平乡建立了澳洲坚果矮化密植栽培示范区、澳洲坚果水肥药一体化管道输液滴干示范区、种苗繁育科普中心等科普示范基地。它们充分发挥示范效应，不断推进澳洲坚果产业规模化建设，带动全市坚果种植 5 万多亩，带动成效显著。

坚果科技小院正在发挥着企业与农户之间的桥梁作用，以点带面加强各项技成果的市场转换率，确实帮助到更多的农户，实现澳洲坚果的早产、丰产，助力广西乡村与产业振兴，为澳洲坚果产业腾飞提供强有力的技术支撑。

点评

科技小院虽小，却是创新大平台。科技小院的"科技"二字，是助力老百姓解决问题的"拿手戏""掌中宝"。广西扶绥坚果科技小院依靠科技成果转化、技术研发、交流培训等，推进坚果产业富农兴边，为进一步做大做强崇左坚果特色品牌，提升崇左澳洲坚果产业在全区乃至全国的影响力，发挥了积极作用。

以常态"保姆式"服务和永不落幕"科创会"推动"天府科技云"服务高质量发展

四川省科协

科技工作者在哪里找擅长的服务项目？企事业单位如何匹配到所需的科技人才？在科技供需配置中，如何推动有效市场和有为政府更好结合？"天府科技云"服务给出了"四川答卷"。

"天府科技云"是由四川省科协系统倾力打造的统一开放、公平竞争、安全有序、智能便捷的科技供需平台，于2020年7月16日正式上线并启动服务。

截至2022年12月6日，"天府科技云"平台注册用户已突破345万，开设"科创工作室"16.5万个，发布科技服务信息24.64万条，发布科技成果11325项，发布科技需求信息25.38万条，委托科研项目3729项，累计为8379万城乡群众提供精准科普服务8.6亿人次。累计达成交易订单7.7万单，平台累计交易总金额236.21亿元。

用精准服务建立长效机制

为了让广大科技工作者都能便捷找到需求，都有机会提出解决方案，实现自身更大价值；让广大企事业单位都能便捷找到科技人才，都容易获得解决问题方案，实现更好发展，四川省科协牵头建设了"天府科技云"平台，并以此开展"天府科技云"服务。

在四川省科协的建设下，"天府科技云"建成了"统一开放、公平竞争、安全有序、智能便捷"互联网科技交易市场，真正把习近平总书记"要充分发挥市场在科技供需适配中的决定性作用"落地落实，找到了以市场机制推动科技创新的好办法。

同时,"天府科技云"建立了广泛联系、精准服务科技工作者和企事业单位创新驱动发展的长效机制,包括科技服务智能精准供给、科技成果智能精准转化、科研项目智能精准承接、高新技术智能精准推广、智慧科普智能精准直达等。

针对企业有巨大科技需求但每个企业不可能、也完全没必要"养"足各类科技人员的现实,四川省科协广泛组织广大科技工作者,把擅长的科技服务、拥有的科技成果、具备的科研能力等"科技所能"上传到"天府科技云",每个企业都可通过"天府科技云"按市场规则便捷共享,实现企业"科技所需"与平台"科技所能"智能匹配、精准对接、促成交易。

"天府科技云"还建立了精准服务党政科学决策的长效机制。平台上的科技人才、科技成果、科技需求、群众的科普需求及其科普服务,都拥有精准的"大数据",平台对其进行精准科学分析,创造性地建立了为党和政府决策的新机制。这是建立在海量的、精准的"大数据"基础之上的更高质量的决策咨询服务。

"天府科技云"的建设,创造性地让市场在科技资源配置中起决定性作用,大幅提高科技资源开放共享水平,从科技供给、配置机制和目标效益等方面帮企业破解创新瓶颈,激发企业创新主体作用。

开展全员常态"保姆式"服务

在"天府科技云"的发展中,面对"有效科技供给不足,有效科技需求不旺,不能形成有效的科技市场,自然市场的决定性作就发挥不出来"根本问题,四川省科协在有效科技市场培育阶段,充分发挥科协组织优势,创新建立了"保姆式"服务机制,让每个科协人深入广大高等学校、科研院所、企业中大力宣传推介"天府科技云",为供需双方提供"一人一策""一单一策"服务,不断做大科技供给,不断做旺科技需求,通过发挥"有

省科协党组书记、副主席毛大付作为"科服保姆",见证了自己服务的科创项目在该公司落地生根

为政府"重要作用,加快培育形成有效科技市场。

全员"保姆式"服务,是以四川省各级科协组织和每一位干部职工作为服务主体,以注册使用天府科技云平台的用户为服务对象,以宣传推介、主动联系、引导注册、发布信息、匹配撮合、对接洽谈、促成合作等为服务内容,以促成供需双方对接洽谈为基本要求,以全程、精准、完整的"一人一策""一单一策""保姆式"服务为服务标准,以助力平台用户便捷、高效"开展或获取科技服务、推广或转化科技成果、委托或承接科研项目、推广或获取高新技术"为宗旨的服务机制。

通过开展全员"保姆式"服务,"一对一"服务每一位科技工作者(团队)和每一个企事业单位,以此将习近平总书记"四服务"重要指示精准落实在每一单的实实在在具体服务中。四川省 2191 名"科服保姆"提供"保姆式"服务 23.40 万单,正在跟进服务 8.02 万单,完成服务 15.37 万单。

以永不落幕"科创会"推动高质量发展

在推动全员"保姆式"服务中,仅仅依靠单个"科服保姆"难以解决一些重大科创项目。于是,四川省科协创新举办"科创中国·天府科技云服务大会"(以下简称科创会),将单靠"保姆"不能解决的重大科创项目遴选到科创会集中推介,并组织潜在供需方线上现场对接洽谈,以此推动一批重大科技成果加速转化、一批重大高新技术加速推广、一批重大科研难题加速攻克,搭建高层次"政产学研用金"协

首届科创会现场

同融合发展平台。

2021年12月，首届科创会为期3天101场推介洽谈活动，对2350个重点科创项目逐一推介，组织开展项目洽谈，现场签约合作项目820个，总金额达28亿元，成为科创项目推介、对接、合作和推动科技经济金融融合发展的盛会，吸引了1230多万人次上"天府科技云"在线观看直播。

通过科创会的示范带动，加速培育"天府科技云"有效市场。四川省科协的实践证明，一手抓全员常年常态的"保姆式"服务，一手抓每年永不落幕的科创会，推动有效市场和有为政府更好结合，既精准落实"四服务"重要指示，又加速培育"统一开放、公平竞争、安全有序、智能便捷"天府科技云科技交易市场。

点评

　　四川省科协依托"天府科技云"这一互联网科技市场，通过常态"保姆式"服务和永不落幕科创会，让广大科技工作者都可便捷共享全省科创市场，面向全省乃至全国提供科技服务、转化科技成果、承接科研项目、推广高新技术、开展智慧科普，实现其更大社会价值和经济价值。企事业单位可便捷共享全省科技人才和科技成果等，不求所有但求所用，在更大更广范围获取其科技需求，从而实现更好的经济效益和更高质量的发展。四川省科协精准落实"四服务"重要指示，为全省产业技术创新和全社会创新创造作出贡献，彰显担当作为。

科协组织助力企业高质量发展

新疆生产建设兵团科协

　　新疆天业（集团）有限公司科学技术协会（以下简称天业科协）是新疆天业（集团）有限公司（以下简称天业集团）及其所属单位科学技术工作者的群众组织，成立于2012年7月，也是兵团首家企业科协。

　　不同于一般意义上从事科学技术普及的协会组织，天业科协自成立就以服务企业科技创新发展、为公司党委科学决策服务为职责定位，聚焦科技创新引领作用，带领科技工作者围绕科技创新和企业发展，出谋划策，献言献智，勇解难题，为企业发展作出了重要贡献。

　　2017年12月，天业科协因工作业绩突出被中国科协授予"全国科协系统先进集体"荣誉称号，成为全疆唯一一家受表彰的企业科协。

建立健全科研创新工作体系

　　天业集团科技工作者近3000人，约占企业总体人数的1/5。天业科协设置了专门的组织架构，并于2019年3月29日顺利召开第二次代表大会。大会审议通过了天业科协选举办法、科协工作细则，选举产生了第二届天业科协主席、副主席、常务委员，集团公司董事长兼任科协主席，设立专职副主席和科协办公室。

　　为了建立健全企业工作体系，天业科协牵头出台了《天业集团科研工作管理办法》《天业集团科研项目经费管理办法及配套间接费用管理实施细则》，修订了《天业集团知识产权管理办法》，使制度与时俱进，切合企业发展，为充分调动和激发广大科技工作人员的积极性和创造性提供了支撑。

以自主创新提升企业核心竞争力

　　天业科协聚焦企业发展规划,科学布局发展路线,以新项目的立项实施带动产业链的延伸。天业集团参与承担"氯乙烯合成无汞催化剂关键技术开发与工业化示范"项目和新疆天业节水灌溉股份有限公司参与承担的"新疆绿洲节水抑盐灌排协同产能提升技术模式与应用"项目获批"十四五"国家重点研发计划;"生物降解塑料 PBAT 全产业链关键技术研究与产业化示范"项目获兵团首批"揭榜挂帅"重大科技需求项目立项。

　　企业累计申报省部级以上科技项目 100 多项,获得国家科技进步奖二等奖 4 项,省部级以上科技奖励 70 多项。天业集团获评中国企业信用等级评价 AAA 等级,集团所属 3 家单位荣获"绿色工厂"称号,1 家单位荣获"工业产品绿色设计示范企业"称号,1 家单位荣获国家"专精特新"小巨人称号。

　　为提升企业知识产权管理能力,提高企业知识产权创造、运用、管理水平,天业科协还积极推行企业知识产权管理规范,先后 6 家单位获得知识产权管理体系认

"北京化工大学 – 新疆天业(集团)有限公司联合实验室"揭牌仪式

证，有力推动了公司的知识产权工作。

天业集团现累计申请专利超过 1100 件，授权专利 700 余件，注册商标 200 件，取得计算机软件著作权 63 件，6 项专利技术荣获了中国专利优秀奖。围绕公司战略发展规划，提前做好专利布局，以煤基烯烃聚氯乙烯、生物降解塑料核心技术为中心，通过多角度的外围专利申请进行技术保护，有效提高企业核心竞争力，规避技术壁垒。

搭建创新平台 解读宏观政策

天业科协结合公司发展方向和生产单位发展面临的难点问题，与产业深度融合创新，吸纳优秀科技创新资源，推进产学研合作双向流动机制，积极组建创新团队。先后在等离子体研究、催化领域、汞减排方面与清华大学、大连化物所等国内一流院校、科研院所深入合作，多项科研成果处于国际先进水平和国内领先水平，使企业牢牢掌握行业发展的话语权。

创新平台的建设，为人才培养、学术交流奠定了基础，为天业集团发展提供了

天业集团开展科普宣传志愿服务

强大的研发能力支持和智力支撑。

此外，天业科协还聚焦宏观经济发展和微观环境变化，积极搜集解读政策信息，先后促成天业集团获得国家循环经济试点示范企业、两型试点企业、两化融合试点企业、国家技术创新示范企业、"双百工程"骨干企业等一系列国家级荣誉，在为企业谋发展的同时提升了在行业的影响力和号召力。

同时，推进企业开展高新技术企业认定、研发费用加计扣除减税备案等惠企政策的落实，累计完成抵减所得税超过1亿元，集团所属15家单位通过高企认证，并享受到减税优惠政策。

此外，以"科技活动周""全国科普日"为契机，天业科协积极组织各类主题活动，弘扬科学精神，普及科学知识，树立科技创新工作的典型人物、先进事迹，充分发挥榜样的引领示范作用，提高企业全体员工的科学素养，提升广大科技工作者的创新激情与活力。

科技创新是引领发展的第一动力，天业科协发挥桥梁纽带作用，主动融入实体经济发展当中，坚持实施以科技创新为核心的全面创新，开启了企业经济高质量发展的新篇章。

点评

天业科协深入融合产业创新发展，抓科研项目管理，提高科协服务能力，主动协助企业加强与科研院所的交流合作，促进解决企业发展的瓶颈问题，推动科技水平的发展和进步。科协组织统筹企业所属各单位落实创新的管理体系，推动了科研项目管理、科技成果转移转化、创新平台搭建等创新工作的有序开展，为企业发展作出了重要贡献，起到了较好的兵团企业科协带头作用。

"科创中国"让产业插上创新的翅膀

中国科协科学技术创新部

世纪疫情来袭，经济发展承压。中国科协坚决贯彻落实中央决策部署，启动"科创中国"建设，充分发挥中国科协"一体两翼"组织人才优势，坚持试点探索、组织创新、平台建设"三位一体"，不断求实效、植内涵、提质量、筑生态，大力促进科技与经济深度融合，成为中国科协团结引领科技工作者服务产业创新的一面旗帜，有力支撑了地方经济社会高质量发展。

精准发力　服务国家战略需求

在全球新冠肺炎疫情暴发蔓延、世界格局加速演变、我国经济社会发展面临挑战和机遇的大势下，中国科协深入贯彻习近平总书记系列重要讲话精神，紧紧围绕

引领科技工作者主动融入区域经济主战场

党中央、国务院关于科技创新和经济社会发展深度融合的战略部署，在各级党委政府的大力支持下，举全科协系统之力，联合各方面创新主体，打造"科创中国"国家公共技术服务与交易平台，创设"政产学研金服用"多主体联动的新型协同组织，携手省市党委政府建设65个"科创中国"试点城市和园区，汇聚科技人才、创新资源，实施科技经济融合发展行动，打造"科创中国"品牌。作为新时期科协组织服务国家发展大局的重大举措，"科创中国"聚焦服务经济社会高质量发展，在促进区域产业创新升级、打通成果转移转化堵点、激发科技工作者创新创业创造活力等方面取得了积极进展和显著成效，李克强总理对此给予高度关注并做出重要批示。

因地制宜　切实支撑高质量发展

"科创中国"紧扣重点区域重点产业需求，充分发挥科技群团作用，形成覆盖全国的试点城市（园区）体系，大力推进科技与经济深度融合。聚焦试点城市提出的新一代信息技术、生物医药及大健康等九大产业领域和270个具体产业支持方向，从科技服务、技术交易、国际资源方面按需匹配服务"套餐"，个性化制定试点建设方案。分层分类组建产业、区域、专业三类科技服务团489支，先后择优支持300多支示范性科技服务团，组织动员12000余名院士专家，克服疫情影响，线上线下对接，资源下沉基层，开展关键技术攻关、科技成果转化、专业人才培训、团体标

团结引领12000余名科技工作者深入企业一线

准推广等八大类组合式服务。137 个全国学会通过"科创中国"与地方建立合作关系，中国航空学会与江西省联合举办中国航空产业大会，总签约额超 260 亿元。成都市组织 44 个全国学会与 48 个产业功能区开展专场合作对接，促进创新链产业链资金链人才链有机融合，交易额过百亿元。"科创中国"，为产业插上创新的翅膀，展开一副生机勃勃、生机盎然的科创画卷。

汇聚资源　构建创新合作数字平台

"科创中国"着力打造"产学研供需"对接的信息平台、技术服务与交易的运营平台、人才与技术的赋能平台。累计汇聚"问题库""项目库""开源库"资源总量达 160 万余项，机构用户超 13 万家，个人用户 1300 余万，"科创中国"科技服务团累计解析发布技术需求 1 万余项，上传科技成果产业化方案 13500 余项，入驻专家人才 13800 余位，服务试点城市 7000 余家企业，成功对接 21000 余项技术问题难题，促成 245 项技术服务与交易合作签约。可以说，"科创中国"是平台，拓宽了科技力量与市场力量的合作渠道；"科创中国"是生态，促进了基础研究、技术转化、市场服务、国际合作、人才培养、政策制度的有效聚合；"科创中国"是引擎，激发了科技人才面向产业一线解难题、促转化、助升级的蓬勃力量。

人才赋能　彰显科协团结引领价值

"科创中国"将人才优势与双创政策优势有机结合，组织动员更多科技工作者为基层提供科技服务，在服务中彰显知识的力量、实现科技的价值。设立"科创中国"咨询委员会，汇聚各领域顶尖人才统筹研究创新创业趋势方向，打造促进科技经济融合思想策源高地，提出高质量决策建议。组建"科创中国"联合体、青年百人会等新型协同组织，带动省市两级踊跃设立 200 多个中小企业联合体、产业技术研究院等新型协同组织。联合体成员单位增至 120 家，网罗科技创新和科技服务产业链知名机构，开展"科创中国"系列榜单遴选发布，树立科技经济融合发展风向标。带动中央企业、科技领军企业、专精特新"小巨人"企业科协组织融入"科创中国"，为企业培育、认定卓越工程师及 1000 名以上"科创中国"技术经理人，打通产学研用通道，帮助企业化解"急难愁盼"。

点评

　　通过试点探索、平台建设、组织创新"三位一体"推进"科创中国"建设，充分调动人才、技术资源，发挥科协跨界协同优势，帮助地方政府、科学家、企业家、投资人搭建平台、畅通渠道。用服务产业的事业感召，强化了对科技工作者的团结引领，用扎实落地的多元服务，带动了各地科技创新创业蔚然成风，为区域高质量发展注入新的活力，为加快构建新发展格局作出了科协组织的应有贡献。

助力乡村振兴　科技小院勇当先锋

中国科协农村专业技术服务中心

养羊是巴彦淖尔市的传统产业，但一直存在着羊肉品质不高的困境。在巴彦淖尔市杭锦后旗成为第一批国家农业绿色发展先行区后，事情迎来了转机。来自中央、省、市、县四级的科技人员在这里建起了科技小院，以"零距离、零时差、零门槛、零费用"的"四零"服务受到当地政府农业生产经营主体和广大农民的热烈欢迎。

目前，全国27个省（自治区、直辖市）已推进成立了392个中国农技协科技小院。为加快农业科技创新和成果转化，振兴农村产业，实现农村农业现代化，2018年11月中国农技协科技小院联盟成立。

中国农技协通过搭建科技小院联盟平台，充分发挥农技协、科协组织优势，为

中国农技协科技小院联盟授牌仪式

农村和农业产业安上科技创新和科学普及的"两翼"。在扩大小院规模的基础上，联盟鼓励支持各地因地制宜创新科技小院机制，形成多层次、多模式、广覆盖的中国农技协科技小院体系。

"三位一体"　打造共赢模式

科技小院作为一种人才培养、科学研究与社会服务三位一体的创新模式，表现出很好的内部可持续性和外部可推广性。对科协系统而言，建立了"四服务"的可持续平台；对学校、导师、学生而言，提供了科研及人才培养基地，学生通过长住生产一线的历练，得到全面的锻炼和提升，成为优秀的农业高层次应用型人才。对当地党委政府及依托单位而言，获得了高水平技术人员团队的驻场指导，服务当地的农业产业发展。

自2019年以来，2000余名教师和研究生长期扎根乡村生产一线开展科技服务，累计撰写日志7.8万余篇；举办展览、宣传等科普活动2000余场；开展线上、线下农民培训近4000场，受益农民近100万人次；开展田间试验1200余处，示范面积13万亩，技术辐射面积近714万亩。

科技小院作为"桥梁纽带"，将农业专家与农民紧密联系在一起，帮助农业科技专家找到科学研究和科技成果转化应用基地，帮助学生在生产实践中实现从理论到实践再到理论的良性循环。帮助基层农技协、农业企业、农民合作社等农业生产经营主体解决技术难题，提升技术水平，节本增效。

机制创新　带动科技经济深度融合

科技小院联盟通过组织创新和机制创新，开展精准农业科技推广和科普服务，促进乡村产业振兴和人才振兴，促进科技经济深度融合。

在工作中，联盟逐渐形成了"科协领导、高校实施、教师指导、学生长住、多方支持"的工作机制。

"科协领导"指各省科协组织协调当地农业院校，推广科技小院模式，并统筹适当的经费予以支持。"高校实施"指农业高校要鼓励教师们参与科技小院建设，并配备专业硕士的招生指标等。"教师指导"指高校教师要担任科技小院首席专家，组建专家团队，并提供有力指导。"学生长住"是科技小院模式的核心特征，专业硕士研

中国农技协科技小院专家团调研广西兴安葡萄产业基地

究生是长住的主力军，在长住期间发现问题、研究问题、解决问题。"多方支持"包括依托单位的支持，县乡政府主要领导以及有关部门的支持。

科技小院也日益引起党中央国务院和各级有关部门的重视，2021年，中共中央办公厅、国务院办公厅在《关于加快推进乡村人才振兴的意见》中提出推广"科技小院"等培养模式。《全民科学素质行动规划纲要（2021—2035年）》中要求，推广科技小院、专家大院、院（校）地共建等农业科技社会化服务模式。

自2019年开始进行试点建设以来，中国农技协逐个省份对接省科协、省农业大学，推广科技小院模式，介绍科技小院特点和基本条件，严格按照有关要求调研考察，对于符合条件的进行授牌并组织培训。有关高校、科研院所对科技小院的认可度稳步增强，四川、江西等省涉农高校设立科技小院专项，优先保证科技小院研究生名额，同时配套学校专项研究项目和经费，促进了教师做好科技小院的积极性。

科技志愿服务助力乡村振兴

农业院校等师生组成科技志愿服务队长期驻扎生产一线，开展农业全产业链科技志愿服务，做好一个小院、带动一个产业、辐射农村一大片，对于农民增收和产业发展，起到了重要的促进作用。

中国农技协在中国科协定点扶贫县岚县、临县分别建立马铃薯科技小院、食用菌科技小院，在四川马边建立茶叶科技小院，助力当地脱贫攻坚。福建平和蜜柚科技小院，服务全县数万柚农110万亩蜜柚产业，开展减量施肥和改良土壤等研究试验，平均可降低成本50%以上。四川布拖马铃薯科技小院所繁育出的良种种薯、种苗，打造了标准的"原原种—原种—生产种"的三级种薯繁育生产体系，建立了生产、加工体系，创造产能 5.1 亿元，有力助推了 2020 年脱贫摘帽，所在的特木里镇荣获全国"十佳"科技助力精准扶贫示范点。

此外，科技小院长住研究生通过入村入企培训、办田间学校、开设科技长廊等方式，大力提升农民科学素质，培养一大批乡土人才和新型农民。举办农民培训及田间观摩会，把农技知识讲给农民听、做给农民看，通过建立微信群、发放明白纸、竖立科技展板等不同方式和不同渠道向农民科普高产高效农技知识。科技小院学生利用业余时间在所驻村里举办联谊会、识字班等多种活动，极大丰富了农民的文化生活，有效提升了农民的科学素质。

点评

科技小院，大有可为。一方面，通过专家团队与研究生长住一线，与农民同吃、同住、同劳动，打通科技成果转化和技术服务、技术推广的"最后一公里"，解决农民专业知识不足、信息和资源缺乏和服务支撑不够等问题，为科技兴农富农提供直接指导；另一方面，探索出人才培养与乡村发展有机契合的新路径，把论文写在祖国大地上，实现人才输血与造血的有机结合，让乡村振兴的动力更强劲、更可持续。

七、
推进科技人才建设

设立生命科学青年科学家职业发展基金

中国细胞生物学学会

"科学研究工作者，一生有两个'最困难'时期：一是做研究生的时候，因为过去是学习已经有的知识，而做研究生就要改变、发展一个新的方向。这个问题是困难的。二是得了博士学位之后的5~10年，此期间要选择一个领域，在这个领域里做出一个能够站得住的工作。"著名物理学家杨振宁曾直言"青年时期"的困境。与此同时，青年又是人一生中最富有活力和创造力的时期。

为更好帮助青年科技人才成长，中国细胞生物学学会探索形成了一套以需求为导向的青年人才培养体系，为细胞生物学的高质量发展提供后备人才支持和保证。

搭建平台 培育细胞"黄埔"人才

人才是实现民族振兴、赢得国际竞争主动的战略资源。中国细胞生物学学会高度重视青年科技人才，为了搭建更好的培养平台，学会专门为青年科技工作者量身

第十期细胞黄埔研修班现场

定制了"细胞黄埔研修班（WLLA）"，为青年科技工作者从学生到导师的转换助力启航。

细胞黄埔研修班的成立，是学会经过深入调研后所决定的。

随着我国生命科学领域的研究队伍迅速增长，每年都有相当多从事生命科学的年轻科学家建立独立实验室，成为独立课题组长，他们被寄予了深切期待，得到资金、科研配置等大力支持。

学会调研发现，这些优秀的青年科技工作者，几乎都是直接从博士后阶段进入到独立课题组长，他们有着创新潜能和高水平的科研能力，但是缺乏对于实验室运行的专业培训。

对这些新的课题组长来说，如何充分利用优厚资源，如何快速组织和管理一个高效而有活力的研究队伍、有效管理和沟通、争取竞争性经费等，从而快速做出突破性的工作，是他们独立建立实验室后，所面临的最大挑战。他们需要系统地获得各类管理知识，以便有效地完成从学习者到管理者的角色转换。

为解决上述问题，学会汲取了欧洲分子生物学组织开展管理培训的经验，设计了适合我国国情的针对新课题组长的实验室管理课程——细胞黄埔研修班。通过这一课程的系统培训，有效地提升了青年研究人员在实验室管理和运行上的能力，对于他们尽快组织起一个高效团结的研究团队，获得竞争性科研经费和同行支持给予了系统的培训和帮助。

自 2015 年首次开班后，细胞黄埔研修班已成功举办 11 届，共培养毕业学员 333 名，同时学会青年人才托举项目受托人可免费参与研修班培训。

此外，针对学会青年会员提升专业技术和教学能力的需求，学会还设立了如干细胞技术培训、青年骨干教师研修班、标准体系建设和标准化能力提升培训班等。

设立基金 托举科学"她"力量

在科学界，女性科学家早已成为科技创新的重要力量。然而，不可忽视的是，女性科学家，尤其是青年女科学家在职业发展中面临着困境。

有数据统计，博士生阶段男女比例相近，而进入科学研究轨道女性研究组长仅占 4%～30%，高层次女性科研工作者更是匮乏。中国细胞生物学学会创新奖子奖项"青年科学家奖"自 2015 年设立至今，共评选出 9 位获奖者，其中女性科学家仅2名。

为了鼓励更多具有独立工作和领导力的优秀青年女性科研工作者，鼓励她们克服困难，继续从事科学研究，成长为国家科技领域高层次领军人才和高水平创新团队的重要后备力量，中国细胞生物学学会与上海市创新细胞生物学发展基金会设立了"中国细胞生物学学会生命科学青年女科学家职业发展基金"（以下简称基金）。

基金主要奖励在细胞生物学、生命科学基础和应用研究领域取得重要的、创新性成果，并且主要工作在中国国内完成的女性科学家，获奖者没有年龄的限制，只考虑领导独立实验室的年限。

基金的设立将是一面旗帜和标杆，鼓励职业发展中的优秀女性，提升女性科研工作者在生命科学研究领域的地位和社会关注度，从而激励更多的女性坚持科研探索工作。

畅通渠道　帮助青年人才成长

学会为青年科技工作者搭建成长桥梁，针对博士后缺少经费资助的情况，学会向科协生命科学学会联合体和科协积极建议设立专项支持青年人才成长的项目。

2015年9月，中国科协青年人才托举工程项目设立。作为首届生命科学联合体的执行秘书长单位，学会理事长陈晔光院士参与到项目早期设立的规划和执行中，同时学会主动开展与受托者、指导导师签订协议的模式，进一步规范项目的实施和开展。

2017年，学会在年会上设立专场，邀请已结束项目的受托举人分享经验，考核正在执行的受托举人的学术进展，并邀请专家进行指导和点评；向更多的年轻人宣传该项目。

自项目设立以来至今，学会共成功举荐15个青年英才，其中9人已经顺利结题。其次学会设立的青年工作委员会积极吸纳广大优秀青年科技人才，培养后输送给学会各专业分会，成为各专业领域的学科带头人。

为激励青年人成才成长，学会设立了针对青年科技工作者的各种奖励和基金。比如：专门为青年科技人才设立科技奖励，一定程度上保证了青年科技人才获得科技奖励的数量和支持力度，能够更好地满足其个体价值实现的需求。

此外，学会设立了青年科学家奖、青年优秀论文遴选活动等，奖励他们为国内

2021 年青年科学家奖颁奖现场

细胞生物学发展带来的新鲜活力和作出的贡献。

　　青年兴则国家兴，青年强则国家强，赢得青年，才能赢得科学的未来。学会以广大青年科技工作者需求为导向，为所有生命科学领域青年科技人才构建了一套从博士后开始一直到研究组组长、符合新时代要求的青年人才培养体系，让年轻"后浪"在科技强国路上乘风破浪。

点评

　　人才是衡量一个国家综合国力的重要指标，综合国力竞争说到底是人才竞争。坚持创新在我国现代化建设全局中的核心地位，把科技自立自强作为国家发展的战略支撑，就要重视青年科技人才的培养。中国细胞生物学学会始终高度重视青年科技人才的培养工作，形成了一套以需求为导向，符合新时代要求的青年人才培养体系，为推进细胞生物学的高质量发展提供后备人才支持和保证。

擦亮学会助力人才成长的金名片

中国环境科学学会

"四年磨一文"，这是每一个接受高等教育人才的共同经历，这场磨砺铸就了这些优秀人才。

人才强则国家强。党的十八大以来，中国环境科学学会充分发挥团结联系广大生态环境保护科技工作者的桥梁和纽带作用，积极推进环境领域科技人才成长。

这 10 年，是学会助力高校环境教育将自身发展"小逻辑"服务服从国家经济社会发展"大逻辑"的 10 年，也是见证高素质环境人才支撑引领美丽中国建设的 10 年，更是学会为建设世界科技强国积极贡献人才力量的 10 年。

注重谋篇布局　联合各方建立长效机制

2012 年，在中国科协、生态环境部、教育部等单位的支持下，环境类专业认证委员会正式成立，秘书处挂靠在学会——自此，学会迈出了助力高校人才成长工作的第一步。

2016 年，为创新工程教育理念和科学研究思维，激发环境类专业指导教师和学生在毕业设计（论文）工作过程中的积极性，学会联合教育部高等学校环境科学与工程类教学指导委员会开始策划高校环境类专业本科优秀毕业设计（论文）征集活动。

2017 年，第一届征集活动正式启动。年初，学会发起筹建了院士专家牵头的组织委员会、教指委副主任委员牵头的执行委员会和专职人员负责的秘书处，不断健全组织机构，明确了职责分工。

征集活动海报

　　学会组织编制了《全国高校环境类专业本科生优秀毕业设计（论文）征集活动管理办法（试行）》《全国高校环境科学与工程类专业本科生优秀毕业设计（论文）征集工作实施细则（试行）》等系列文件，构建了一支由教育界、企业行业界等专家学者组成的评审专家队伍，开发了"优秀学位论文征集系统"，有力地保障了征集活动的顺利开展。

　　基于此，学会于2020年启动中国环境科学学会优秀博士学位论文征集活动。

　　此外，学会还依托中国环境院所长论坛、院长系主任交流会、教指委工作会议等活动平台，将新形势下专业建设与人才需求、本科生解决复杂工程问题与科研能力提升、创新型高素质人才培养等内容作为会议的重要议题进行深入讨论，帮助高校积极主动融入国家战略和行业发展，对接新发展格局调整优化教学模式，针对解决现实问题推进学科交叉融合。

拓宽宣传渠道　吸引更多高校广泛参与

2017年10月，第一届《全国高校环境类专业本科生优秀毕业设计（论文）》名单正式公布，全国共有36份涉及污水处理、垃圾处理、大气治理、材料化学、农业污染等话题的本科毕业设计（论文）作品获此殊荣。

在同月召开的"中国环境科学学会2017年科学与技术年会"开幕式上，优秀作品称号的作者代表获颁证书，标志着学会开始深度参与环境领域人才培养工作，也极大地提升了征集活动的影响力。

2020年10月，第九届中国环境院所长论坛在成都举行，论坛期间向获得2020年中国环境科学学会优秀博士学位论文作者、本科生优秀毕业设计（论文）作者以及优秀组织单位的教师代表颁发了证书。

此外，学会还通过表彰学生作者和指导教师、大型会议发放宣传页、编制光荣册、在教指委课程论坛上做报告、发布微信推送、制作宣传海报等方式，使征集活动从学校、学院、教师层面逐步深入学生心中，形成了学院愿意组织、教师积极报名、学生有兴趣参与的浓厚氛围。

生态环境部邹首民司长、教指委副主任委员周琪教授与获奖者合影

强化支撑条件　促进活动可持续发展

学会不断搭建各方交流平台，努力提升教师指导能力和学生自身素质。

指导教师是毕业设计（论文）工作的第一责任人，对毕业作品质量的提高和学生综合能力的培养起着极为关键的作用。

作为环境类专业本科生优秀毕业设计（论文）征集活动的重要组成部分，科技论文写作与提升科技创新指导能力高级研修班于2020年9月在西安举行，旨在帮助生态环境领域的广大教师不断提升科技创新意识、工程实践和服务社会的能力，创造出更多更高水平的科技成果，发表更高质量的科技论文。

2022年5月，学会启动高校教师提升工程实践能力系列研讨会，聚焦工程设计基础、城镇污水处理厂设计、大气污染控制、典型工业废水、固体废物处理处置以及毕业设计的实施方案和特色做法等重点难点问题，通过会议研讨、优秀作品展示、走进校园观摩和一对一指导等方式，与广大教师共同深入研究探讨优秀毕业设计如何获得。

学会领导派出科技咨询评价与推广部2名全职工作人员参与日常管理和服务的实际工作，从而保证了征集工作的顺利进行。

学会以激励人才成长为切入点，发布了建设生态文明、强化污染防治人才支撑的七项倡议，促成了陕西科技大学与河北省皮革产业技术创新联盟、常州大学与江苏维尔利科技环保公司等多家校企合作，建立了学会全面服务的工作体系，为壮大学会会员队伍、凝聚科技人才、服务环保中心工作创造了条件。

点评

10年间，中国环境科学学会始终坚持"四个面向"，不断推进生态环境科技创新，积极深化产教融合，着力促进教育链、人才链和产业链的有机衔接，助力培育生态环境保护领域战略人才力量，通过开展高校环境类专业毕业生优秀毕业作品征集工作，为学会团结凝聚科技工作者创新建功、促进我国生态环境保护事业的发展作出了积极贡献。

化工工程师能力水平评价
助力科技人才成长发展

中国化工学会

一段时期以来，我国人才评价机制存在分类评价不足、评价标准单一、评价手段趋同、评价社会化程度不高、用人主体自主权落实不够等突出问题，亟须通过深化改革加以解决。

要树立正确的用人导向、激励引导人才职业发展、调动人才创新创业积极性，离不开科学的人才评价机制。

针对此状况，2020年，中国化工学会开始探索符合化工行业特色需求和社会认可的第三方人才评价体系，开展了化工工程师能力水平评价工作。

2022年度化工工程师能力水平评价评审会

围绕"干什么、评什么"搭建人才评价体系

中国化工学会先后试行发布《化工工程师能力水平评价管理办法》《中国化工学会化学工程师水平评价实施细则》等相关体系文件。

人才评价体系紧紧围绕"干什么、评什么",体现专业能力与岗位的紧密结合,充分考虑专业领域设立无机化工、有机化工、精细化工、生物化工、安全环保、分析测试、仪器仪表等 14 个细分领域。

人才评价体系对外语和计算机应用能力考试不再作统一要求,由被评价人所在单位提出要求,评价委员会研究决定评价方式和方法。

此外,人才评价体系破除"唯论文、唯学历、唯奖项、唯'帽子'",不再把论文、课题等作为申报的门槛条件,如无论文可提交与本人从事的工作联系紧密的技术论文或技术总结;将独立完成的化工工程技术相关领域的重点工作和课题等指标作为申报条件,强调化工领域专业技术知识基础和工作实践积累,为人才松绑减负。

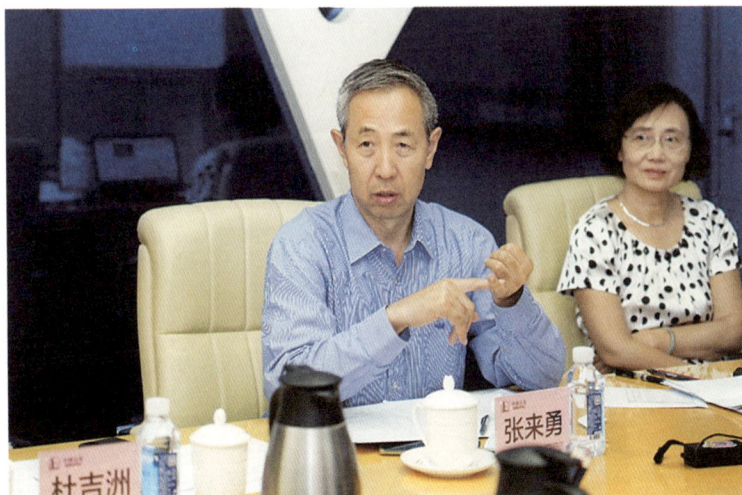

评价评审会上评审专家发言

健全评价标准　创新评价方式

在层级设置方面,人才评价体系设定了工程师、高级工程师、正高级工程师 3 个层级,进一步畅通了化工类人才职业晋升空间,对已取得中央、地方政府人事部

门等某一层级《职称证书》或其他全国学会颁发的《评价证书》进行层级互认。

在完善评价标准方面，区分化工不同岗位、不同层级的工程技术人员职业特点，区分设置生产和技术岗位能力要求、研究和设计岗位能力要求、管理和支撑岗位能力要求等针对性细则要求；制定化工工程师能力水平评价量化评分指标，重点从职业道德、理论水平、能力水平、业绩成果4大项11个小项设置标准，突出技术性、实践性和创新性，鼓励多出原创性高水平成果，促进优秀人才脱颖而出，注重向基层一线倾斜，科学、客观、公正评价工程技术人才。

中国化工学会全面推行评价申报诚信制度。所有申请参加化工工程师能力水平评价人员须签署诚信声明，对申报材料中涉及的资历、业绩成果、论文等方面的真实性负责，同时遵守我国的法律、法规，遵守职业行为和道德规范。

人才评价实行面试答辩与评审相结合的评价方式。设置人才评审专家委员会，根据当年申报的情况，每年邀请11~15位来自企业的资深专家对拟申报正高级及高级破格等相关人员进行面试和答辩，最终通过人员由到会评审专家的2/3及以上投票通过。

立足国内认可 瞄准国际互认

工程师资格国际互认是中国融入世界经济体系为我国经济社会发展和世界可持续发展贡献智慧和力量的重要一步，近年来，越来越多中国企业"走出去"参与国际项目，但我国现行的工程师体制（职称评审）导致国际项目"签字权"问题凸显，职称与专业技术资格并行的工程师制度与国际通行的工程师资格认证、注册制度不接轨，工程师职称评审要求和方式与国际通行的工程能力评价要求和方法不接轨，制约了我国工程师资格国际互认。为建立与国际实质等效的工程能力评价体系，推动工程师资格国际互认，提高工程技术人才专业化、国际化水平，中国科协于2021年成立中国工程师联合体，负责统筹开展工程能力建设的业务指导、评价服务、专题研究和决策咨询等工作。

中国化工学会承接中国科协化学化工领域工程师资格国际互认工作，主要任务是负责牵头化学化工工程类工程能力评价工作；开展本领域"走出去"企业需求调研；牵头研制本领域工程能力评价标准、评价流程以及质量保障体系等文件；组建本领域工程能力评价专家队伍，推荐专家作为工程能力评价候任考官。推动在"走出去"的企业开展工程能力评价试点；开发继续教育在线课程。与有关国家（地区）的社团组织开展双边或多边交流等。

经过充分的调研论证、起草、征求意见及反馈修改等环节，并按照中国工程师联合体《工程能力评价专业规范研制管理办法》的要求，中国化工学会于 2022 年 7 月组织专家对《化学化工类工程能力评价规范（送审稿）》（以下简称《规范》）进行了团体标准审定。《规范》采用中国工程师联合体通用的工程会员评价分级制度，同时吸收和融合了目前国内工程技术人员初、中、高专业水平评价分级制度实施中的成功经验和有益要素，既有利于化学化工领域工程技术人员实现国际互认，也有利于保持与国内现有评价体系的有效衔接和推广实施，充分体现了《规范》制定的先进性、科学性和可操作性，将为推动在化学化工领域建立国际实质等效的工程能力评价体系，推动工程师资格国际互认，提高工程技术人才职业化、国际化水平提供了评价依据和实施指南。

下一步，中国化工学会的人才水平评价工作将在中国工程师联合体的统一部署下，为开展工程师资格国际互认做好人才"蓄水池"，最终实现"国内认可、国际互认"的良好局面。

点评

化工工程师能力水平评价是在国家相关政策的指导框架下，探索打破"唯学历、唯资历、唯论文"等传统评价模式探索和解决化工领域人才水平评价标准和机制，通过客观、公平、公正的评价为用人单位的人才发展、人才使用、人才储备提供可靠依据，实现人才的优化利用。评审突出了对业绩和能力的要求，为非公企业等提供了评价途径，完善了当前化工领域工程师认证标准和体系，受到了行业的极大肯定和好评。

展青年编辑时代风华
育科技期刊未来精英

中国科学技术期刊编辑学会

科技期刊的竞争是综合国力竞争的潜力和未来，当前，传统科技出版业面临越来越大的转型压力，迫切需要引进和培养专业的科技出版人才，以便能够适应并参与新的出版传媒业态变化。出版人才的培养和提升，决定了科技期刊的竞争实力。

为培养造就一批能力强、业务精的科技期刊编辑人才，促进科技期刊的持续发展和质量提升，2017 年，首届科技期刊青年编辑大赛在中国科协的指导和支持下由中国科技期刊编辑学会主办，是首次全国范围的编辑赛事，科技期刊编辑界广泛关注、积极响应。之后大赛连年举办，至今已成功举办 5 届。

第五届青编赛选手和组委会合影

锐意创新　推陈出新

"大赛如此精彩，明年我们也去报名参加吧！"从 2017 年到 2022 年，中国科技期刊青年编辑大赛在科技期刊界的知名度逐年提升，吸引着越来越多的青年编辑参加。

首届大赛是全国范围内第一次举办此类赛事，创建了线上初赛、全国各赛区复赛、现场参与加网络直播总决赛的比赛模式，得到全国科技期刊编辑界的广泛关注和积极响应。第二、三届大赛加入直通赛环节，大量扩充了题库，在组织、宣传等方面工作上更为成熟，涌现了更多优秀选手参加比赛，赛事品牌效应凸显。

第四届大赛克服新冠肺炎疫情造成的时间紧、任务急、挑战大等困难，复赛采取了线上、线下结合开展的新模式，经过精细的组织部署，比赛效果超出预期，为今后的赛事组织工作积累了经验。

第五届大赛采用了全新赛制：先通过初赛的网上答题海选、视频展示等多轮竞技，从来自全国 31 个省（自治区、直辖市）近 2000 位初赛选手中选拔出 48 名选手进入决赛；决赛第一次从学术、技术、数字、运营四个赛道选拔选手，使各方面期刊青年人才有机会在大赛上崭露头角，这十分契合当代期刊数字化、媒体融合的特点；决赛第一次加入主题辩论、现场答题环节，现场竞技气氛热烈、精彩；除现

第四届青编赛决赛团队任务环节

场的 200 多名观众外，8000 多人在线观看了决赛直播。

编辑的日常工作大多是默默无闻的，如何在决赛中展示出来，是组委会最大的难题。组委会设计了几个编辑可能会遇到的场景，一边考察选手的思路和表达，一边向观众传递正确的价值观。

绽放青春　不负韶华

对于参赛青年编辑而言，大赛不仅是绝佳的自我展示机会，更是深度思考、高度凝练的自我提升过程。通过五届青年编辑大赛的发掘和历练，一批优秀的青年编辑脱颖而出，成为新时代的模范和标兵，成为各自专业领域的弄潮儿。

例如，李明敏编辑于 2017 年参加首届中国科技期刊青年编辑大赛获得一等奖（第一名）。经过大赛的雕琢，这位青年编辑得到了快速的成长，并且积极投入之后各届比赛的组织策划工作中，为青年编辑成长成才工作发光发热。经过 5 年的历练，李明敏编辑取得了副编审职称、2021 年度中国科技期刊卓越行动计划选育高水平办刊人才——优秀编辑称号，现任航空学报杂志社副社长，经营管理中国科技期刊卓越行动计划领军期刊——《中国航空学报（英文版）》、梯队期刊《航空学报》。

2019 年编辑大赛的一等奖获得者郭宸孜编辑，在赛后牵头筹创了面向光学新兴交叉学科的新刊 eLight，代表 eLight 答辩并获批首批卓越计划高起点新刊，组建了一支院士占比 35%、国际占比 82% 的顶尖编委团队，约请了中、美、英、德、澳、荷院士等 17 篇重磅稿件。目前 eLight 创刊一年半，文章篇均下载破万，篇均被引 25 次。其组织的 Rising Stars of Light 国际评选入选联合国国际光日聚焦活动，每年有十多万人关注。

众多的科技期刊青年编辑经过大赛的展示和磨砺，进一步增强了荣誉感、责任感、自信心与爱岗敬业的热情，在各自的岗位上绽放青春、书写精彩。大赛成为展示科技期刊编辑整体形象、发现优秀人才、培育科技期刊未来领军人才、促交流促成长的平台，是我国科技期刊青年编辑的学术盛会。

不忘初心　踔厉奋发

公平、公正、公开是编辑大赛矢志不渝的坚持，既然服务于这个世界上最擅长"挑错"的行业群体，就必须用完备的流程设计和彻底执行来做保障。每一个细节的设计，都要让选手感到对于公平的敬重和对于漏洞的零容忍。

每一届比赛都是策划者、组织者、评审者、选手等几百人共同努力的结果，如何协调、怎样分工、何时进场是关键的因素。人员调控、时间节点、比赛形式、题目设置、保密措施、宣传推广、疫情防控、应急预案……每一项工作都需要精心策划、反复斟酌。数十次的筹备讨论会、环节对接、模拟演练以及各方面人员台前幕后的倾力付出、通力协作成就了大赛的成功举办。

科技期刊编辑群体是一群热情地献身于工作、富有爱心的专业人士，他们服务作者，全力以赴协助作者找到最有效的方式来表达科研成果和学术思想，是作者矢志不渝的朋友。他们关切读者，尽可能触及最广大的读者，做学术交流的桥梁、科普宣传的窗口。他们引领科技人员把论文发表在最适合的期刊上，把中国科研人员的名字写进世界科学殿堂。

科技期刊青年编辑将不忘初心，踔厉奋发，和广大科学家、科技工作者一起肩负起历史责任，坚持面向世界科技前沿、面向经济主战场、面向国家重大需求、面向人民生命健康，努力为我国科学技术进步、为中华民族伟大复兴作出贡献。

点评

中国科技期刊青年编辑大赛发现科技期刊青年人才、培养科技期刊精英。获奖编辑因大赛增添了编辑生涯的高光时刻，这是一份鼓舞、一份激励，通过大赛的展示和磨砺，相信未来的他们将成为各自学科领域期刊各方面工作的中流砥柱。大赛从首届就以创新的模式、全国的规模、高水平的比赛吸引了业内瞩目和积极参与，之后与时俱进、比赛形式不断推陈出新，影响力逐年提升。大赛凝聚了我国优秀青年编辑力量，激发了青年编辑对期刊岗位的热爱，推动了我国科技期刊编辑事业的发展。

发布高教评估领域首个团体标准
推动完善工程教育治理体系

中国工程教育专业认证协会

2022 年 7 月 15 日,《工程教育认证标准》《工程教育认证工作规范》两项团体标准正式发布,其为我国高等教育人才培养质量评估领域第一个纳入国家标准体系框架内的团体标准。

此举标志着中国工程教育专业认证协会第三方属性的正式确立,对于贯彻《中共中央关于加强和改进党的群团工作的意见》,落实中央、国务院《深化新时代教育评价改革总体方案》,构建政府、学校和社会多元参与的高等教育治理体系,全面提高工程教育人才培养质量具有重要的标志性意义。

意义重大

团标制定是完善认证协会参与教育治理的重要举措,是规范化推进认证工作的迫切要求。

我国的工程教育认证工作从启动认证之初,就定位在工程师制度改革工作的基础和重要组成部分,把落实“管办评分离”,推进第三方社会组织参与教育治理,完善工程教育治理体系作为重要工作目标。

开展认证 16 年来,10 多个行业部门、50 多家具有较高影响力和权威性的行业组织先后联合,共同成立了独立法人社会组织——中国工程教育专业认证协会(以下简称认证协会),组织开展工程教育专业认证工作,具体认证工作由教育界和众多大型行业企业共同开展,认证工作依据的标准由教育界和行业部门、行业组织共同制定。

根据我国工程教育的实际情况，认证协会参考国际工程教育界的通行做法，按照实质等效的原则，研究制定了《工程教育认证办法》《工程教育认证标准》等文件，以认证协会内部印发文件的形式执行，目前已在 288 所高校的 1977 个专业开展了工程教育认证，得到了行业和高校的高度认可。

新形势新要求，对认证工作也提出了更高要求。认证工作文件从文件形式、发布管理要求等方面，都需要进一步规范。以团标形式发布认证标准和认证程序文件，有利于提升认证工作的规范性、权威性，提高社会认可程度。

规范推进

为了制定发布高教评估领域首个团体标准，认证协会展开了充分调研论证，规范研制发布工作，强化团标研制的机制建设。

认证协会充分发挥第三方评价组织的优势，先后多次与中国标准化协会、中国电工技术学会、中国机械工程学会、中国汽车工程学会等多家行业学协会及标准化

ICS 03.180
CCS A18

团　体　标　准

T/CEEAA　001—2022

工程教育认证标准

Engineering Education Accreditation Criteria

2022-7-15 发布　　　　　　2022-7-15 实施

中国工程教育专业认证协会　　发布

ICS 03.180
CCS A18

团　体　标　准

T/CEEAA　002—2022

工程教育认证工作规范

Policy and Procedure of Engineering Education Accreditation

2022-07-15 发布　　　　　　2022-07-15 实施

中国工程教育专业认证协会　　发布

在全国团体标准信息平台上发布的团体标准

方面的有关专家进行深入调研，对工程教育认证相关文件以团标形式发布的必要性、可行性进行了论证。

在此基础上，认证协会制定了周密详尽的团体标准研制发布工作计划，规范开展团体标准的研制发布工作。一是建立完整、高效的内部标准化工作部门，提升标准化工作能力；二是组织制定标准化工作的管理办法《中国工程教育专业认证协会团体标准管理办法》；三是改造发布经过多年实践检验的前述 2 项团体标准，同时开展宣传推广工作；四是建立以需求为导向的团体标准制定模式，拓宽应用渠道，提升我国工程教育能力建设。

在团体标准的制定发布过程中，认证协会通过建立规范的标准化工作机制，建立全流程的团体标准管理机制、起草流程、完善程序、应用与转化办法等，为后续研制、发布专家和机构工作规范、学校人才培养各类质量标准打下了坚实基础。

后续，认证协会还将推动 50 多家会员单位和分支机构，参与研制工程教育认证标准、理念相关的专业建设标准、课程建设标准、各类师资标准等，夯实认证工作基础，推动完善各方参与的工程教育治理体系，提升认证协会影响力。

重要启示

本次发布的工程教育认证团体标准起草单位基本涵盖了工程教育相关的大部分行业组织，包括教育部教育质量评估中心、中国标准化协会以及中国机械工程学会、北京工程师学会等 58 家行业学会，在相关行业和高等教育界产生了重要影响，有力推动了教育领域团标制定工作。

首次研制发布团体标准，具有重要的启示意义。

一方面，是对推进教育领域标准化工作具有重要示范意义。

近年来，我国教育标准化工作不断加强，制定实施了一系列教育标准，但与教育改革发展实践和教育现代化、高质量发展需求相比，还存在标准体系不够健全、标准供给存在缺口、教育标准的国际影响力还不强、在国际上认可度不高等问题。

本次认证协会研制发布教育评估领域首个团体标准，在高等教育战线产生了重要影响，形成了一系列重要成效，形成了可复制、可推广的工作机制，对后续推动教育评估和人才培养标准分类研制工作，具有重要示范意义。

另一方面，是对完善多方参与的高等教育治理体系具有重要启示意义。

《工程教育认证标准》《工程教育认证工作规范》团体标准发布

中国青年网
2022-07-27 05:53 ｜ 中国青年网官方帐号　　[关注]

本报讯（中青报·中青网记者 张渺）记者从教育部教育质量评估中心获悉，《工程教育认证标准》《工程教育认证工作规范》团体标准日前正式发布。

此团体标准由中国工程教育专业认证协会、教育部教育质量评估中心、中国标准化协会等58家单位共同起草，是我国高等教育人才培养质量评估领域第一个被纳入国家标准体系框架内的标准。

《中国青年报》发文报道称："标准倡导的与行业企业协同育人、学生能力产出导向的重要理念，在高等教育界产生了重要影响，有力推动了高等教育改革。"

认证协会作为第三方社会组织，后续还将会同有关行业组织、高等院校、各级各类教育职能部门和机构，以本次团体标准研制发布为契机，制定学科专业和课程标准、教师队伍建设标准、教育督导评价标准等，充分发挥各主体在标准化工作中的作用，推动产学研深度融合，进一步推动完善多方参与的高等教育治理体系。

点评

发布工程教育认证团体标准，组织开展工程教育认证，推动高等教育第三方社会评价，是推动工程技术人员跨境流动，推进实施跨境服务贸易的重大举措，对落实中央人才工作会精神，加快卓越工程师培养，助力"一带一路"建设，都具有重要战略意义。

上海市科技精英评选

上海市科协

国庆前夕，第 17 届"上海市科技精英"评选揭晓。至此，这项始于 1989 年的人才评选已经产生 187 名科技精英和 220 多名提名奖获得者，其中有 84 人成为两院院士。

10 多年来，上海市科协将"上海市科技精英"评选作为吸引人才的重要举荐项目，始终坚持实践标准、长远眼光，不唯地域、不拘一格，努力构建有效的引才用才机制，在人才引进和激发活力上不断探索，汇聚创新合力、策源创新思想，让各类人才的创造活力竞相迸发、聪明才智充分涌流，形成愈加明晰的吸引人才理念。

目前，"上海市科技精英"评选已成为引才引智的纽带，成为倡导并践行发现人才、举荐人才、表彰人才、宣传人才、服务人才，助力上海加快建设高水平人才高地的重要工作平台，成为上海高层次科技创新人才的"蓄水池"、高能级吸引人才集聚人才的"磁吸石"。

2008 年，俞正声、邓楠为第十届上海市科技精英颁奖

"淘金式"高标准评选

"上海市科技精英"评选表彰候选对象由各学会、协会、研究会，各区科协，各基层单位科协，各有关单位、团体等综合推荐，再经过资格审查、专业评审、复评、公示、终评、批准等环节确定获奖者。每年科技精英及提名奖获得者不超过 20 名（2022 年上海市修订评选办法，名额由各 10 名增为各 20 名）。

评选动员采取宣传报道、邮件函询、电话追踪等形式。以第 17 届上海市科技精英评选工作为例，在为期 1 个月的宣传期中，上海市科协通过《人民日报》《央视新闻》《上观新闻》《文汇报》等平台进行宣传，受到公众极大关注。

评选标准始终聚焦上海高水平科技人才高地建设，着眼于候选人在自然科学研究、技术科学和工程技术、高新技术应用和科技成果产业化以及科技管理和科技服务等领域的工作业绩，体现出坚持以创新价值、能力、贡献为导向的科技人才评价标准，努力破除"唯论文、唯职称、唯学历、唯奖项"倾向。

评选过程紧扣学术性、专业性、民主性、科学性开展。一是在学术性上实行同行专家评议，由主审专家对同一学科的候选人进行主评介绍；二是在专业性上，由院士作为评审专家参评的比例达 65% 以上；三是在民主性上加强评选委员的专家力量，评审专家既包括学术威望高、视野开阔、公信力强的院士专家，又包括能全面把握全市科技工作、人才工作规律的机关干部，还包括科技领域的企业高管；四是科学设计工作流程，既公开组织各单位、科技工作者申报，又做好工作资料、专家

上海市科技精英评选 20 年留影

信息保密工作。同时全程认真细致做好审核、摘录、汇总工作，确保所有申报信息准确无误。

"阶梯式"培养举荐机制

上海市科协不断完善"英才—精英—院士"的"阶梯式"人才培养举荐机制，将科技精英评选获奖者作为后备院士候选人。同时，在评选走向成熟后，把对科技人才的关注聚焦到青年科学家身上。

2002 年，在时任上海市科协主席叶叔华及沈文庆等一批科学家的倡议推动下，"上海青年科技英才"应运而生，并于 2022 年更名为"上海青年科技英才"选树，主要区分"基础研究""成果转化""企业创新"三个类别，旨在聚焦 40 周岁以下的青年科技人才，助力有潜力的青年科学家更快脱颖而出。

近年来，我国科技发展突飞猛进，一些领域逐步从世界科技的"跟跑者"跃升为"并跑者""领跑者"，其中不乏历届上海市科技精英的功劳。目前，已评选出的上海市科技精英和上海青年科技英才中，已有 84 位当选为两院院士。梳理汇总 2015 年来 4 次上海地区两院院士增选结果，近 70% 的新增选院士曾获得上海市科技精英评选表彰。同时，上海市科协推荐部分上海科技精英成为市政协科协界别委员，积极建言献策，发挥好科技工作者的参政议政作用。

从定位作用到目标举措，从工作导向到检验标准，上海市科协以"上海市科技精英"评选为抓手突出"慧眼识才"，彰显让各类人才创新活力竞相迸发的魄力和勇气，坚持厚植人才优势、培育创新沃土，人才举荐示范效应、标杆效应显现。努力构建"塔尖"高层次人才，夯实"塔基"青年创新人才，建立面向不同专业、不同领域、不同年龄、不同主体的优秀科技人才表彰奖励体系，"形成金字塔型人才结构，营造高品质人才生态"的远景规划正在逐步实现。

"融合式"引领涵养

近年来，科技精英的"磁场效应"凸显，正吸引着全球科技创新人才来沪发展创业，吸引诺奖获得者、世界顶尖科学家来沪交流研讨，聚焦集成电路、人工智能、生物医药等重点产业，助力"卡脖子"领域和关键核心技术取得突破。

上海市科协建立以"上海市科技精英""上海青年科技英才"为班底的专家智

库，统筹新兴学科、交叉学科布局，注重产业发展方向，不断拓宽举才荐才渠道，形成战略科学家、科技领军人才和创新团队负责人、青年科技人才、卓越工程师等各类人才的"蓄水池"。

从畅通人才引进到汇聚高端智慧，从传承优良学风到引领人才涵养，上海市科协发挥"上海市科技精英"评选的"酵母作用"，一项项制度举措环环相扣，充分发挥科协系统人才优势，把发现、培养、凝聚、举荐、用好人才贯穿在学术交流、科学普及、决策咨询和组织建设等各个方面，为科技人才施展才华、服务上海经济社会发展提供舞台。

点评

上海市科协坚持既要把"科技精英"选出来，更要把科技精英"树起来"，通过广泛宣传科技精英科学报国的光荣传统、勇攀高峰的科学精神、严谨求实的学术风气，进一步树立科技精英典范，辐射科技精英效应，展现科技精英风采。

从加强对科技工作者的人文关怀到密切与科技工作者的思想沟通，从强化公益性服务到提升科技浓度，提高情感温度。上海市科协通过上海青年科技英才联谊会，以举办科学草坪音乐会、设立法律咨询委员会等方式，用优质的服务汇聚科技人才，真正让人才成为引领新时代发展的战略资源、关键动力、引领力量。

共富之路　千博千企"千帆竞"

浙江省科协

自从中国计量大学宋春伟博士来"助力"后，浙江省义乌晶澳太阳能科技有限公司就再也不发愁小尺寸高功率组件的研发问题了。在浙江省科协"千博助千企"工作的支持下，博士创新站的建立，让这家企业可以应对欧洲市场分销商对小尺寸高功率组件的高需求，围绕"182-54 全黑组件的设计与开发"开展技术攻关，开发设计了一款大硅片小尺寸版型全黑组件产品，并实现全面推广量产，组件单兆瓦收益增加 0.03 元 / 瓦，折合年收益 1080 万元。

高质量发展建设共同富裕示范区，是中央赋予浙江的光荣使命。为切实落实好

浙江省科协浙江博士创新站服务共同富裕示范区建设启动仪式

这项工作，浙江省科协坚持新发展理念，紧盯中小企业高质量共富发展，于 2021 年 8 月启动博士创新站建设，实施"千博助千企"促共富行动。

这项工作以博士创新站建设为抓手，在激发产学研多方协同有效破解技术难题、促进科技成果转化有力推动共同富裕、推动企业人才培养坚实打造发展动力等方面取得成效。

规划先行　找准定位正向引导

工作开展之初，浙江省科协就坚持规划先行，完善顶层设计。他们将博士创新站建设工作列入《浙江省院士智力集聚工作"十四五"规划》，并出台《关于推进博士创新站建设的指导意见》《浙江省博士创新站建设与管理办法（试行）》《"千博助千企"促共富行动实施方案》。

有了政策保障，还需要打通流程中的各个环节。浙江省科协以"千博助千企"数智平台为突破口，以需求清单、场景清单、改革清单"三张清单"入手，搭建"V"字模型，对业务流程进行梳理分析，突破"产学研用"供需中的梗阻难题，搭建高校、科研院所、政府和企业共同参与的创新驱动发展模式。

同时，针对中小企业存在的人才"引不进、留不住"、高端人才紧缺的客观问题，博士创新站建设对人才的引进不求所有，但求所用，以柔性引进、项目合作为主。在服务企业转型发展时，按照"引创新资源、解技术难题、促成果转化、助人才培养"的工作任务，在解决企业的技术难题时，按照"企业出题、科协析题、博士研题、共同解题"的思路进行。

在浙江省科协的推动下，各地市及高校、科研院所充分发挥积极性，先后出台相关支持政策，明确了组织、资金等保障，鼓励青年博士把"论文"写在产业上。

需求"浮上来"　资源"沉下去"

为了更好地发挥博士创新站服务产学研用、服务创新驱动的作用，浙江省科协以"千博助千企"数智平台强化数字赋能，一方面把中小企业的需求"浮上来"，另一方面把青年博士的资源"沉下去"，组织博士入企开展对接调研，洽谈合作意向，在双方同意的基础上，建立博士创新站。

这样的做法，最大的益处就是促进了科技成果转化率。博士创新站能针对企业科技成果转化率不高，以及一方面科技成果在实验室"沉睡"，另一方面急需新技术的企业找不到成果的问题，以促进科技成果转化为抓手，帮助企业破"难点"，通"堵点"，打通科技成果转移转化的"最后一公里"，方便快捷的为优秀科研技术找应用场景，为有"痛点"的市场需求找到合适的技术路径，让"科研产品"转化为"经济效益"，从而快速推动企业技术进步，有力提升中小企业共富能力。

例如，浙江省宁波市明凤渔业有限公司与浙江万里学院郑侠飞博士合作，围绕"甲鱼种质选育"和生态养殖进行创新研究及技术成果转化，帮助企业建立了"农业龙头企业＋科技（龟鳖研究所，博士创新站）＋产业示范基地＋合作社＋农户"的产业化运行模式，直接带动全市及周边计6万亩鱼塘开展鱼（虾）鳖混养新模式，社会效益明显。

目前，浙江省科协博士创新站已累计促成产学研合作项目603项，引入238个科研成果落地企业开展合作转化。

服务创新主体　需求精准匹配

在设计之初，"千博助千企"就以"科技工作者满意不满意""企业欢迎不欢迎"为导向，为科技工作者服务、为中小企业发展服务。

具体做法上，浙江省科协通过"平台算法＋服务"的形式，根据企业需求，结合博士研究方向，自动配比对接，列出可能解决问题的最佳人选，推动企业需求与

泰顺县拓兴农业开发有限公司博士创新站王五宏博士团队

博士供给精准匹配。

在利用信息化手段的同时，浙江省科协还通过技术经理人和科协工作者促进双方交流合作，建立高校青年人才系统化服务地方的体制机制，解决青年人才的服务痛点，并通过青年博士智力支持，稳步提升中小微企业招才引才和科技项目管理的水平，最终达成互利共赢的目的。

同时，通过加强与人才部门、有关厅局和浙江省内高校的多跨协同，整合大数据局、科技厅、高校、地方等部门各层级信息，实现资源整合，借力助力，搭建校地企合作创新平台，为促进地方、企业的人才引育。

博士创新站充分发挥人才智力集聚作用，引培带动源源不断的科技人才投身中小企业高质量共富发展中。截至2022年10月，浙江省博士创新站共建站836家，其中在山区26县建站284家，入驻企业1723家，入驻博士3386人，发布企业需求1693条，达成合作意向867项，专精特新"小巨人"66家。

博士创新站已成为中小企业高层次人才的"蓄水池"和"发动机"，以"科技梦"助推"共富梦"，形成人才合力，坚实打造企业发展的原动力。

点评

　　紧盯企业"急难愁盼"，对症施策纾困解难。浙江省科协通过协同集聚政策资源，打造"千博助千企"数智平台，实现"质"与"责"良性互动，服务产业振兴，人才链创新链产业链深融，有效推动博士创新站赋能中小企业解技术难题、提升共富能力、助人才培养中的作用，带着"共富示范区"的荣耀和责任，带着"高质量发展跑出加速度"一张蓝图，促创新、谋共富。

"工博士"组团服务闯出新思路

江西省科协

2022年5月30日,第六个"全国科技工作者日",江西省新余市在这一天举行"工博士"服务团出征仪式。这已是其第三批服务团。

"工博士"服务团出征仪式

在新余市这个号称"工小美"的城市里,活跃着这样一支"工博士"服务队伍,他们的主职主业是高校三尺讲台上的博士教师,"副业"是为政府、企业插上科技翅膀的领路人,他们用自己的辛勤劳动助推企业高质量发展,助力产业转型升级,服务地方经济社会发展,用实际行动践行了科技工作者的初心使命。

精心策划做"红娘"

为了增强博士为本土发展作贡献的荣誉感和归属感，新余市科协早早布局，为新余博士充实"娘家"，找对"婆家"，促成"亲家"。

近年来，新余市科协积极履行"四服务一加强"职责定位，以新余市全力推进新型工业强市建设作为市科协服务经济社会发展的突破口，瞄准钢铁、锂电、电子信息、装备制造、麻纺产业等重点领域，充分发挥科协"枢纽"作用，通过对相关行业及企业进行大量走访，以及发动县（区）、园区、企业科协等组织，统一制定下发企业技术需求表，广泛征求企业发展中的技术瓶颈、难题和人才服务需求，把企业实际困难和技术难题摸上来。

新余市科协通过调研发现，大型行业龙头企业如新钢公司等拥有"院士工作站"、国家级研发平台等完备的科研体系，科研力量较强，对本地博士兼职技术支持的需求不高。

但汇亿新能源有限公司这种中小型、成长型高新技术企业，对人才、技术的渴求是非常强烈的，独立引进高技术人才成本较高，引进了要想留住高端人才也是一大难题，这些企业对柔性引进本地博士的意愿非常强烈。

在找准找实企业需求的同时，为当好"娘家"人，积极服务科技工作者，新余市科协 2018 年 8 月对新余市的博士人员进行了全面摸排，建立新余市博士智库协会，完善博士结对走访制度，开展"博士有话说"科技沙龙等活动。

在服务科技工作者的过程中，了解到许多博士有为地方经济社会服务的能力及热情，只是苦于没有途径与渠道对接企业及政府部门，新余市科协抓住这个契机，成立"工博士"服务团。

新余市科协一方面加大对"工博士"服务团成员的引进，系统整理挖掘每位博士的专业优势和科研成果；另一方面积极为"工博士"和有需求的企业牵线搭桥，为博士和对口企业进行配对，带他们赴相关企业进行沟通对接，帮助双方找准切入点，合作点，极大提高了牵线搭桥成功率。

通过"科协帮、自己找、单位推"等形式，促成博士与企业的精准对接，达成"亲家"，实现了有效精准服务。

为形成工作闭环，每年度结对帮扶文件下发后，新余市科协将"工博士"送达

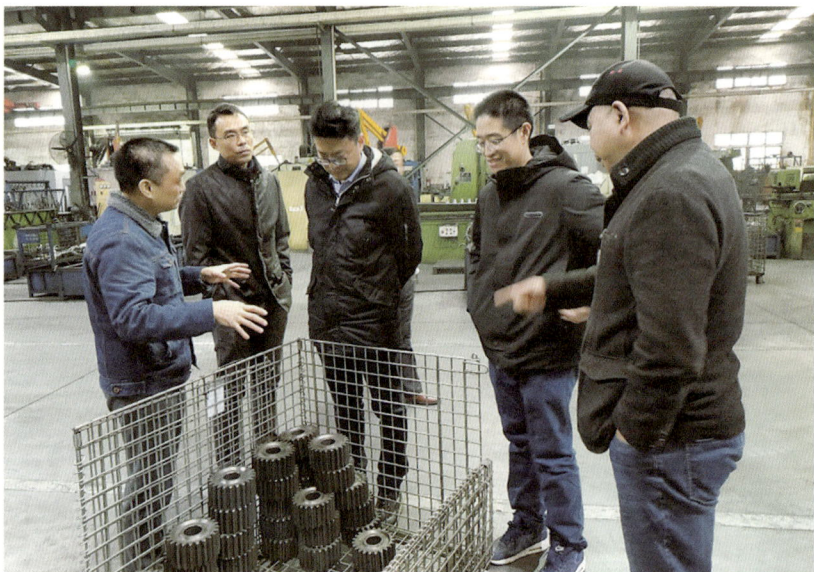

"工博士"服务团成员到企业对接

帮扶企业,督促三方职责落实到位。同时,建立微信工作群,落实每月一调度、年终一总结制度。表现优秀的"工博士"还将入围新余市青年科技奖和高层次人才的评选。

真情服务见成效

2022年7月,新余市科协走访调研组先后深入江西慧弛供应链管理有限公司、江西省三余环保节能科技股份公司等实地调研,以全面了解第三批"工博士"服务团帮扶企业工作情况。

而前批次"工博士"团员已先行一步,为当地经济社会发展作出突出贡献,涌现了一批驻企帮扶的先进典型。

2019年,吴闰生博士入选第一批服务团,负责联系江西省汇亿新能源有限公司。他负责的项目帮助企业攻克了电池容量难题,已为企业实现销售收入6000余万元,并有望推动三元锂电池向磷酸铁锂电池转换的技术趋势。

服务团黄玉龙博士为了实现"快递进村"的"最后一公里"难题,携团队与江西慧弛供应链管理有限公司合作设计研发了基于县乡村三级的区域物流体系——慧弛速运,将乡村物流成本降至原先的1/10,单个驿站的揽派件收入超过1万元/月。

新余市领导赴"工博士"帮扶企业走访

该项目获得交通运输部"首批农村物流服务示范品牌"等荣誉称号。

服务团周来友博士作为主要成员参与了《新余市工业和信息化第十四个五年规划和二〇三五年远景目标》《新余市"十四五"财政规划》等市重大规划课题并顺利结题，获得委托单位的高度评价和认可。

先进经验可复制

作为一项创新性工作，新余市科协逐步形成了一套从加强服务对接、日常调度、技术攻关、项目申报、座谈交流、工作考评等行之有效的"工博士"服务团助企帮扶的长效工作机制。探索总结了"1+1+N"工作方案，并在逐年不断完善中。

制定了总方案《新余市"工博士"服务团实施方案》，对工作指导思想、人员选派条件、三方工作以及制度管理等方面进行了具体明确；制定了《推进"工博士"服务团管理办法》，对"工博士"日常帮扶工作进行了细化；下发了多个具体实施方案，每年下发帮扶工作通知。

搭建了"才富"转化金桥。2019年启动"工博士"服务团服务企业工作以来，共选派3批次"工博士"共计32人次赴16家企业开展技术服务与合作。3年来，"工博士"服务成员联合申报或实施科技项目18项，显著改进生产工艺7项，落地研发产业 3 项，已申请国家发明专利 6 项。

注入了创新发展动力。"主动对接企业找项目，攻克实际应用中的难点，让科技更好地惠及民生，我们的科研才有价值。"正如黄玉龙所言，"工博士"服务团作为一种创新组织形式，遵循人岗匹配、人尽其才、才尽其用原则，让人才智力优势得到充分发挥，为企业发展增添了新的生机和活力，带动了新余市科技创新实力不断提升。

点评

新余市科协为经济社会高质量发展当好了"智囊团"，贡献了"金点子"。"工博士"服务团立足本土特色，助力本土企业的创新发展，解决了博士有技术找不到具体实施课题、企业有需求请不到创新人才的窘迫问题，涌现了一批驻企帮扶的先进典型。探索了高层次人才服务发展的新模式，开辟了高层次人才锻炼成长的新途径，形成了产业＋科技＋人才开发有效结合的新机制，具有可复制、可推广的特点。

探索构建高层次人才社会化
生活服务体系

湖北省科协

"昨天乘高铁出差，第一次使用了荆楚院士专家服务卡，受到热情接待，衷心感谢给我们提供的方便！"中国工程院院士李德群专门致信湖北省院士专家联络服务中心（以下简称院士中心），感谢他们为院士专家提供的便利服务。

持"荆楚院士专家服务卡"的院士专家可在湖北省内的医疗服务、航空服务、铁路服务、外事服务等方面，享有一站式便捷服务，使得他们在湖北的工作与生活更加便利。其实，服务卡只是院士中心服务高端人才的系列举措之一。

自 2015 年年底，院士中心便在全国首创构建湖北高层次人才社会化生活服务体系，探索建立了"一主两翼"人才服务模式，受到院士专家及有关方面的一致认可和好评，并荣获"2017 年（第三届）全国人才工作创新案例最佳案例奖"。

打造"一主两翼"高端人才服务模式

以院士、专家为代表的高层次人才是建设创新型湖北、实现湖北创新驱动发展的核心力量。2014 年开始，院士中心就开始构建高层次人才社会化服务体系的实践探索。彼时放眼全国并没有成熟的经验可供借鉴。

为此，院士中心开展深入调研，对湖北省高层次人才的生活、科研状况及学术活动等 10 个方面进行了专项课题调研，同时通过走访、座谈等多种形式，深入有关单位和部门调研高层次人才服务工作。

通过调研，院士中心发现做好高层次人才服务应当强调"一主两翼"，"一主"是指党委主导人才服务工作；"两翼"的"一翼"是指为人才提供科技服务和支撑，如实施重大人才工程、人才专项行动、人才支持计划等；另"一翼"是指为人才提供生活服务，为他们排除琐事困扰，使其能集中精力干事创业，实现人才的最大社会价值。"两翼"必须互为补充，形成体系。

在此基础上，院士中心在全国首创构建湖北高层次人才社会化生活服务体系，探索建立了"一主两翼"人才服务模式。

院士中心并不具备直接提供服务的基础条件，但却具有科协组织协调的突出优势。2015年9月，院士中心正式启动实施高层次人才社会化生活服务体系建设项目，协同社会主要服务力量，构建多层次、立体化的服务示范基地网络。

经过前期筹划、申报、评选、公示、考察和协议签署等环节，院士中心已在湖北组织创建了28家"湖北省院士专家服务示范基地"，包括医疗、交通、外事服务等单位，涵盖了高层次人才生活服务方面的主要需求。

2015年10月，首批湖北省院士专家服务示范基地挂牌，服务团队合影留念

当好院士专家的贴心"店小二"

高层次人才服务的科技服务方面已有许多成熟经验，生活服务仍处于相对薄弱状态，大多已被弱化为人才所在单位的后勤工作，缺乏系统高效地联系服务院士专

家的体制机制。因此，院士中心以重点创新高层次人才生活服务为出发点，补齐短板，精准发力。

为将高层次人才与各服务基地的松散型联系真正转变为紧密型联系，让各项服务更好地落到实处，院士中心先行开展最为薄弱、最为缺乏的生活服务，重点解决高层次人才反映最为突出的医疗、出行等问题，面向服务对象发放"荆楚院士专家服务卡"和服务指南，将各项服务集成转化为具体的、可直接使用、便捷的服务项目。

工作人员向中国科学院院士叶朝辉讲解"荆楚院士服务卡"使用方法

同时，院士中心坚持以科技工作者为本，经常听取院士专家的意见、建议，及时了解院士专家生活和工作状况，积极反映院士专家的诉求和呼声，当好"有事必应、无事不扰"的"店小二"，及时解决院士的急难愁盼事。

面对新冠肺炎疫情的严峻形势，院士中心积极联系武汉大学中南医院，为院士疫苗接种提供绿色通道。86 岁高龄的中国科学院院士殷鸿福不仅带头接种疫苗，还录制现场小视频进行宣传，鼓励大家及时完成接种，配合国家防疫抗疫政策。

在服务体系建设过程中，院士中心得到了武汉大学、华中科技大学等重点高校，中国科学院武汉分院、湖北省农科院等重点科研院所，同济医院、协和医院等重点医疗服务机构，武汉铁路局、天河机场等重要交通运输部门及有关企业、学会、基层科协等单位的大力支持。比如，召开 2022 年度"荆楚院士行"系列活动期间，武汉大学中南医院干保处上门为院士"一对一"进行核酸采样工作，保证院士们正常出行。

在院士中心的持续推动下，2022 年 5 月，湖北省委人才办牵头对院士机场服务进行全面系统性升级，为在鄂和来鄂院士提供最高礼遇。

为服务党委政府科学决策贡献力量

自 2016 年 3 月开始运转至今，院士中心年均为院士专家提供服务 500 余次，累计服务达 3000 人次。服务对象对各服务基地提供的服务均表示满意，满意度为 100%，未接到一例投诉电话，较好地解决了一些高层次人才的燃眉之急。

经过长期服务与坚守，院士中心逐步赢得高层次人才的尊重、认可和信任，并承担湖北省委、省政府交办的其他重要任务。

截至 2022 年年底，院士中心围绕湖北省委、省政府区域和产业发展重大战略布局，对接国家发展战略，围绕湖北科技创新体系建设、重大科技基础设施、重大产业发展等方面，累计组织 240 余位院士领衔或参与 113 个咨询研究项目，提交院士建议共计 75 篇，为服务党委政府科学决策积极贡献力量。

受湖北省政府委托，院士中心承担院士津补贴发放，截至 2022 年年底已为在鄂两院院士发放津补贴累计 2000 余万元，并采取上门、电话等形式回访，抽查院士津补贴是否发放到位，抓好落实，并做好政策解释说明和调整变更工作；配合湖北省委组织部、省医保委做好院士慰问及健康体检等工作，并及时解决院士专家"急难愁盼事"。

点评

湖北省院士专家联络服务中心创新构建的社会化人才生活服务体系，多年来为院士专家提供了专业性、针对性服务，不断满足高端人才个性服务需求，深受院士专家和有关方面的一致好评，是经实践检验的好做法、好案例。

尖端科技人才团队
践行"强科技"行动

甘肃省科协

一组最新数据显示，甘肃省目前已建成院士专家工作站 19 个，柔性引进 16 名院士及其团队进驻开展合作；建成协同创新基地 58 个，引进或签约 29 名院士、27 名专家及其团队开展合作。

近年来，甘肃省科协认真贯彻落实习近平总书记在两院院士大会上的讲话精神、中国科协"十大"精神、甘肃省第十四次党代会关于"强科技"行动精神和《关于进一步弘扬科学家精神加强作风和学风建设的意见》要求，充分发挥党和政府联系科技工作者的桥梁和纽带作用，积极与省委组织部人才处对接，出台了《甘肃省协同创新基地管理办法》，汇报中国科协及省委组织部同意后设立。

甘肃省协同创新基地的建立属全国首例，通过协同创新基地平台建设柔性引进两院院士和专家团队，积极搭建高水平的产学研合作平台，促进协同创新基地在集聚创新要素、培养创新团队、服务产业发展方面发挥了重要作用。

摸清需求　健全机制

为了摸清需求，选好企业，甘肃省科协根据国家和地方产业结构调整升级、经济发展方式转变的总体要求和企业自主创新的客观需要，围绕全省经济和社会发展的中心工作，充分发挥科协组织特点，广泛征集科研院所和高新企业的重大技术需求，筛选了一批亟待解决的技术难题，在尊重和顺应企业选择的基础上，积极寻求合作。

在选择建站、建基地单位时，甘肃省科协注重积极性高、创新意识强、具有一定规模和发展前景的大中型企业建立院士专家工作站和协同创新基地。

在健全机制、夯实基础方面，为了促进甘肃省院士专家工作站和协同创新基地建设工作良性发展，2021年6月甘肃省委组织部、省科技厅、省人社厅、省科协联合印发了《甘肃省高端人才引进扶持办法（试行）》，"对省级新建院士工作站和协同创新基地给予20万元到30万元的工作保障经费支持"，自2021年起甘肃省科协在省级科普专项经费中拨付新建院士专家工作站和协同创新基地保障经费共计280万元给予支持。每年年底通过考核评选出6个优秀院士专家工作站，采取以奖代补形式给予每个工作站5万元工作保障经费支持。

严格把关　细化服务

院士专家工作站和协同创新基地按属地化管理原则进行申报，推荐和初选工作由甘肃省各市州科协牵头组织实施，对申报材料进行初审，对申报单位现场考察，提出推荐意见后报送省院士专家工作站建立领导小组办公室，办公室审核无异议后报甘肃省科协党组审议，省科协党组同意申报单位建站、建基地后给予批复并受牌，

2021年8月，中核华原钛白股份有限公司协同创新基地揭牌

同时报备省委人才工作领导小组办公室。

在建立院士专家工作站和协同创新基地建设工作中，甘肃省科协以科协组织服务科技工作者平台为依托，细化服务工作，积极落实对接。利用科协系统的人才资源优势，与院士专家进行联系和接触，对建站、建基地单位加强业务指导，借助院士专家团队，提升建站、建基地单位的自主研发能力和创新水平，拓宽引进和培养人才的创新渠道。

为落实好《关于进一步弘扬科学家精神加强作风和学风建设的意见》，甘肃省科协在 2020 年 7 月对已撤销的 75 家院士专家工作站中有意向转化为协同创新基地的，经各有关市科协组织工作站申报转化材料报省院士专家工作站建立领导小组办公室审核，甘肃省科协党组研究后，原则同意转化 36 家院士专家工作站为协同创新基地。

甘肃省科协在持续推进新建院士专家工作站和协同创新基地的同时，还会同相关部门和单位及时修订出台了《甘肃省院士专家工作站运行管理办法》《甘肃省协同创新基地管理办法》《甘肃省高端人才引进扶持办法（试行）》，明确了考核奖补、经费保障等一系列扶持措施。自 2020 年开始，甘肃省科协对通过考核评出的 6 个优秀院士专家工作站采取以奖代补形式分别给予经费支持。

牵线搭桥　协同创新

为满足特色产业发展、高端装备制造、生物医药及疾病防治等方面的科技创新需求，甘肃省科协积极寻求合作、牵线搭桥，新建酒泉戈壁生态农业院士专家工作站和甘肃博睿重装协同创新基地等 10 个协同创新基地，柔性引进院士 4 名、专家 7 名，签约合作项目 12 项。

目前，国网甘肃省电力公司院士专家工作站攻克清洁能源输送消纳、新型电力系统等关键技术，制定行业技术标准 10 项，取得发明专利、实用新型专利等 20 多项；兰州新区石化产业投资有限公司院士专家工作站建成投产全球首套规模化液态太阳燃料合成示范工程，取得 3 项完全知识产权的国际领先技术；甘肃长达路业有限责任公司院士专家工作站承担的科技重大专项主研成果《公路隧道工程 NPR 锚索预算补充定额》，填补了我国公路建设领域有关计价依据的空白；同时，兰州大学第二医院院士专家工作站、敦煌种业院士专家工作站等院士工作站也成果丰硕。

点评

　　甘肃省科协以院士专家工作站、协同创新基地为抓手，发挥院士团队的技术引领作用，帮助企业培育科技创新团队，集聚创新资源，突破关键技术制约，推动产学研紧密合作，着力打造出提高企业自主创新能力和高层次人才柔性引进服务平台。通过协同创新基地平台引才的方式十分灵活，在一定程度上缓解了西部地区引进高层次人才难、留人难的问题，激发了人才干事创业的活力，为地区经济社会发展作出了积极贡献。

服务高校科技工作者成长成才

南京航空航天大学科协

创新人才培养是高等学校的使命所在，高校科协作为连接党和高等院校科技工作者的桥梁和纽带，有着促进科技创新的天然优势。

南京航空航天大学科协长期专注于教师成长环境的构建。针对高校教师发展面临的困境，南航科协积极主动补位，吸引和凝聚广大科技工作者，促使其形成自组织学术交流团队，逐步建立开放、宽容的交流平台，通过建家、引智、设岗等方式助力科技人才脱颖而出。

建科技工作者之家

为了广泛联系科技工作者，南航科协在江苏省高校科协中率先推动成立"南航青年教授学术交流联谊会"，组织体系不断完善，在各学院设立青联分会，组织规模不断壮大，会员已从 2008 年最初成立时的百余人发展到现在的 900 余人。

南航科协青联的建立以打造"青年科技工作者研究之家"为目标，进一步增强了青年科技工作者的归属感和认同感。十余年来，南航科协青联开辟了固定活动场所，并给予足额经费支持青年科技工作者开展学术交流。

在这个"家"里，一批具有特色的品牌活动应运而生。"青年教师学术成长与发展论坛——青稞论坛"迄今已开展 7 期；"全国科技工作者日"真正打造成属于科技工作者自己的节日，相关系列活动已成功举办 4 次；午间学术沙龙、青年教授讲坛、云上学术交流——青芸讲坛、青年学者与企业对接行等学术交流活动定期开展。

有了温暖的"家"，也就有了让科技创新扎根成长的沃土。2014 年，南航科协青联在中国科协和中国航空学会的支持指导下，牵头就"高校科协在青年人才队伍建设中的举措和作用"开展了专题研究，并形成调研报告。2018 年，南航科协青

"科技工作者之家"内景

联组织申报的"未来飞行器前沿技术预测及航空特色高校人才队伍建设研究"项目，获中国科协重大调研课题立项，成为全国 11 个立项课题之一。2021 年，南航科协联合青联共同承担中国科协"科技工作者之家"组织建设项目。

积极引入学会资源

如果说"家"是南航科协工作中的第一个关键词，那么"引智"就是第二个关键词。

为了引入学会资源，2019 年，南航科协积极推动中国振动工程学会、江苏省航空运动协会、江苏省复合材料学会等 11 家单位共同发起成立江苏省首个"航空特色科普联合体"。

通过联合体的建立，南航科协积极主动与相关领域全国学会、江苏省学会联系，充分发挥单位会员的优势，拓宽人才举荐渠道。在工作中，南航科协注重与相关学会的融合，积极参与相关学会的各项活动中，得到了中国航空学会、中国宇航学会、中国振动工程学会、中国机械工程学会等多家全国学会的支持，承办或联办全国性学术会议、全国性赛事等，加强与各学会的互动交流。例如：南航科协联合中国航空学会、江苏省航空航天学会赴中小学开展"党建科普行"活动6次；与中国航空学会联合主办首届研究生论坛暨南航第七届研究生国际学术会议、第一届中国航空产业法治论坛暨2018年航空工业法治国际研讨会；与中国电子学会、中国和平利用军工技术协会、南京国防科技工业协会共同主办首届国防信息融合前沿论坛；与中国电子学会、中国通信学会联合主办2022年首届全国电磁频谱空间人工智能学术交流大会。此外，还承办"江苏省科协青年科学家沙龙"8期，在校内外广大科技工作者中间引起了较大反响。

助力人才脱颖而出

南航科协的第三个关键词是"人才"。为了能够让更多的高校科技人才脱颖而出，南航科协专门设置人才举荐项目专员，在校内各单位认真选配兼职联络秘书和学术秘书，保证科协相关工作的辐射。

项目专员的任务是充分收集和挖掘各类人才项目、评优评奖信息，加强对各类获奖人员的数据收集、整理与分析，积极用好、用足中国科协、江苏省科协"青年人才托举工程""青年科技奖"等政策，始终关注各类奖项动态，及时将相关信息通过校内办公网、南航科协公众号及各类工作群推送给广大科技工作者，通过联络秘书和学术秘书微信群、深入学院和创新团队一线开展政策宣讲等，多渠道发动广大科技工作者积极申报。

此外，南航科协还牵头设立"青年学者创新奖"，鼓励青年教师开展创新研究，积极培育中国科协、省科协等人才托举项目。逐步推进青年科技智库建设，积极引导青年学者为党委和政府科学决策服务。

近年来，南航科协先后推荐了30多位专家教授任全国性学会的理事、常务理事、秘书长、副理事长等；先后推介昂海松等一批专家教授及其科研成果亮相中央电视台《走进科学》《百家讲坛》《我爱发明》等栏目。

一系列创新举措为南航的科技人才在各项评选中脱颖而出创造了良好条件：两人获中国青年科技奖、一人获全国最美科技工作者（江苏首个）、一人获江苏省最美

赵淳生院士获 2021 最美科技工作者

科技工作者、24 人获中国科协"青年人才托举工程"资助、27 人获江苏科协"青年人才托举工程"资助；两人获"冯如航空科技精英奖"、13 人获中国航空学会"青年科技奖"等，很多年轻教师现已经成长为南航的中坚力量。

建家、引智、人才，这三个关键词已经让南航科协成为高校科协工作的典范，并且在全国范围内形成了良好、广泛的社会影响。

点评

南航科协立足高校科协优势，探索科协工作规律。对外加强与校外相关学会等组织的交流与合作，积极引入资源；对内找准科技人才这个工作抓手，建成并逐步完善工作流程和机制。在不断的实践探索中磨合，将科协工作与高校发展协调统一，让科协凝合成了一股强有力的战斗力量，为我国科技创新和高校的自身发展奠定了坚实基础。

搭平台　建机制　筑生态
汇聚世界青年科学家的磅礴力量

中国科协组织人事部

习近平总书记强调，要造就规模宏大的青年科技人才队伍，把培育国家战略人才力量的政策重心放在青年科技人才上，支持青年人才挑大梁、当主角。青年科技人才是科技创新的关键资源、宝贵财富和重要后备军。培养青年科技人才就是奠基未来，用好青年科技人才就是创造未来。贯彻落实习近平总书记关于科技创新和科技人才工作的重要讲话精神，中国科协联合浙江省人民政府于 2019 年创设世界青年科学家峰会。

4 年来，峰会秉持"汇聚天下英才 共创美好未来"理念，广泛汇聚国内外优秀青年科技人才，搭建了高端交流融合创新发展新舞台，取得了以峰会联系凝聚海内外优秀青年科技人才的新机制，实现了以会聚才、以会引才的新业态。习近平总书

重点活动被纳入联合国成立 75 周年活动框架

2021 年世界青年科学家峰会

记向首届峰会致贺信，联合国秘书长古特雷斯回信第二届峰会全体参会代表，峰会连续四年被中央人才工作领导小组列为年度重点工作之一，多个重点活动被纳入联合国成立 75 周年活动框架，凸显了人才引领发展的示范效应，取得了创新合作的丰硕成果。

搭建大舞台　实现大融合

习近平总书记强调，科技的未来在青年。以习近平总书记贺信精神为指引，深化与主要创新型国家务实合作，深入推进与"一带一路"沿线国家科技人文交流合作，加强同发展中国家和周边国家拓展科技合作领域和渠道。累计邀请 2600 余名青年科学家代表参会，与 30 多位诺贝尔奖、图灵奖、沃尔夫奖获得者、300 余位国内外院士深度分享科研感悟，组织中欧青年科学家对话、科学家与企业家对话、科学家与艺术家对话等系列高端对话活动，助力青年交流思想、投身实践，切实增强了与会科学家的参与感、获得感，为青年科学家跨界交流提供平台。

创新开放协同新机制　信任合作迈出新步伐

习近平总书记指出，开展科技人文交流，推动青年创新合作，是各国共同愿望。峰会充分发挥科技共同体作用，积极构建开放创新生态，推动青年参与全球科技治理。与联合国教科文组织等多家国际知名科技组织加强合作，加快推动在国内设立国际科技组织，正式挂筹运行世界青年科学家联合会；之江实验室与美国科学促进会（AAAS）共同创办科学伙伴期刊《智能计算》（*Intelligent Computing*）并发布白皮书。与55个国家建立友好联系，编织了以亚欧大陆为中心、辐射连接世界的民间科技人文交流网络，助推"一带一路"建设。与大学创业世界杯全球组委会合作，在疫情期间为世界科技人文交流合作作出典范。与世界青年地球科学家联盟、诺贝尔可持续发展基金会、二十国集团青年企业家联盟等建立长期沟通联络机制，搭建了国际高端交流合作平台、组织构架。与100多个国家、国际科技组织和100多个国外大学建立交流合作关系，成为我国青年科技外交重要品牌和链接全球资源创新平台，拓展了民间科技人文交流网络，有力地促进了疫情期间科技人文交流合作，夯实了国际科技界开放信任合作的基石，为推动构建人类命运共同体贡献了科技力量和青年智慧。

服务地方新发展需要　打造科创融合新生态

习近平总书记指出要实现产学研深度融合。峰会从实际出发，着眼于全球产业发展和变革大趋势，汇聚学会、高校、院所资源，搭建产学研融合桥梁，组织动员广大科技工作者解难题、促转化、助创业，增进各类创新资源协同互动融通，营造科技经济深度融合发展的良性生态。4年来，峰会推动科学家、企业家、创投家"三界"融合，系统构建了"一器、一园、一城、一中心、一基金"，共签约落地重点项目65个、高能级创新平台34个、引进产业项目301个、高层次人才827人，拟设立科创子基金13支，总规模47亿元。青科孵化器、青科创业园、青科产业城、青科学术中心建设进一步加快，基金杠杆作用进一步发挥。2021年，温州入选"科创中国"试点城市，高端人才的"磁力场"效应进一步凸显，形成了"办好一个会、赋能一座城"良性互动格局。

点评

　　4年来，在全球新冠肺炎疫情肆虐、全球关系面临严峻考验导致科创要素流动性减少的大背景下，峰会始终坚持以习近平总书记贺信精神为指引，牢牢把握青年人才主题，以科技人文交流合作为媒介，为推动构建人类命运共同体和服务地方经济社会发展作出了积极贡献，实现了多元价值目标和科技人文交流的内涵，是习近平总书记关于人才工作重要论述精神的生动实践。

八、
加强对外交流合作

全球变化生物学效应国际研究计划

国际动物学会

进入 21 世纪，全球气候变化和人类活动影响不断加剧，全球面临一系列的生态危机和挑战，比如：物种灭绝、外来物种入侵、有害生物暴发、疾病流行、资源枯竭等。

据估计，目前全球物种灭绝的速度要比过去 1000 万年快数十至数百倍。而另一方面，我国已发现 660 多种外来入侵物种，每年对农业和生态系统造成巨大损失。

为此，国际动物学会发起了"全球变化生物学效应国际研究计划（BCGC）"，10 多年来，全球 10 多个国家的 100 多名科学家参与该计划。BCGC 已被认为是国际生物科学联合会最成功的项目之一。

贡献我国科学家的智慧和力量

过去 20 年，全球发生了 4 次全球性疾病大流行（SARS、甲型流感、新冠肺炎、猴痘）、10 多次区域性疾病大流行（登革热、寨卡、埃博拉、沙拉热、出血热、莱姆病、鼠疫、禽流感、非洲猪瘟等），严重威胁全球生物安全和人民健康。

显然，传统的基于局地、小尺度和分散的研究范式难以应对当前全球性的生态挑战与危机。

国际动物学会发起 BCGC，以搭建一个国际合作平台，组织全球科学家联合研究，促进和增进对"全球变化生物学效应"这一重大科学问题的理解与共识，提出应对全球变化的方案和对策，贡献我国科学家的智慧和力量。

计划发起后，即相继被中国科学院列为国际合作重点项目，被国际生物科学联合会（IUBS）接受为其国际研究计划。

2012 年起，BCGC 被列入国际生物科学联合会核心研究计划，后又被列为

BCGC 举办会议情况

2016—2019 年度国际科学研究项目。BCGC 执行期间，许多活动得到中国科协的指导和大力支持。

瞄准大尺度全球变化因子

BCGC 主要瞄准大尺度全球变化因子和重要生态效应，重点研究全球气候变化和人类活动对物种灭绝、生物入侵、虫鼠害暴发、疫病流行的影响与机制。

该计划的实施，揭示了影响动物种群发生的大尺度气候因子、动物濒危或灭绝机制以及害虫、害鼠暴发成灾及动物疫病流行规律，在国内外学术界产生了广泛的影响。

例如，根据对历史和文献资料的整理和分析，发现由于人类活动破坏，造成动物栖息地碎片化，动物迁徙受阻，大幅度气候冷暖变化可导致物种局域性灭绝。因此，建议沿着纬度和海拔建设动物迁移走廊，以应对气候持续变暖。

发现大尺度气候因子如厄尔尼诺、北大西洋涛动对鸟类、兽类、两栖类、爬行类、昆虫等种群动态具有全球性的影响，建议重视大尺度气候生态学理论研究，并建议把大尺度气候因子作为生物灾害、动物保护或资源管理的预警信号。

货物和交通运输增加以及天敌缺失，加重了国外森林病虫害对我国的入侵。因此，建议加强国际合作，强化口岸和交通检疫措施。

基于有关研究成果，国际动物学会组织专家撰写了《应加强对全球变化生物学效应研究的支持》报告，并被中国科协作为其《调研动态》总第 488 期发表。

打开全球"朋友圈"

在 BCGC 框架下，国际动物学会与其他国际组织共同开展了多项合作活动。

2015 年，国际动物学会与中国人与生物圈国家委员会合作，组织科学家开展野生动物红外相机监测研究，以推动和提升我国生物圈保护区野生动物的监测能力、生态保护和科普教育，并于 2018 年共同发布《中国生物圈保护区网络野生动物综合监测计划——示范保护区建设试点技术方案》，启动示范保护区建设试点工作。

2021 年，上述双方在双方协调以及中科院网络中心和动物研究所等单位的支持下，在广东车八岭国家自然保护区正式建成动物自动智能监测平台并投入运行，实现了对保护区野生动物信息的自动监测、收集、传输、分析和管理，大幅度提升了其精准监测和高效管护能力。

在 BCGC 框架下，国际动物学会和联合国粮农组织（FAO）中国办公室合作，组织多国科学家联合实施"中越边境地区森林入侵害虫物种联合调查"，发现一种国际重大入侵森林害虫——小圆胸小蠹已侵入我国云南及越南北部地区，对寄主树木造成严重危害。其后协助国家林业和草原局发布了《林业有害生物警示通报》，为该重大入侵害虫的控制提供了支持。

野外工作站及考察情况

"最成功的项目之一"

10多年来，BCGC组织了各种学术活动，包括38次国际大会、专题讨论会、讲习班和培训会，350多人应邀报告，人员互访交流50多人次，1100余人参加了BCGC的各种活动。全球有10多个国家的100多名科学家参与了该计划。

BCGC的有关科学家联合发表了30多篇研究论文，出版专著1部，并在《整合动物学》上发表了3期BCGC专辑，研究涵盖生理学、神经学、行为学、生殖生物学、遗传学、进化生物学等多个学科，研究尺度横跨分子、个体、种群、群落生态系统多个层级，研究内容涉及生物适应、种群动态、动物疫病、物种入侵和生物伦理学等多个领域。

BCGC的成功实施，得到了国内外多位专家和学者的一致称赞。国际生物科学联合会前主席武田洋幸对国际动物学会始终致力于推动国际动物学的交流发展表示充分肯定与钦佩，同时称赞BCGC是国际生物科学联合会最成功的项目之一。

2019年，BCGC联合主席、中国科学院动物研究所研究员张知彬获国际生物科学联合会颁发的杰出贡献奖。

2020年，该计划联合主席尼尔斯·克里斯蒂安·斯坦塞斯（Nils Christian Stenseth）荣获中华人民共和国政府友谊奖、中华人民共和国国际科学技术合作奖。

点评

BCGC是由我国科学家发起和主导的国际科学计划并十分成功的一个典型案例。该计划依托国际动物学会，搭建了一个以我为主的国际性合作平台，从全球变化这一重大科学前沿和重大社会需求出发，组织世界各国著名或知名科学家参与，引领和促进了全球变化生物学领域的发展，提升了学会在国际上的知名度和影响力。BCGC的成功，对于其他领域国际科技计划的开展也具有重要借鉴意义。

用民间科技外交提升国际话语权

中国内燃机学会

2018 年 10 月,在国际内燃机学会的秋季理事会议现场,20 多个成员国的 40 多位理事郑重地投出了手中的选票,中国工程院院士、中国内燃机学会理事长金东寒全票当选为国际内燃机学会新一届主席。

这是国际内燃机学会成立近 70 年来,首次由中国科学家担任主席职务,也是中国参与国际内燃机工作的重要里程碑,极大地振奋了行业信心,体现了我国在该国际组织中地位及话语权的提高。

成绩来之不易。在这个过程中,中国内燃机学会在推动我国内燃机科技领域国际合作交流、提高我国内燃机技术水平和国际话语权、影响力等方面发挥了重要作用。

风正扬帆　奋楫争先

国际内燃机学会成立于 1951 年,是一个在全球内燃机行业具有权威地位的非营利性科技组织,由 27 个国家的成员国委员会和企业会员组成。

1983 年 6 月,中国内燃机学会第一次以成员国身份出席在法国巴黎召开的第 15 届国际内燃机学会大会。在当年大会的上千余名参会代表中,中国面孔不超过 1%,而 100 多篇宣读论文中,来自中国作者的也只有 3 篇。

可以说,国际内燃机学会一直由欧美国家主导。为了改变这一处境,中国内燃机学会在 2010 年积极制定了国际交流中长期规划,设定远景目标。一方面,通过后备人才出版、建立激励机制、参加培训学习等加强内功修炼;另一方面,通过承办国际内燃机学会在内燃机领域的奥林匹克盛会及其他国际品牌会议,大力组织中国代表在国际交流平台上的发言、发布论文和技术报告,提高在国际内燃机学会各核心工作组的任职和参与度。

　　与此同时，中国内燃机学会发起组织首次世界内燃机大会，加强与国际内燃机学会董事会核心成员的交流等活动，一次次突破我国在国际内燃机学会圈的记录，刷新了国际内燃机学会圈对我国的认识，增进了国际社会对我国内燃机行业的了解、理解和信任。

　　在中国科协的指导和学会领导的引领下，中国内燃机学会脚踏实地地走出了一条路来，逐渐在国际内燃机学会这一最具影响力的内燃机领域国际组织的高层有了一席之地，并最终当选为主席成员国。

中国内燃机学会当选为国际内燃机学会主席成员国

十年磨剑　玉汝于成

　　国家的综合实力和人才培养机制，是造就国际型科技人才层出不穷的重要基础。进军国际科技组织核心及重要职位，必须要提前做好中长期谋划。

　　随着国家对全国学会国际科技交流工作的重视程度与日俱增，中国内燃机学会于2008—2009年着手制定了国际交流工作中长期规划，提出要用10年沉淀重点推动杰出人才进入国际内燃机学会高级管理层。

　　正如金东寒所说，只有自身强大，才能在世界舞台拥有话语权。我们不仅要让大批专家学者参加国际学术交流活动，更要让一批具有良好外语水平的学科带头人参与国际组织的决策工作，全方位展现中国的科学技术水平。

　　为此，中国内燃机学会积极团结动员国内外个人会员及单位会员，全面参与国际内燃机学会举办的各类活动，始终坚持每年派员参加各级机构工作会议，切实履行成员国委员会义务并承担相应责任。

近年来，中国内燃机学会平均每年至少承办一次国际会议。2010年，中国内燃机学会联合日本、韩国的相关科技组织，共同发起成立国际内燃机学会远东国际组织，进一步增强国际内燃机学会在亚洲的凝聚力。此后，中日韩三国轮流组织，每年召开一次国际内燃机学会远东国际会议，10年间从未间断，为日后进入国际内燃机学会高级管理层夯实了基础。

与此同时，学会坚持积极参加国际内燃机学会主办的各类会议活动，积极申请承办国际内燃机学会品牌活动，按时足额缴纳会费，切实履行成员国委员会的义务，承担相应的责任。在历届国际内燃机学会大会上，中国内燃机学会组织了大量高质量、高水平的论文投稿和报告交流，在国际交流平台发声，并动员尽量多的中国代表、中国企业在国际舞台上亮相。

同时，学会多次邀请国际内燃机学会高层来华参与我们组织的各类活动。另外，学会还通过储备后备人才、建立激励机制、参加培训学习等，提高中国专家在国际内燃机学会各工作组的任职和参与度。其中，国际内燃机学会WG19工作组主要由中国人参加，并由中国人担任工作组主席职务。

中国内燃机学会还推荐中国专家加入没有中国人参与的国际内燃机学会工作组，

以我国科技工作者为主的国际内燃机学会 WG19 工作组

填补空白。通过不断推荐专家加入国际内燃机学会工作组，越来越多的中国专家参与国际内燃机行业的交流，也进一步扩大了中国专家的国际影响力，提高了中国在国际内燃机领域的话语权。

2013 年，中国内燃机学会承办国际内燃机学会大会，吸引了来自 33 个国家的 800 余名国外代表参会，参会人数和覆盖范围均创历史新高。

星辰大海　不负勇往

成立 40 多年来，中国内燃机学会通过储备后备人才、建立激励机制、组织培训学习、增进国际交流等路径，极大提高了中国科学家在国际内燃机学会的任职率，在国际内燃机学会的参与度、影响力和话语权得到了显著增强。

2019 年，中国内燃机学会组织国家代表团参加在加拿大温哥华举办的国际内燃机学会大会。本届国际内燃机学会大会，我国共有参会代表近百名，投稿论文近 200 篇。

随着中国内燃机行业的快速发展，中国内燃机学会通过不懈努力，扩大了中国在国际内燃机领域"朋友圈"的影响力，促进中国内燃机行业持续由大变强。中国内燃机行业也在开放互通、兼容并包的时代环境中得到进一步发展。

中国内燃机学会将积极推动更多中国科学家进入国际内燃机学会任职，深入了解欧美主要发达国家和地区的内燃机碳中和目标及实现路径，提供更加便捷高效的信息获取渠道，联合攻关解决更多"卡脖子"关键核心技术，为我国内燃机行业高质量发展，实现内燃机碳中和目标作出新的更大贡献。

点评

经过中国内燃机学会 10 多年的努力，中国在国际内燃机领域的"朋友圈"越来越大，也让更多中国故事与国际主流话语体系无缝接轨，让世界科技界发出更多中国声音。

中国内燃机学会积极主动推进国际科技合作与交流，通过参与竞选国际内燃机学会主席，充分发挥科技社团在参与民间科技外交、全球科技治理、提升中国科技影响力等方面的作用，极大地振奋了行业信心，增强了影响力。在增进对国际科技界的开放、信任与合作中取得了积极成效，为推动构建人类命运共同体作出积极的努力和贡献。

"走出去"于变局中寻"共识"

中国通信学会

"全球科技格局深刻调整，需要科学技术交叉融合、协同互通。时代不断进步，5G 商用大幕已启，6G 研发时不我待。"中国通信学会副理事长兼秘书长张延川说，携手深化国际交流合作，以科技创新推动可持续发展是破解重要全球性问题的紧迫需要，也符合各国人民和全球科技界的新期待。

2020 年 12 月，全国学会工作会议召开之际，中国科协、民政部联合印发《关于进一步推动中国科协所属学会创新发展的意见》，鼓励全国学会"走出去"，参与全球科技治理，不断促进学会高质量发展。

在中国科协的指导下，2022 年 5 月 28 日，中国通信学会英国工作委员会正式成立，学会以英国作为"桥头堡"，积极探索国际化发展道路，吸引国际先进技术和科研人才，促进国际产学合作，为我国通信事业和科技发展贡献力量。

开放包容　助推通信难题破解

新一轮科技革命和产业变革深入发展，加强科技开放合作、积极参与全球创新网络已成为科技界的普遍共识。

如何凝聚全球通信领域的优秀学者，推动信息通信行业发展，是中国通信学会始终关注的重要问题。

2021 年，由学会组织工作部牵头，联络在英国工作的华人学者，共同策划关于建立海外分支机构事宜。

第一次筹备海外分支机构，学会面临着多方面的压力和困难。成立专项工作组、多次向国际相关领域组织请教设立经验、编写建议书等，在华人学者的帮助下，吸纳了诸多在英学术圈和企业圈的新朋友，建立了强大的"朋友圈"，最终组建了第一届工作委员会。

在筹备成立大会时，受中英双方地区疫情、假期等影响，会议多次延期，专家和工作组成员的心情也跟着"起起伏伏"。经过反复沟通协调，2022 年 5 月 28 日，中国通信学会英国工作委员会成立大会以国内线上、伦敦线下的形式顺利召开。

中国通信学会英国工作委员会成立大会

中国通信学会认为，英国具有深厚的科研底蕴和完善的知识产权保护体系，中国拥有快速发展的科技实力及强大的市场转化能力，中英优势结合将能更好地实现科技成果转移转化，用沟通、开放和包容来破解发展难题，用科技创新为人类进步赋能，共同推动全球创新型经济的发展。

学会希望，以英国工作委员会为平台，深入开展对外科技人文交流合作、发展全球科技伙伴关系，通过开展中英信息通信领域学术交流，促进产业发展、推动工程领域资格互认和技术创新、拓展专家网络，助力智库建设、推进信息通信领域科技成果转移转化，以及发展海外会员和提供会员服务。

中国通信学会英国工作委员会成立大会伦敦线下合影

搭建平台　凝聚华人学者

建立海外分支机构，寻找极具国际影响力和号召力的华人学者，并将其纳入委员会，是关键且重要的一步。

2020年年底，张延川找到了高跃教授，并将设立英国工作委员会的想法和高跃沟通。

高跃是学会旗下 *China Communications* 英文版的特邀编委，也是英国萨里大学无线通信系主任、通信领域著名华人学者。他在学术组织工作方面有着的丰富经验，长期在 IEEE 多个协会担任组织管理职务。

"在英国设立分支机构是一个非常好的想法。可以建立桥梁，联络英国的科技工作者，帮助海外专家和国内的通信企业建立沟通渠道，积极组织学术交流活动，增加华人科学家的国际话语权。"高跃欣然支持，并愿意担任第一届英国工作委员会的主任委员，帮助学会共同将工委会建立起来，探索运作模式，使工委会"步入正轨"。

与此同时，在各方努力下，学会争取到了海外英国皇家工程院王江舟（Jiangzhou Wang）院士、伦敦大学学院黄继杰（Kai Kit Wong）教授、基尔大学范中（Zhong

Fan）教授，以及国内清华大学牛志升教授、华为未来网络架构实验室吴建军主任为副主任委员。

中国通信学会第一届英国工作委员会委员共 45 人，由在英工作和生活的高校和企业界专家组成，年龄梯次合理、地域分布广泛。英国工作委员会将围绕 6G 等信息通信领域国际前沿技术，在英国当地开展形式多样的国际学术活动。

积极探索　积累学术管理经验

"不拒众流，方为江海。自主创新是开放环境下的创新，绝不能关起门来搞，而是要聚四海之气、借八方之力。"习近平总书记不止一次强调科技国际合作的重要性。

虽曲折多变、困难重重，中国通信学会英国工作委员会终成功迈出了"走出去、引进来"的第一步。

作为学会第一个海外分支机构，它也被寄予了厚望与期待。

如今，面向 2030 年的商用 6G 仍处于愿景需求研究及概念形成阶段，6G 技术方向及方案仍在探索中，6G 发展任重道远，需要在探索新型网络架构的基础上，在关键核心技术领域实现突破。

借助英国工作委员会平台，深化中英人文交流，为中英科技创新战略合作提供有利平台，促进人才交流与培养合作及研发合作。

从国内走向国际，加强与中英智库和研究机构交流合作，深化战略性、建设性、开放性研讨交流，打造新型高端智库。拓展专家网络，凝聚智慧共识，为培养富有创新精神、冒险精神、科学头脑和国际化视野的优秀企业家队伍。

同时，增强信息通信工程技术能力创新，加快突破关键核心技术，实现新旧产业、新旧就业、新旧动能的转换，鼓励和引导开展基础性前沿性创新研究，重视颠覆性和变革性技术创新，推动我国网络强国建立，加快科技创新治理体系和能力的现代化。

下一步，学会将依托英国工作委员会，积极吸纳海外专家，拓展外籍专家网络，在英国乃至欧洲地区打造高水平产学研交流平台和国际一流科技期刊。同时，拟探索在中国港澳等地区设立分支机构。

点评

　　当前，全球新一轮科技革命和产业变革正在加速演进，5G 商用大幕已启，6G 研发时不我待。作为信息通信领域国内最具权威性的学术组织，中国通信学会充分发挥自身资源、人才和平台优势，成立英国工作委员会，为凝聚全球通信领域的优秀华人学者、拓展专家网络，推动信息通信行业发展发挥着重要作用，同时也为学会"走出去、引进来"发展模式提供了样本和思路。

推动国际交通科技发展

中国公路学会

往来通达，交错相通——交通，曾令鸡犬相闻，如今早已对社会生活、经济技术、文化交流产生重要影响。

"'一带一路'国际交通联盟"（Belt and Road International Transport Alliance，BRITA）是由中国公路学会发起，联合国内外较大的交通投资企业、建设单位、科研院校、机械设备厂家等自愿结成的国际性合作平台。BRITA 已成为我国与各国尤其是"一带一路"沿线国家交通科技工作者共商、共建、共享的重要平台，成为推动国际交通科技发展的重要力量。

服务"一带一路"合作倡议

为配合"一带一路"合作倡议，搭建"一带一路"沿线国家和地区公路交通领域的固定合作机制，助力"一带一路"沿线国家和地区交通运输的技术、标准、装备、服务等相互融合与促进，最终形成交通领域全球化政、产、学、研的合作交流平台，BRITA 于 2017 年 6 月在北京发起创办倡议。

2020 年 6 月 19 日，BRITA 理事工作会议通过视频会议召开，联盟理事会成员及领导机构在本次会议上选举产生，宣布"一带一路"国际交通联盟正式成立。

其宗旨是促进国内外交通技术创新、融合与发展；促进国内外交通科技成果的传播、转化与推广；以我为主，发挥引领作用，增强中国交通的国际地位与话语权。

联盟设立交通安全、绿色与可持续交通、智能交通 3 个技术委员会，为 BRITA 体系完善和工作开展创造了条件。此外，BRITA 还加入了环境部设立的"一带一路"绿色发展国际联盟，成为该联盟在交通运输领域的重要支撑之一。

BRITA 得到了亚非欧众多国家的积极响应，目前已有 42 个国家和地区的 180 余家单位加入 BRITA。

搭建可持续的"一带一路"学术交流与知识分享平台

自联盟成立以来，作为中国科协首批推动的我国自主设立国际组织的重点工作，BRITA 历经 4 年努力，通过交流研讨、搭建平台、高端智库等形式，取得众多成果，

2018 年 2 月 28 日，北京，"一带一路"国际交通联盟新春座谈会

2019 年 2 月 26 日，尼泊尔，"一带一路"国际交通联盟尼泊尔研讨会

多次受到中国科协、交通运输部的肯定。

连续 6 年，BRITA 在世界交通运输大会（WTC）期间召开圆桌会议、"一带一路"国际交通研讨会（BRITS），并在尼泊尔、阿布扎比等国家举行了专题会议，打造了机制化可持续的学术交流与知识分享平台，为"一带一路"沿线国家的交通运输发展提供技术支持。

打造国际化人才培训、评价与认证体系

人才是交通业发展的宝贵资源。BRITA 大力开展联合培训项目，着力提升国际化复合型人才队伍的建设和能力提升。

2021 年，学会联合北京工业大学共同制定《"一带一路"国际交通联盟（BRITA）2021 年度行动方案》，共同组织"一带一路"青年人才培训（BRITA Youth 4 Future），并成立"一带一路"国际交通联盟长安大学培训中心、北京工业大学培训中心等，面向"一带一路"国家青年科技工作者，免费提供政策法规、技术理论、工程案例、项目管理等内容的培训。

为深化交通运输领域国际高端人才培树机制，为高端人才脱颖而出创造条件，更好地推动全球交通创新与治理体系建设与变革，学会发起"国际公路交通科技领军人才"遴选，并由领军人才推荐国际专家，为进一步打造成立国际专家委员会奠定核心数据库。

近年来，中国公路学会承担工程师资格国际互认行业试点，牵头负责土木工程类工程能力评价和国际互认工作。结合 BRITA 的国际会员资源，学会开展了会会、会校、会企合作，进一步扩大工程能力评价申报范围，深入探索与高校专家团队合作开展材料审核、组织面试和培训等，持续开展本领域"走出去"企业需求调研，探讨国际工程师能力互认，持续开展工程会员评价认证工作。

2022 年，学会又面向行业高校、企业、科研院所征集课程体系建设方案及培训讲师，并就国际工程师走出去培训需求，与基建企业海外部门开展调研沟通，确保继续教育课程的完整性、系统性、科学性。同时，持续开展本领域"走出去"企业需求调研，协助学会共同推进工程师互认工作。

BRITA 成立了俄罗斯办公室，多次举办中俄双边交流，围绕陆海联运交通走廊建设、ESG 可持续发展、数字化转型等热点问题进行了交流，就工程师国际互认、

专业人才培训加强学术交流和开展科技合作等方面也频繁进行探讨。

2022年5月，学会组织了国内交通院校学者参加可持续发展基础设施研究所（ISI）ENV SP培训，相关学者顺利获得结业证书。6月起，联盟与联合国开发计划署尼泊尔办事处、尼泊尔汽车协会、同济大学、交通运输部科学研究院等积极筹备，联合开展"交通安全专题培训"。正在筹备2022世界交通运输大会（WTC2022）"'一带一路'国际交通研讨会——国际化交通人才培养与提升"专题研讨会。

点评

BRITA是在中国科协领导下，由我国社会组织发起成立的交通行业国际组织。其成立为"一带一路"基础设施建设提供了技术支撑，助力"一带一路"基础设施互联互通水平进一步提高，推动成员间政策、规则、标准的融通联通，提高了我国交通运输行业在国际上的影响力，建立国际民间科技交流与治理的新机制和新体系。

从望尘莫及到同台竞技

中国航空学会

"很高兴受邀参加 2021 年在上海举行的国际航空科学大会（尽管是线上参会）。我要感谢 ICAS 的盛情邀请和 CSAA 的出色承办，"国际吸气式发动机学会（ISABE）主席瑞克·帕克表示，"唯一遗憾的是，没能亲自到访上海这座美丽四射的城市。那里的美食也令我怀念。"

2021 年 9 月，由国际航空科学理事会（ICAS）主办、中国航空学会（CSAA）承办的第 32 届国际航空科学大会在上海开幕。

国家主席习近平向大会致贺信指出，航空科技面临着前所未有的发展机遇，开

ICAS2021 在上海召开

展全球的航空科技合作十分必要，大有前途。

国际航空科学大会被誉为航空科技界的奥林匹克盛会。本次大会是这一盛会时隔 29 年再次在中国召开。

申办：数次"奔赴"展示实力与优势

中国航空学会从 1979 年起与 ICAS 秘书处建立了联系。1992 年 9 月，经我国科技界共同努力，第 18 届国际航空科学大会在北京成功召开。

党的十八大以来，我国经济快速发展，航空科技的水平不断提升。2015 年，第九届理事会认为再次在国内举办国际航空科学大会将进一步增进国际航空科技交往，有益于提升我国航空科技水平，决定申办第 32 届国际航空科学大会（ICAS2020，后调整为 ICAS2021）的决定。

2016 年 5 月，中国航空学会副理事长张新国率队赴伦敦出席 ICAS 年度执行委员会工作会，进行了为上海申办 ICAS2020 的陈述和答辩。经过瑞典斯德哥尔摩、以色列耶路撒冷和南非开普敦共同参与的首轮竞选，上海与意大利米兰入围。

此时，学会已获国务院批准申办此次国际会议，并取得上海市政府和 30 多家科研院校及国内外企业的支持。

同年 9 月，第三十届国际航空科学大会（ICAS2016）在韩国大田举办，张新国率学会代表团在同时召开的 ICAS 理事会上，再次进行了上海申办大会的陈述和答辩。

经张新国全面介绍我国航空事业的发展现状、中国航空学会的优势、学会对国际航空科学理事会所作贡献以及承办城市上海的科技、人文、基础设施优势，ICAS 执行委员和各国理事全票通过：ICAS2020 在上海举办。

筹备：在最坏的情况下确保大会召开

"受新冠肺炎疫情影响，为保证会议交流效果，尤其是确保海外代表正常参会，原定于 2020 年 9 月 14—18 日召开的第 32 届国际航空科学大会现正式改期至 2021 年 9 月 6—10 日召开。"新冠肺炎疫情令所有人措手不及，2020 年 5 月底，中国航空学会正式发布了 ICAS2020 延期召开的通知。

但在此前的几年中，为做好大会的举办工作，学会认真策划，选取了国际会展公司作为大会的主要服务保障供应商，广泛联系国内外的航空企业，邀请报告发言。

至 2019 年，空客公司、GE、波音等国际知名的航空企业均已联络报名参会，国外报名参会代表超过 400 人，国内外收录论文近 1200 篇，创下历史新高。

为让更多国外友人了解中国的发展，充分展示我国航空科技发展的新成就，会议计划安排西安、上海、成都三地的参观交流活动，得到了 ICAS 执委会的高度赞赏。

新冠肺炎疫情冲击着全球人类的工作生活，大会同样受到影响不能如期举行，中国航空学会坚持要在国内举办一次高水平科学盛会的信念，不断与 ICAS 执委会磋商汇报，第 32 届国际航空科学大会最终调整以线上和线下结合的方式召开。

"过去这两年充满了挑战，中国航空学会和 ICAS 对会议进行了改期、结构调整以及再启动，"ICAS 执行委员克里斯托弗·阿特金认为，"大会得以成功召开是合作战胜逆境的成果。"

ICAS 秘书长埃格赛尔·普罗布斯等表示，会议形式的调整给筹备带来了巨大的额外工作以及成本，中国航空学会全程积极推进，紧密配合，及时应对各种突发情况，灵活处理，在最坏的情况下确保了大会的成功召开。"这对于中方组织者、技术团队以及 ICAS 大家庭来说就是一项了不起的成就。"

更多的，借助举办 ICAS2020 的契机，学会还成功推荐我国专家进入 ICAS 管理层。随着大会临近，学会加紧与 ICAS 的交流与合作。2019 年 5 月和 9 月，分别派员出访芬兰、澳大利亚，参加 ICAS 组织会议，汇报筹备进展。

目前，ICAS 各级组织中我国共有执委会成员在内的各类专家代表十余人，通过这些专家，中国航空学会得以充分参与国际组织各项事务，显著提升话语权与影响力。

召开：创多项世界纪录

"希望本届大会为促进全球航空科技合作发挥积极作用，给世界各国人民带来更多福祉。"2021 年 9 月 6 日，国家主席习近平向第 32 届国际航空科学大会致贺信。

这场盛会，主题涵盖航空科技各领域，包括飞行器设计，结构与材料，系统与子系统、能源与推进等。

张新国分析了中国航空工业领域的快速转型，欧洲清洁天空计划首席执行官阿克塞尔·克莱恩就 44 亿欧元的欧洲"清洁天空计划"发表了精彩见解……在 5 天会期中，来自 40 多个国家和地区的近 800 位航空科技界代表以线上、线下的方式，同话航空科学技术，共谋全球航空领域未来的发展，征集论文近 1200 篇。

ICAS2021 在上海召开

学会副理事长张新国获 ICAS 丹尼尔和佛罗伦萨·古根海姆奖。大会的成功举办受到了 ICAS 的高度认可。ICAS 主席乔奥·阿泽维多认为："在上海举办的第 32 届国际航空大会在诸多方面创下历史纪录。"

从 ICAS1992 到 ICAS2021，14 届、29 年的轮回，我们带给世界不一样的体验，从望尘莫及到同台竞技，中国的航空科技发展发生了无与伦比的变化。未来，中国航空学会仍将广交朋友，推进合作，为建设航空强国，为世界航空科技的进步不断贡献力量。

点评

大会在疫情反复、国际形势复杂的情况下成功召开，展示了中国航空学会极强的组织力和号召力，得到 ICAS 高度赞誉。为我国进一步参与该国际组织工作，例如未来申办会议、举荐专家、参与日程设置等扫除了障碍，打下了良好基础。会后学会及时促成了中国航空学会领导与 ICAS 高层的双边线上会晤，就未来中国更深入参与 ICAS 的工作，承担大国责任等达成了共识。标志着中国航空学会参与国际航空科学理事会工作进入全新阶段。

煤炭领域国际交流合作开新局

中国煤炭学会

近十年来，中国煤炭学会积极响应国家"一带一路"倡议，把开展与"一带一路"国家的人才培养和学术交流活动作为重点支持项目，逐步搭建起交流能源领域新技术的国际共享平台，讲好中国科技界的故事，展现中国科技专家的良好形象。

以"丝路精神"为指引建立联盟

2016 年，在中国科协指导下，中国煤炭学会发起成立"一带一路"矿业联盟（以下简称联盟），由国际矿山测量学会、哈萨克斯坦国立大学、哈萨克斯坦国立科技大学、波兰煤炭学会、乌克兰矿业学会、捷克煤炭学会等共同组建。

"一带一路"战略联盟矿业科技创新国际研讨会

秉持着"和平合作、开放包容、互学互鉴、互利共赢"的"丝路精神",联盟为"一带一路"沿线国家的矿业领域科技人员搭建开放式、共享式、互动式的国际交流平台。

同年9月初,由中国煤炭学会主办的"一带一路"战略联盟矿业科技创新国际研讨会在新疆乌鲁木齐市召开。

会上明确了重点加强"一带一路"沿线国家矿产资源开发利用的合作,瞄准能源领域科技发展前沿,围绕煤炭安全高效智能化开采、清洁高效集约化利用基础理论、关键技术和重大装备,开展技术创新交流与合作。

联盟自成立以来,制定完善了联盟的章程,召开了多次线上+线下联络会、工作推进会、学术研讨会和总结会议,就"一带一路"沿线国家能源技术转移、能源城市转型等方面进行了交流,探讨了"双碳"背景下"一带一路"平台如何发挥其优势和作用等问题。

不断扩大世界朋友圈

学会重视培养国际化人才,多次派员到国际组织及知名高校访问学习。

近年来,学会积极走出去,与包括联合国可持续发展战略部、国际能源署、世界经济论坛、能源基金会,以及美国劳伦斯伯克利国家重点实验室、瑞典研究院、斯德哥尔摩环境研究所、杰克逊事务所等在内的多个国家科研机构和组织建立了联系。

尤其是学会与北京市科学技术研究院、美国能源与交通创新中心达成合作意向,三方签署合作备忘录,将为"一带一路"国家提供能源技术支持和学术交流、人才培养等方面的帮助。

目前中国煤炭学会是国际矿山测量学会(ISM)主席团成员单位,学会理事长具有世界煤炭协会技术委员会副主席席位。

依托联盟构建的国际联系日益广泛,为学会深化"一带一路"项目,提升国际影响力奠定了基础,提供了有利条件。

深入开展国际交流与合作

与此同时,学会搭建的国际学术交流平台也日趋成熟,作用日益显著。

2014年,学会主办"国际土地复垦与生态修复研讨会",到会300余人,其中

"一带一路"国家和欧美外宾 60 人，组织学术报告 84 个（外宾演讲 43 人），出版英文论文集 2 册；2017、2021 年又先后主办了两届国际土地复垦与生态修复研讨会。

联合主办 2015 年至 2021 年共 7 届"国际采矿岩层控制会议（中国）"，已办成规范的年会，列入了中国科协重点学术会议目录，促进了亚太欧美地区矿山界的技术创新和交流。

协助国际测量学会举办中外学生夏令营。2018 年 7 月，"第二届国际矿山测量与地理信息技术培训暨研究生夏令营"在浙江省德清县地理信息小镇开营。来自俄罗斯、哈萨克斯坦、阿尔巴尼亚、波兰等国的 15 名师生与中国矿业大学、河南理工大学、安徽理工大学等高校 40 多名师生一起完成了交流和培训活动。

2020 年，承担英国繁荣基金中国能源与低碳项目"推动中国煤炭转型有效路径及实施机制"研究。英国政府支持的这一项目，旨在构建中国煤炭相关行业主要利益相关者参与机制，制定气候驱动和社会公正的绿色转型战略，为相关行业和地区提供绿色发展的机会和可行的措施，并通过项目加深中英双方的能源合作。学会组织相关专家和联盟成员顺利完成了项目，提出了中国煤炭转型路径，并于 2022 年 3

煤炭转型高层次国际交流会于 2022 年 3 月召开

月召开了煤炭转型高层次国际交流会，英国驻华大使馆公使衔参赞戴丹霓莅临参会。

这项研究成果为我国煤炭高质量发展提供了指导与支撑，也为"一带一路"沿线国家的能源开发利用提供了借鉴。

2021—2022年，为进一步拓展与国际能源领域的开放合作交流，学会与能源基金会（中国）、Agora 联合主办中欧、中美能源对话系列活动，就中美能源企业多元化低碳转型策略与政策体系、煤炭社区经济多元化战略、碳减排措施等进行了 3 次对话。

克服疫情不利因素，采用线下、线上相结合的方式开展国际交流活动。

2022 年 7 月 23 日，学会联合主办了 2022 年厚煤层绿色智能开采国际会议暨纪念中国综合机械化放顶煤开采 40 周年学术会议。来自中、美、俄等国的 60 位院士与专家以线上、线下的形式作大会报告。精心设计的会议形式克服了疫情的不利因素，保证了会议的规格和影响力。

这些举措都响应了学会制定的提升学会国际影响力的目标：面向世界、面向未来，增进对"一带一路"国家和国际科技界的开放与交流，促进"一带一路"区域矿业资源产业链的经济技术合作；与国际规则对接，积极参与国际科技（能源领域）治理；培育国际创新文化环境，提升能源领域科技创新能力和科学普及覆盖率；搭建以科技创新为主体的国际化服务平台。

点评

中国煤炭学会作为我国煤炭行业历史最悠久、会员覆盖面最广、组织体系最完善、学科最齐全的科技社团，通过与国际组织的交流合作，扩大了国家煤炭行业在国际的影响力，并加强了与国外先进技术理念的交流。

合作共赢 助力"一带一路"护理与健康

中华护理学会

卫生和护理领域是"一带一路"交流与合作的重要领域。在良好的健康与福祉美好愿景中，护士是实现全民健康覆盖不可或缺的重要力量。

作为有着 113 年悠久历史传统的中华护理学会，为了响应"一带一路"倡议，积极开展"一带一路"国际护理交流机制，邀请多名重要国际组织领导人、各国护理学会主席、专家等来华交流，打破时空界限，不断加深与各国的合作交流，促进民心相通，将中国护理经验传播得更深、更远。

国际护理领域的重要力量

中华护理学会诞生于1909年，是我国自然科学团体中成立最早的学术组织之一。

经过百余年的发展，中华护理学会的身影频频展现于国际舞台，已成为国际护理领域不可忽视的重要力量。

2018 年，中华护理学会第 27 届理事会领导班子成立。理事长吴欣娟带领学会国际合作团队与中国科协国际合作部领导就"学会国际合作与交流发展方向"进行深入沟通，在中国科协的支持与指导下，形成了探索建立"一带一路"国际护理合作格局的思路。

随后，中华护理学会以共商、共建、共享为原则，探索搭建"一带一路"国际护理学术交流机制，举办"一带一路"国际护理系列多场多边活动。

中华护理学会希望，在巩固原有广泛国际交流合作的基础上，积极响应国家"一带一路"倡议，建立"一带一路"沿线国家护理及健康领域交流、培训及合作的长效机制。传播中国护理以及卫生健康文化、理念及经验，深入开展合作培训、专项调研、行业标准互通等交流合作，促进民心相通，为增进"一带一路"沿线乃至全球人民的健康福祉助力。

艰难时刻下的守望相助

2019 年 9 月，中华护理学会成立 110 周年纪念大会暨"一带一路"国际护理研讨会在北京举办。

大会期间，中华护理学会与 26 个国家护理学会签署了护理合作备忘录，未来将在多个领域展开合作，希望共同为实现健康相关的可持续发展目标和全民健康覆盖贡献力量。

"一带一路"国际护理合作的大门就此初步打开。

2019 年"一带一路"国际护理研讨会开幕式

2020 年，新冠肺炎疫情全球肆虐。为加强各国间抗疫和护理交流，中华护理学会先后举办了两场"一带一路"国际新冠肺炎抗疫护理经验交流网络研讨会，邀请了 10 个国家护理协会的主席、副主席，就各国抗疫和新冠肺炎疫情护理经验进行热烈讨论。

后疫情时代，护理事业该往何处走？中华护理学会深知，传染病防治和突发公共卫生事件的处理是国内外卫生系统面临的一项紧迫且重要任务。

中华护理学会有针对性地开展活动，比如举办"一带一路"新冠肺炎疫情及突发公共卫生事件的护理应对国际护理培训，共有来自 15 个国家 130 多位护理骨干参加培训，受到各国护理学会和学员们的一致好评。

同时，为了强化联系纽带，2021 年中华护理学会向建立合作的国际护理组织、专家发出招募宣传通知及邀请函，初步组织建立了"一带一路"国际护理专家智库，逐步扩大影响力与凝聚力。

2022 年，第二届"一带一路"国际护理研讨会以线上方式召开，此次会议以"加大护理投入、尊重护士权益、守护全球健康"为主题。世界卫生组织首席护士官、国际护士会主席为大会致辞，来自 20 多个国家护理学（协）会的主席、专家及护理同仁共 3300 余人参加。

"一带一路"国际护理系列多场多边活动的成功举办，使得"一带一路"国际护理交流机制不断深入，中华护理学会的国际影响力快速提升，为进一步建立长效交流机制打下了良好的基础。

打开"大门"助力更多合作

在疫情的艰难时刻下，因为有了"一带一路"国际护理交流平台，全球护理同行的心更加紧密相连。

例如，2021 年 6 月，新冠肺炎疫情在斐济反弹并不断蔓延，斐济护理学会主席乌蒂尼安博拉女士向中华护理学会发函请求援助。中华护理学会向斐济护理学会援助共计 2500 套医用防护服，并于 10 月中旬顺利抵达。斐济广播公司对此次活动进行了详细报道，赞扬自疫情暴发以来中国政府和各界对斐济提供的宝贵支持，产生积极舆论反响。

世界正经历百年未有之大变局，国际合作和交流是大势所趋。在建立"一带一路"国际护理交流机制的过程中，中华护理学会积累了丰富的经验：以习近平外交思想为引领，积极贯彻国家大政方针，国际交流与合作要紧跟国家发展战略与国家研判。在国际学术交流中，也需要彰显在专业领域中的担当与引领作用，团结、关心友好合作的国际组织与国际友人，积极组织、引领、发起、联合举办国际交流活动。

开放包容，互利共赢，主动扩大对外交流合作，同时积极接纳合作者，在这个过程中寻求共同进步，不断传播中国文化，讲好中国故事。

"中华护理学会在健康促进、疾病预防、教育、科研等方面作出了重要贡献和诸多成就。"世界卫生组织首席护士官伊丽莎白·伊罗（Elizabeth Iro）多次在"一带一路"国际护理交流活动表达肯定与赞誉。

2022年第二届"一带一路"国际护理研讨会卫健委郭燕红监察专员主题演讲

2022年，中华护理学会依托中国科协"一带一路"国际科技组织合作平台，举办"一带一路"国际护理实践标准研讨会、"一带一路"国际安宁疗护护理合作论坛、"一带一路"国际护理管理与领导力研讨会3场学术交流活动

中华护理学会期待着，国际友好护理科学家不断加入"一带一路"国际护理智库，力争打造"一带一路"国际护理合作长效交流机制，适时成立"一带一路"国际护理联盟，为更好提升中国护理国际影响力，作出更多贡献。

点评

"一带一路"是中国提出的区域合作倡议，彰显人类社会共同理想和美好追求，是国际合作以及全球治理新模式的积极探索。中华护理学会作为我国护理专业唯一的全国性学术团体，在国际舞台上承担了越来越多的重要角色，国际影响力日益提升。探索"一带一路"国际护理交流机制，加强了国际护理学术交流，尤其是在新冠肺炎疫情时期，凝聚国际护理同仁、强化联系纽带、提升国际影响力具有重要作用。

三箭齐发　助力"一带一路"科普场馆合作与发展

中国自然科学博物馆学会

2017年11月，来自"一带一路"沿线22个国家24个科普场馆和机构的44位馆长及负责人，以及国内8大类74家科普场馆和机构、15家科普企业的130余位负责人齐聚北京，参加首届"一带一路"科普场馆发展国际研讨会。由此，"一带一路"科普场馆合作与发展的序幕徐徐拉开。

作为中国促进和推动自然科学类博物馆事业繁荣和发展的主要社会力量，中国自然科学博物馆学会积极响应并落实国家提出的"一带一路"倡议，以行业特色为切入点，"三箭"齐发，助力"一带一路"科普场馆建设，加强国际交流和民心相通，效果显著。

以协议为抓手　推动多边和双边合作

扩大协同开放，构建联合协作的工作格局，是中国自然科学博物馆学会推动国际交流合作重要工作思路之一。为推动"一带一路"科普场馆优势互补，探索实施资源连接、活动连接、智慧连接、平台连接，中国自然科学博物馆学会以开放包容的思想，积极推动与国际组织合作，拓展"一带一路"科普场馆合作的广度和深度。

经充分沟通酝酿，2018年6月，中国自然科学博物馆学会和联合国教科文组织签署长期双边合作协议书。协议的签署为"一带一路"沿线国家科技类博物馆建设提速增效、开展馆际合作交流、共同致力于联合国可持续发展目标的实现，提供了有力支持和保障。

在框架协议下，联合国教科文组织支持每两年召开一次"一带一路"科普场馆

2018年6月，学会和联合国教科文组织签署长期双边合作协议书

发展国际研讨会，并将其作为"一带一路"沿线国家科技类博物馆开展国际合作的平台；支持"一带一路"沿线国家科技类博物馆进行科普资源的联合开发和互惠共享；联合组织开展"一带一路"沿线国家科技类博物馆发展与管理能力建设项目如培训研讨等实质性活动。

在协议的支持下，中国科技馆、上海科技馆、北京天文馆等科技类博物馆与"一带一路"沿线国家科普场馆和相关机构签署了21项双边合作协议，推动了合作项目的落地与实施。

协议书的签署体现了联合国教科文组织对中国自然科学博物馆协会长期致力于促进和推动科技类博物馆事业繁荣和发展的高度认可和鼓励。

以项目为驱动　创新合作模式和内容

2019年10月，在2019"一带一路"科普场馆发展国际研讨会开幕式上，举行了联合国教科文组织和中国自然科学博物馆学会向斯里兰卡政府移交斯里兰卡国家科学中心总方案仪式。

为向"一带一路"沿线国家提供我国优势科普工作经验，发挥国际影响和示范

联合国教科文组织和中国自然科学博物馆学会向斯里兰卡政府
移交斯里兰卡国家科学中心总方案

效应，2018—2019 年，中国自然科学博物馆学会牵头实施了斯里兰卡国家科学中心技术支持项目。这是与联合国教科文组织签署协议后实施的第一个国际合作项目。

为推动项目落地实施，中国自然科学博物馆学会先后组织了 5 次联席会，协调各方力量，就重大问题进行沟通和落实，保障项目关键结点的顺利实施。

为高质量完成项目方案，中国自然科学博物馆学会积极动员会员单位骨干力量，以中国科技馆负责展览开发的技术团队为主，组建方案编制工作组，国内科技馆行业专家组成专家组。经过共同努力，形成《斯里兰卡国家科学中心建设项目建议书》。

为保证方案能落地实施，中国自然科学博物馆学会组织技术团队与斯里兰卡方面保持密切沟通，并与联合国教科文组织组成联合工作组共同就技术支持斯里兰卡国家科学中心一事展开调研，赴斯里兰卡首都科伦坡进行实地考察，与斯方有关方面广泛接触，开展交流，进行磋商。

通过赴斯实地调研和博采国内众家科技馆之长，最终形成 4 万余字的《斯里兰卡国家科学中心内容建设规划方案》（中英文）递交斯里兰卡政府，受到斯里兰卡国家科学基金会和联合国教科文组织的高度评价。

项目的实施，树立了中国自然科学博物馆学会与联合国教科文组织开展合作项目的典范，同时有力配合了"一带一路"建设，为沿线国家提供了我国优势科普工作经验和发展模式，产生了一定的国际影响和示范效应。

此外，通过积极参加联合国教科文组织《多功能科学中心/科学博物馆建设指南》的编撰，支持地学博物馆专业委员会开展中国—东盟地学科普合作研讨项目，中国自然科学博物馆学会不断创新国际合作模式、丰富国际合作内容。

以研讨会为平台　务实交流与合作

为构建"一带一路"科普场馆合作互鉴的长效机制和国际化、综合型、高层次的交流平台，在2017"一带一路"科普场馆发展国际研讨会的基础上，中国自然科学博物馆学会继续以《北京宣言》为号召，分别于2019年10月和2021年12月成功举办两届"一带一路"科普场馆发展国际研讨会，其中2021"一带一路"科普场馆发展国际研讨会直播观众突破40万人次，国际影响空前。

会议把推进科普资源的共建共享作为务实合作的重点。面向会员单位和"一带一路"科普场馆，广泛征集包括科普展览、展品、科普影视作品在内的科普资源，经过遴选的优质科普资源通过会议现场和网络平台进行推介、展示和分享。以资金补贴方式鼓励并号召会员单位积极参与"一带一路"科普资源互惠共享，为中国科技馆、上海科技馆、中国地质博物馆、北京自然博物馆、北京天文馆5家场馆提供资金补助。

会议还推动国内科普场馆与尼泊尔、柬埔寨、俄罗斯、新加坡、埃及等国科普场馆或相关机构正式签署5项双边协议，促进了"一带一路"科普场馆资源联合开发和互惠共享。

通过多措并举，持续推动了"一带一路"科普场馆科普资源建设交流合作、互学互鉴。

点评

5年来，中国自然科学博物馆学会积极响应国家"一带一路"倡议，加强对外交流合作，不断推动"一带一路"科普场馆合作与发展，有效构建了合作互鉴和共建共享的长效机制，向"一带一路"沿线国家传播了我国科普工作经验的优势，在行业内产生了较大国际影响。

以加入《华盛顿协议》为契机
深度参与工程教育国际治理

中国工程教育专业认证协会

加入《华盛顿协议》以来，中国工程教育专业认证协会在中国科协的领导下，深度参与工程教育国际治理，为提升我国工程教育国际影响力，推动我国工程技术人员全球流动，服务支撑国家战略，作出了重要贡献，产生了积极影响。

实现国际多边互认　影响深远

2012 年，我国正式提交加入《华盛顿协议》申请，2016 年获得正式成员资格，成为当年教育领域的十大新闻之一。

这是我国高等教育领域加入的首个多边互认协议，标志着我国工程教育质量标准实现国际实质等效，意义重大，影响深远

一方面，有力推动了我国工程技术人员全球流动。

加入《华盛顿协议》，为我国工程教育毕业生全球执业提供了一张"通行证"，经认证协会认证的工科专业毕业生在包括英、美、日、韩等 21 个正式成员组织辖区内享有同等权利，为工程技术人员成体系、制度化地走向世界奠定了基础。自 2016 年起，通过认证专业的毕业生数从 6.7 万名增长到 2021 年的 22 万余名，相关毕业生因为《华盛顿协议》互认，赢得了在相关国家和地区执业的可能，不仅提升了我国工程教育的国际影响力，也对助力"一带一路"倡议等作出了重要贡献。

另一方面，促进了我国工程教育质量不断提升。经过 10 多年的探索和实践，工程教育认证工作形成了以学生为中心、结果导向、持续改进的先进理念，确立了以能力培养成效为主要关注点的认证标准。

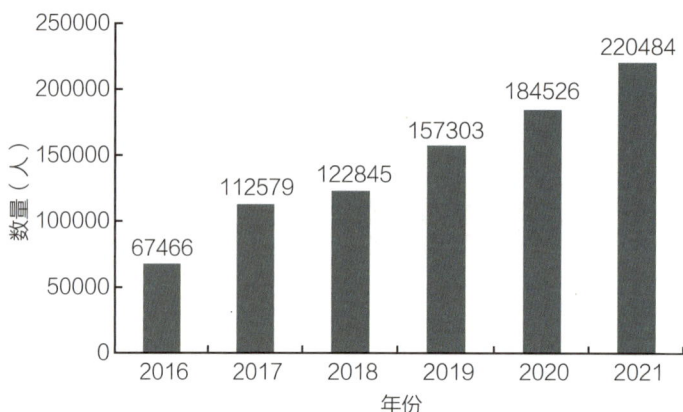

2016—2021 年通过工程教育认证专业的毕业生数量

加入协议，标志着我国认证工作的理念标准得到国际同行的普遍认可，实现了认证理念同频共振、认证标准实质等效。

从 2016 年正式加入协议以来，申请认证的学校数量，从 2016 年的 443 个增加到 2021 年的 1778 个，年度认证数量从 205 个增加到 423 个。目前，很多高校将专业认证工作作为推动全校教学改革的抓手，将认证工作成效作为检验改革成效的重要标准，以认证促建设、以认证促改革、以认证促发展，认证工作有力促进了本科教学建设和人才培养能力提升。

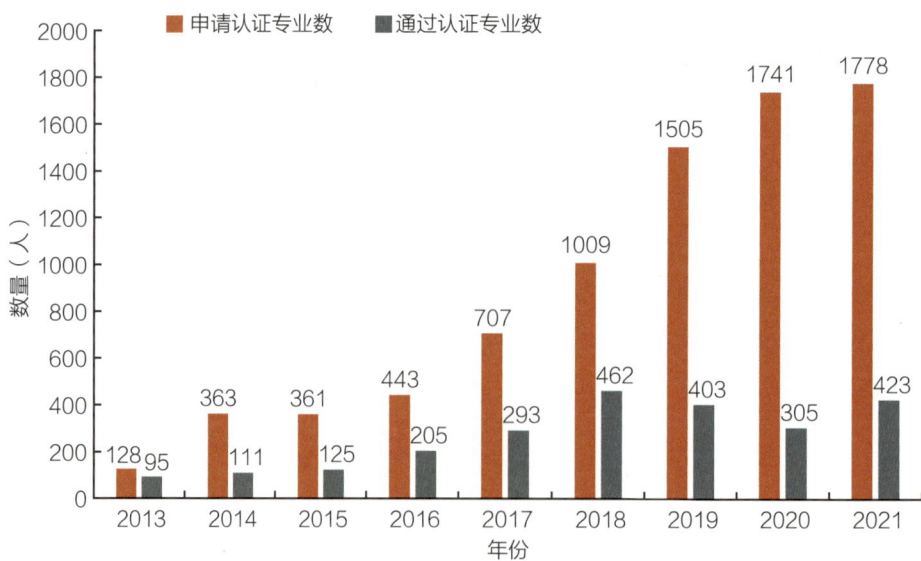

2013—2021 年申请与通过工程教育认证专业数量

深度参与国际治理　极大提升影响力

加入协议组织以来，认证协会积极参与国际工程联盟（IEA）、世界工程组织联合会（WFEO）、亚太工程组织联合会（FEIAP）等工程教育相关国际组织的各类会议；参与GAPC修订、国际工程联盟线上检查规程制定、国际工程联盟收费模式改革等工作；善用投票权，支持巴基斯坦、泰国、印度尼西亚等国家/地区加入WA，增强亚太地区发展中国家及周边邻国在国际工程联盟的影响力。

其一，在协议组织内部的影响力不断提升。加入协议后，认证协会圆满完成了2017年安克雷奇、2018年伦敦和2019年香港和2020、2021年在线国际工程联盟大会参会任务，全面参与《华盛顿协议》的各项标准和规则制定，在各项事务中发挥更加积极主动的作用。

对跨境认证、与工程师衔接、新成员吸纳、线上检查等热点议题提出中国意见，接受协议成员组织观摩，派员参与境外认证，大力宣传我国工程教育和认证工作的发展成就，不断提高我国在协议内部的话语权和影响力。

其二，对工程教育国际合作研究不断深入。2018年，依托天津大学成立《华盛顿协议》国际事务办公室，承担中国科协多项研究课题，探索在世界可持续发展、科技革命和产业变革交织、经济全球化的多重背景下，为加强与"一路一带"沿线国家和地区工程组织加强交流，进一步凝聚工程教育领域国际共识，搭建交流平台。

其三，与国际同行的交流更加广泛。加入协议以来，认证协会与亚洲、欧美等地区多个国家的工程教育认证机构开展了多种类型的交流活动。例如：2016年，举办工程教育认证国际研讨会，与世界主要的13家工程教育认证组织共商"创新与融合"发展；2017年，受邀参加亚太工程组织联合会学术研讨会；2018年，参与第一届工程能力国际论坛；2019年，访问德国工程学科专业认证机构（ASIIN）等，初步形成常态化的国际交流模式。

自2020年起，认证协会积极探索线上线下结合的国际交流模式，分别参与了国际工程联盟线上培训，观摩了香港认证协会、泰国工程师学会、秘鲁认证协会的各类认证相关会议并做主题报告，受邀参加了巴基斯坦第三届工程院长国际研讨会。

2021年，认证协会联合新加坡工程师学会和天津大学，举办了2021年工程教育国际研讨会。此次会议是在国际工程联盟范围内落实联合国2030可持续发展目标首次大范围开展的集中研讨，同时也为民间组织探索形成了在政府指导下组织多边国际交流活动的成功经验，具有十分重要的学术价值和政治意义，形成了可借鉴、可复制、可推广的国际交流经验。

创新机开新局　努力开创认证工作新局面

以开展国际交流互认为契机，"由外促内办好自己的事儿"。加入协议以来，认证协会以此为契机，推动我国工程教育对标国际，发掘优势，明确短板，加强改进，"由外促内办好自己的事儿"，有力推动了我国工程教育改革与质量提升。

当前新冠肺炎疫情不断反复，百年变局加速演进，逆全球化潮流涌动，大国战略博弈全面加剧，对我国的地缘政治战略提出重大挑战。作为社会组织，认证协会更要用好社会组织在开展国际交流中的优势，聚焦国际社会关切的重大议题，创新国际交流的形式与载体，积极作为，推进与各国际组织、国际同行的沟通交流，努力在国际交流中创新机、开新局，通过本职工作为提升国际影响力贡献力量。

点评

　　推进工程教育认证国际互认，是我国工程师制度改革工作的重要目标之一。认证协会在中国科协的领导下，成为《华盛顿协议》正式成员，对推进我国工程教育改革、完善社会治理和积极参与国际交流都产生了深远影响。

　　加入协议以来，认证协会积极深度工程教育国际治理，提出中国方案，贡献智慧，对提升我国工程教育的国际影响力，发挥了重要作用。

德宏州中缅经济走廊科普示范带建设

云南省科协

面对新时代，中缅两国提出了共建"中缅经济走廊"战略构想。德宏，是"走廊"的关键节点。

为发挥科普优势，在缅甸及"一带一路"沿线国家讲好中国故事，传播中国声音。2018 年，根据德宏州委建议，云南省科协决定与德宏州共建"中缅经济走廊科普示范带"。4 年来，"中缅经济走廊科普示范带"已成为活跃的科学传播之地。

建立机制　促进交流

德宏傣族景颇族自治州位于祖国西南边陲，与缅甸接壤，国境线长 503.8 千米。

2015 年 2 月，时任云南省委副书记、省长的陈豪同志在德宏调研，听取了德宏州开展中缅科技交流合作，共同推进中缅创新创业活动汇报后，陈豪指出："你们的思路很好，"并提出要强化调研，积极推进。

近年来，德宏州认真落实省委省政府的工作要求，主动服务和融入国家"一带一路"倡议，积极推进把云南建设成面向南亚、东南亚辐射中心工作，深化中缅边境科普交流合作，积极打造德宏州中缅科普人文交流、中缅强边固边、青少年教育科普示范平台。发挥优势、主动作为，积极推动中缅科普交流合作，工作富有成效。

双方建立了中缅科技科普交流合作机制。德宏州政府在缅甸曼德勒、内比都成立了科技交流合作办公室，建立了对缅科技交流合作平台。此外，德宏州政府与缅甸教育部科技与创新司签订了科技（科普）合作纪要，建立了科普交流、技术转移和项目合作机制，建立了与缅甸高层定期开展科技会晤机制，每年进行互访和会晤。

中缅创新创业大赛

搭建平台 技术合作

围绕共建，云南省科协举办国际论坛和培训，定期举办各类科技论坛和交流活动，成效显著。

2016年以来，德宏州委、州政府分别与外交部、科技部联合举办了"孟中印缅现代畜牧科技合作论坛"，第一届、第二届德宏科技创新驱动国际合作论坛，第26届世界咖啡科学大会以及第五届跨喜马拉雅合作高峰论坛等一系列国际科技论坛及研讨会。共计50多个国家的企业家到德宏交流，签订了一批科技合作协议。此外，还举办了国际现代科技培训，如：2017年举办第一届中缅"互联网+"及跨境电子商务实用技术培训，缅甸5所著名大学的校长及师生参加了培训；同年，德宏州与华为缅甸总公司举办了现代电子技术培训班，收到了较好效果。

云南省科协重视发挥院士专家作用。近年来，德宏州共建设院士（博士专家）工作站28个。在科技交流合作中，2018年举办了中缅现代农业机械实用技术培训，中国工程院院士罗锡文及8名华南农业大学的教授赴德宏专题授课，缅甸农业畜牧灌溉部、教育部官员及20名缅甸企业家参加培训。罗锡文院士团队与缅甸"好兄弟"现代农业企业签订了科技合作协议，在缅甸开展水稻精量穴直播种植，将先进机械化播种技术推广到缅甸地区。

在中缅创新创业科技交流中，亮点纷呈。2018年，德宏州政府与云南省科技厅共同举办了首届中缅创新创业大赛，受到中国科技部、缅甸教育部高度关注。缅甸教育部组织了 20 支参赛队共 94 人，由缅甸教育部的 3 位司长带队到德宏参赛，缅甸国务资政昂山素季同年 8 月在缅甸为获奖的缅方代表队颁发奖状。云南省科协还建立了一批培训基地。在德宏师专建立了中国－东盟教育培训中心德宏基地，现有缅甸、老挝留学生 240 人在基地学习。

聚焦人才，建立了一支国际特派员队伍。评审认定省、州国际特派员 18 人，承担中缅创新创业合作项目。云南省科协还建设了云南省唯一的国家级德宏泛亚国际众创空间，先后有来自缅甸、印度等 8 个国家的官员、专家和企业人员赴德宏考察，目瑙班钦科技公司等 3 家缅甸企业入驻国际众创空间创新创业。

讲述科学故事　传播中国声音

多年来，中缅边境科普示范带建设扎实推进。云南省科协组织向缅甸木姐、南坎、九谷、雷基等地的华侨学校捐建了 6 个自然科学体验室，在瑞丽姐告等建立沿边国门科普示范学校 6 所，连续 5 年举办"中国寻根之旅——缅甸华裔青少年夏令营"和中缅青少年科普交流活动，共 716 名缅甸学子与中国学生开展了系列科普交流活动。

借助民族节庆重要日子，定期邀请缅甸景颇学会、华侨协会开展科普交流，在

中缅青少年科普交流活动现场

网络平台建立了瑞丽·伊江新闻网，收集翻译中国商贸信息，以缅文向缅甸读者投放，成为目前唯一向缅甸读者推送中国科技资讯的宣传平台。缅方对该网高度赞扬，在缅甸商务部网站链接推介。2016年以来，总计向缅投放资讯1491条，约75万字，其中"科技动态""科普知识"信息占40%以上，浏览量超过7000万次。

中缅民间科普交流取得了丰硕成果，尤其以农业、畜牧业民间科普交流为重点，带动了中缅边境地区发展。德宏州农技推广中心研究员董保柱选育的德优稻米品种成为中国在缅甸种植面积最大的优质稻种，累计种植4551.83万亩。2019年，德优稻米品种8号、12号、16号通过了缅甸国家经营许可论证。德宏州陇川正信公司作为一家以生产茧丝绸为主的境外罂粟替代种植企业，在缅甸北部投资7000余万元，建设桑蚕基地16个，签约农户3000多户，推动缅甸签约农户年均收入达1.58万元，其经验在联合国有关会议进行交流。此外，还依托农民种植营销协会加强中缅边境农技交流。

德宏州中缅科普交流的成绩，是在国家和省有关部门及缅方大力支持下取得的，如今正积极推进德宏州国家级中缅经济走廊科普示范带建设。

砥砺奋进，春华秋实。在省委省政府领导下，云南省抢抓自贸试验区建设机遇，推动云南跨越式高质量发展。为深入学习贯彻习近平总书记云南考察和访缅提出的工作要求，德宏州将积极推进德宏州国家级中缅经济走廊科普示范带建设，为高质量跨越式发展提供坚强保障。

点评

近年来，德宏州主动服务和融入国家"一带一路"倡议，积极推进把云南建设成为面向南亚、东南亚辐射中心工作，深化中缅边境科普交流合作，积极打造德宏州中缅科普人文交流、中缅强边固边、青少年教育科普示范平台。发挥优势、主动作为，积极推动中缅科普交流合作，工作富有成效。

扩大朋友圈　凝聚国际氢能
燃料电池领域全球治理共识

中国科协国际合作部

中国科协大力推动在我国境内发起设立国际科技组织，国际氢能燃料电池协会已于 2022 年 7 月注册成立并开展工作。在中国科协指导下，国际氢能燃料电池协会不断深化业务发展和国际交流合作，扩大氢能朋友圈，服务国家科技外交战略，不断增进在国际氢能领域的开放信任合作。

高位谋划　深化协同

中国科协深入贯彻落实习近平总书记关于"逐步放开在我国境内设立国际科技组织，使我国成为全球科技开放合作的广阔舞台"指示，积极落实总书记"积极有序发展光能源、硅能源、氢能源、可再生能源"的要求，为充分发挥中国在全球科技治理中的作用，实现全球碳中和目标，紧抓全球氢能产业发展机遇期，超前谋划，高位策划，顶层协调，主动联系民政部、外交部、工信部、发改委、科技部等国家部委，积极推动国际氢能燃料电池协会于 2022 年 7 月成立，为"后疫情时代"服务国家科技外交大局，提振全球经济，以科技创新助力构建人类命运共同体持续发力。

聚焦产业　引领发展

国际氢能燃料电池协会是由中国汽车工程学会、佛吉亚集团、中石化集团、上汽集团、丰田汽车、现代汽车、英美资源、本田汽车、国家能源集团、清华大学、彼欧集团等全球知名企业和组织发起成立的国际组织。创始会员单位来自欧洲、亚洲、美洲等地区的 11 个国家，60 多家氢能燃料电池领域的公司和机构，其中，欧

国际氢能燃料电池协会第一届会员大会

洲会员数目占比 13%，亚洲会员数目占比 70%，美洲会员数目占比 17%。会员分布情况与当前全球氢能燃料电池发展水平基本一致。

当前，中国在氢能燃料电池产业领域具备良好的基础和条件，迎来了难得的发展机遇期。2020 年，我国氢能燃料电池装机量占全球 20% 以上，氢能燃料电池规模效应和竞争优势明显，具有巨大发展空间。"中国不单单在市场容量方面处于领先地位，同时更引领全球创新风潮。如果某项技术在中国形成规模，就能在全世界规模化应用。"宝马集团董事长齐普策在中国科协主办的世界新能源汽车大会上如是说。中国超大市场规模优势和内需潜力决定了氢能和燃料电池行业更易形成规模效应和竞争优势，占据全球产业重要地位，引领氢能产业，扩大"国际朋友圈"。

模式创新　业务突破

中国科协推动协会开展组织合规管理体系建设，参与各类国际认证和标准规则的制定，帮助协会与 BSI、联合国等组织对接。通过开展各类国际认证，如 ISO37000 等，接驳国际标准，展示合规形象，传递商业信任，驱动会员合规；大力推动协会成为国际认证 / 标准组织的 A 级联络员，争取有计划、有步骤发展为氢能行业的标准制定者和与市场规模匹配的产业引领者，提升中国在氢能产业的国际话语权，用创新的模式探索业务的突围。

扩大交流　深化影响

在中国科协指导下，协会积极开展国际科技交流。已成功举办六届国际氢能与燃料电池汽车大会（FCVC），三届氢能燃料电池汽车巡游活动，承接了联合国工业发展组织、工信部合作项目，发布了《新能源汽车与可再生能源融合应用技术指南》，并举办了线上中非氢能论坛 2022 等活动。国际氢能与燃料电池汽车大会发展至今已举办近千场演讲，内容覆盖氢能与燃料电池汽车政策、市场趋势、核心技术等，同期展览展商数量达 200 多家，参观观众达 10 万人次以上，成为全球氢能燃料电池规模最大的商业展览；氢能燃料电池汽车科普巡游活动通过通俗易懂、深入浅出的科普活动让每一个活动参与者认识到未来清洁能源的发展潜力，促使整个社会共同促进携手氢能燃料电池产业的发展;《新能源汽车与可再生能源融合应用技术指南》系统梳理了 10 个典型示范项目中多种融合技术在不同场景中的应用，助力加快推动新能源汽车与可再生能源的深度融合，为全球绿色低碳社会发展作出积极的

中非论坛

贡献；中非氢能论坛 2022 出席嘉宾包括中非政府、行业协会、重要企业代表，在战略和产业政策、行业发展现状与趋势等话题带来全程英文演讲，进一步提升协会的国际化水平与影响力。

点评

中国科协立足履行桥梁纽带职责，发挥资源优势、组织优势、人才优势，结合国际科技环境和全球发展趋势，支持全国学会和科学家发起设立国际科技组织，深度参与全球科技治理，增进国际科技界的开放、信任与合作，服务我国高水平科技自立自强。

培育知华友华的未来力量

中国科协青少年科技中心

2017 年 5 月 14 日至 15 日，首届"一带一路"国际合作高峰论坛在京举行。会上中国政府倡议启动《"一带一路"科技创新合作行动计划》，实施科技人文交流、共建联合实验室、科技园区合作和技术转移四项行动。其中，青少年国际科技交流是科技人文交流中的一项重要内容。

中国科协秉持共商、共建、共享的工作理念，广泛发动国内外政府部门、科研院所、科普场馆和学校的力量，每年举办"一带一路"青少年创客营与教师研讨活动、深化"一带一路"国际科学教育协调委员会、建设"一带一路"虚拟科学中心，吸引来自 50 多个国家、地区和国际组织的逾 4000 万人次参加，打造了"活动 + 机制 + 平台"三位一体工作格局，有关成果被纳入 2019 年"一带一路"国际合作高峰论坛。

2022 年 9 月 30 日，中国科协办公厅和科技部办公厅共同印发《"一带一路"青少年科技创新伙伴计划》，支持开展青少年交流、资源共建共享、科技教师培训等方面工作。

抓好"三个一批" 分类拓展合作

在开展各类国际交流合作时，找不到合适的对口组织、无法调动外方的工作积极性往往是大家遇到的普遍性问题。

青少中心持续深耕于国际青少年科技人文交流工作，坚持"走出去"与"请进来"相结合，与国外对口组织定期互访交流、合作举办论坛会议，支持工作人员参与国际会议并在国际组织任职，学习先进做法、传递合作意愿，为开展国际交流合作奠定了基础。经过多年积累，与 80 多个国家、地区和国际组织的近 130 家境外组织机构建立合作关系。

　　为进一步巩固、深化与对口组织合作关系，青少中心精准施策、分类推进工作。每年，以"长效机制"为抓手强化一批有基础的组织，以"资源共建"为抓手激活一批有能力的组织，以"参与活动"为抓手开辟一批有潜力的组织。

　　例如，为打破办活动"热闹一次"的局面，凝聚想做事的组织、持续做想做的事，2018年，青少中心携手国内外科技教育机构共同成立"一带一路"国际科学教育协调委员会。2020年，在委员会框架下分两次向70多个国家和世界卫生组织等国际机构推送抗疫科普资源，为国际抗疫提供中国经验，深受国际社会好评。

　　通过每年举办青少年交流活动、共同建设在线资源平台、中方推荐专家赴巴基斯坦等国家开展教师培训，截至目前，委员会已拓展至16个国家、4个国际组织的25家成员单位。

坚持开放协同　赋能基层组织

　　随着对外合作网络不断拓展，需要链接更多资源满足不同组织的合作诉求。因此，需要实现由"运动员"向"教练员""裁判员"转型，由"办活动"向"搭平台、建生态"转型，充分发挥科协的组织优势，开放协同、赋能基层。

"一带一路"国际科学教育协调委员会框架下，中方专家赴巴基斯坦进行教师培训

2021 年，为庆祝中巴建交 70 周年并作为落实中巴经济走廊建设的重要工作成果之一，中国科协青少年科技中心与巴基斯坦科学基金会签署 STEM 教育合作意向书，建立中巴科学教育百校联盟，包括 140 所中国中学和 50 所巴基斯坦中学，覆盖中国 21 个省（自治区、直辖市）和巴基斯坦 4 个省、1 个直辖区（仅 1 个直辖区未覆盖）。此后，以联盟校为基地，征集优质科教资源、开展教师培训，取得良好成效。

此外，各省立足当地资源和区位优势，开展重点区域合作、拓展对外交流合作新局面。广西壮族自治区科协面向东盟国家开展"中国－东盟"青少年科技运动会、"送培到东盟"等服务；重庆科协发挥在渝留学生的穿针引线作用，携手当地可再生

"一带一路"青少年创客营期间丰富多彩的青少年、科技教师交流活动

能源学会面向中亚、南亚等国家组织"绿伙伴行动"和"山地山城气候研讨会";宁夏回族自治区科协结合当地绿色发展特色,面向阿拉伯国家青少年开展"麦草风格扎出绿色奇迹"交流活动;山东科协以编程教育为切入口,承办中以青少年科技人文交流项目,6000 名中以青少年在线上交流学习。

坚持以人为本　促进民心相通

民心相通是国与国开展持续合作的基础。科协是民间科技人文交流的主渠道,对外交流合作、人心是关键。

聚焦"一带一路"国家青少年、科技教师和组织官员的实际需求,设计了多元的交流活动和合作模式,讲好中国故事。例如,针对所开展活动及参与对象的不同特点,为青少年设计兼具实践性和趣味性的科技竞赛、课程体验和文化参访交流活动,为科技辅导员举办提升专业技能的教师工作坊,为科教组织官员组织分享经验做法的科教论坛,并在每次活动结束后,发放调查问卷,根据活动参与者的反馈,改进内容、提升水平。

以人为本的活动模式为工作开展奠定了良好的民意基础。创客营由每年 10 多个国家的百余名师生参加拓展至 50 多个国家的 4000 万人,经济合作组织科学基金会前任主席曼佐尔·侯赛因·索洛(Manzoor Hussain Soomro)因推动"一带一路"青少年科技人文交流被授予 2020 年中国政府友谊奖。

乌干达的带队老师卡坎博·戈弗雷·姆卡萨(Kakembo Godfrey Mukasa)说:"之前并不了解什么是'一带一路'倡议,通过创客营,真正认识到这个倡议的伟大,我认为这个倡议一定会取得成功。"

点评

青少年群体对构建新型国际合作关系具有基础性作用,以科技教育为特色、以人文交流为根本,开展"一带一路"青少年科技人文交流,是引导各国青少年跨越文明的隔阂,理解和认同文化的多样性,促进"一带一路"沿线国家民心相通的有效途径。

九、
完善科协自身建设

以公益撬动汇聚社会力量助力科普发展

中国科技馆发展基金会

公益是利国利民的善举，科普助力全民科学素质提升，是最普惠的公益。中国科技馆发展基金会在中国科协的指导支持下，在历届理事会领导下，秉持弘扬慈善文化，倡导公益理念，传递党的温暖，鼓励自主创新，注重人才培养的宗旨，汇聚社会力量，广泛开展和支持与科学技术普及相关的各项慈善事业，为科普发展贡献智慧和力量。

10 年间，中国科技馆发展基金会在社会各方大力支持下，累计捐赠收入超 1 亿元。基金会正在从科普公益社会组织的身份出发，以慈善公益组织为支点、撬动汇聚社会力量助力科协发展。

探索社会力量　设立科普奖

2011 年，经国家科技奖励工作办公室批准，中国科技馆发展基金会正式设立科技馆发展奖。这是面向全国科技馆行业组织实施的社会科技奖励，是基金会推进科技馆发展和科普事业的重要激励手段。

科技馆发展奖下设辅导奖、展品奖、展览奖、创意奖、贡献奖 5 个子奖项以及这些子奖项的提名奖，奖励从事科技馆事业的科技辅导员、展品设计人员、展览设计人员、有创意作品的学生以及在参与科技馆事业的创新与发展中做出突出贡献的个人和团队。

10 年以来，科技馆发展奖共表彰 432 人次，171 名个人，92 个团体，148 项创新项目，学生 124 名，获奖人员覆盖全国 30 个省（自治区、直辖市）及澳门特别行政区、65 个地市。

科技馆发展奖探索形成了我国社会力量设立科普奖励的模式，与政府科技奖励互为补充，为其他社会力量设奖尤其是区域性科普奖励提供了参考。通过激励，不

科技馆发展奖颁奖现场

断强化业内工作人员专业科普能力和馆外人员的参与性，带动提升科技馆科普质量，使参观人群受益，形成良性循环，进一步促进了公民科学素质的提升。

吸引社会捐赠服务　促进科普公平普惠

2012 年 8 月，中国科技馆发展基金会启动实施农村中学科技馆项目，着重为中西部地区农村青少年搭建体验科技魅力、享受科技乐趣的平台。

为解决基层科技教师培训资源和机会不平衡、不充分的情况，项目创新性提出分片区培训和全国培训相结合、基金会自主培训和联合其他培训资源相结合的模式，累计培训 5474 名基层科技教师，为贫困地区打造了一支坚实的基层科普队伍。

基金会通过对项目自身的理解和发展模式不断探索，总结出科学的运营模式和提高项目质量的有效措施。

一是顶层设计优先。通过组建农村中学科技馆项目专项工作组，制定《农村中学科技馆行动计划（2018—2020 年）》《中国特色现代科技馆体系"十四五"农村中学科技馆专项发展规划》，指导项目发展。

二是跨系统多部门联动。建立"公开申报 + 择优支持"建设机制，由基金会、地方科协和当地中学三方签订合作协议，形成三方联合协作共管。

农村中学科技馆

三是"社会捐赠 + 政府资助"建设项目。引导中央机关、地方政府、企业等多方出资参与项目建设，日常运行、展品更新和维护等列入地方政府财政预算，确保项目可持续发展。

四是以奖代补激励运行。向运行良好的中学科技馆奖励科普资源，并通过积分管理、科技馆发展奖参评、资助开展"中学科技馆在行动"活动，组织师生参加科协举办的各项赛事、夏令营活动等调动学校积极性。

五是以评促建完善项目。委托专业机构开展项目实施情况评估，促进项目良性运转。

六是以积分制激励日常运行。项目制定《农村中学科技馆项目网络平台积分制管理细则》，促进学校利用网络平台报送中学科技馆运行数据的积极性，加强项目的执行力，规范项目运行管理。

截至 2022 年 11 月，已在全国 29 个省（自治区、直辖市）和新疆生产建设兵团累计建成 1124 所农村中学科技馆，在 14 个集中连片特殊困难地区（680 个县）实现 90% 覆盖，直接服务基层公众 1173 万人次。

设立专项科普基金　汇聚公益力量

2019 年，中国公众科学素质促进联合体成立，8 家联合体成员单位捐赠资金3700 余万元，在中国科技馆发展基金会设立公众科学素质促进专项基金，专门用于发展社会化科普事业。

为了更好地"找好钱、花好钱、用好钱",公众科学素质促进专项基金不断学习、研讨探索,在实践中逐渐摸索形成了一套规范严谨的管理机制。

2021年年底,专项基金立项开展"科技支撑乡村振兴公益行动",聚焦农业科技、公共健康和科学教育,集聚各方科技人才组织与资源,打造社会协同参与乡村振兴的示范样板并进行推广。项目首期和第二期在11省24县开展。

随着公益慈善事业的发展,各界社会责任意识越来越强。

2021年12月,基金会联合22家中央企业和民营企业,共同发布"科学素质赋能 科技自立自强"中国企业公益科普联合倡议,并围绕支援基层科技馆建设、丰富基层科普资源、培育基层科普人才、发掘创新人才4个方面,启动中国企业公益科普行动。

公益科普行动旨在联合企业力量,为基层提供优质公共服务设施,优化公共服务布局,助力乡村振兴。基金会精准定位,运用成熟的项目模式和资源内容策划"中小科技馆共建"行动、"科普资源共享"行动、"发现未来"行动和"科普志愿服务"行动,共同发力支持科普事业发展。

目前,在公益科普联合倡议推动下,已有河南济源钢铁(集团)有限公司向基金会捐赠400万元建设"育田数理探索馆";中国海油捐赠900万元加入"中小科技馆共建行动",在甘肃合作市和海南五指山市建立中小科技馆,以实际行动响应倡议,担当示范。

汇聚社会力量助力科普,营造良好的公益生态,是基金会作为慈善公益组织的使命与责任,多年来,基金会砥砺笃行,规范发展,以实际行动助力科普发展!

点评

中国科技馆发展基金会深耕笃行,扎根基层,进取创新,坚持通过广泛开展和支持与科学技术普及相关的各项慈善事业,促进科技馆业界的可持续发展和全民科学素质的有效提高,已经逐渐发展为公益科普领域的先行者和推动科技馆事业创新升级的践行者。

基于区块链技术的科协社会组织数字化建设

上海市科协

为成员单位提供"一对一"多维度指导；为协会、学会"云换届"提供全环节的支撑保障；为行业、企业举办赛事、峰会提供服务和供需对接；为协会、主管单位提供数据采集、问卷调研……

作为国内首个将区块链技术用于社会组织数字化管理的机构，上海市科协已充分感受到将区块链技术运用到科协及所属社会组织规范建设，对提高社会组织安全性，实现可信、互联、高效、智能的社会组织建设的强大和便利。

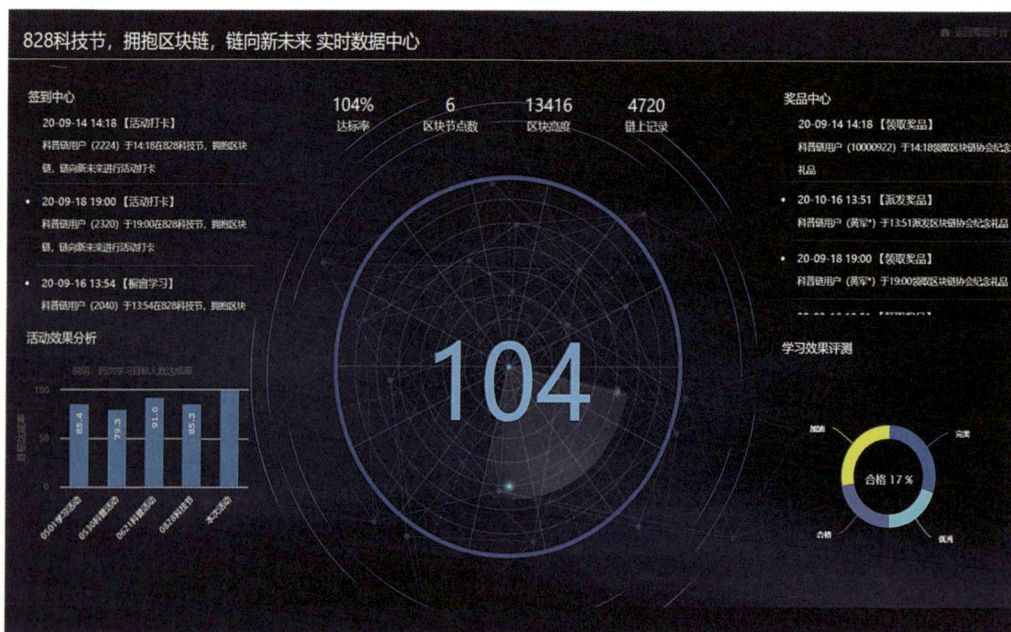

大数据综合分析平台

近水楼台先得"链"

进一步夯实服务手臂，接长学会服务能力；提升网上科协生态体系形成数字化水平；进一步提高联系服务科技工作者的渠道；增强和实现数字化水平，是基层科协组织全面深化改革的必然要求。

在上海市科协指导下，所属科技社团——上海区块链技术协会牵头建设了基于区块链技术的科协社会组织数字化管理服务平台，旨在以区块链技术为基础，实现科协及所属社会组织运营管理实现全程数字化，为其提供管理、对接、服务、溯源等服务，解决了科协组织实际工作中运营管理难、数据不透明、业务效率低、沟通时效长、社会产出弱等"老大难"问题。

上海市科协通过该平台完善动态科技人才数据库，开展线上线下融合互动的"建家活动"，增强科技工作者的凝聚力，推动社团组织数智普惠发展。

区块链技术具有分布式、去中心化、可追溯和不可篡改等特性，适用于数据可信、共享、共治及共同维护，从而增强社会治理数据安全性，提供智能化可信任的应用场景。

上海市科协将区块链技术运用在科协及所属社会组织规范建设、有序发展、自

"云换届"服务现场画面

律管理中将有助于提高社会组织的安全性，实现可信、互联、高效、智能的社会组织建设平台。

以区块链加速数字化

平台以区块链技术为基础，实现科协组织运营管理的全程数字化，可为中国科协、省级科协、社会组织、企业会员（个人会员）4 层组织架构提供监管、对接、服务、溯源等服务，通过提供全流程、全生命周期、穿透式的数字化服务，打造服务即管理的模式，形成管理数字化、过程数字化、结果数字化、数据可视化。

比如，利用该平台进行数字化会员管理，可以解决传统线下入会、管理手续繁多、管理不规范、信息不留痕等诸多问题，促进文创产业生态健康发展。

数字化会员管理还包括动态数据监管等服务，为科协提供各社会组织及其企业会员的动态数据，及时了解行业动态，依据要求实现事前提醒、事中事后监管，提供及时预警服务，为大数据中心展示提供数据支撑。

在组织机构管理方面，包括员工人员管理、数字会议管理、内容管理系统动态管理、数字大事记管理、数字化培训赛事服务、链上证书发放服务、在线云联络服务、数字党建服务、项目资源库、专家人才库、投融资对接库等一系列服务。

此外，借助区块链技术，上海市科协还能便捷地为其他机构提供从报名、审核、签到、投票全链的"云换届"服务和在线会议，进行数字化活动赛事管理，提供数字化门户（名片）服务，成为科协所属社会组织、企业会员、个人会员的数字化品牌管理的入口。

通过数字化建设，加强科协所属社会组织的业务协同、数据联动，提升数据可靠性，打通数据壁垒，加强数据安全共享，提高监管能力与决策能力，实现科技强企、人才惠企、平台助企。

凸显"数字力量"

基于区块链技术的科协社会组织数字化管理服务平台已经在上海市科协及相关协（学）会、上海区块链技术协会及其多家会员单位中使用近一年时间，在技术、业务均已经过市场检验。特别是在疫情常态化下，通过数字化手段，实现会员"云申请"、组织"云活动"、实现"云换届""云对接"等一系列协（学）会的常规运营工作，充分保障了疫情下科协体系的各社会组织工作不停摆。

该平台经市场和时间检验，总体上实现了"五个一"的建设目标。即"一站管理"，汇聚社会组织各类应用，通过一个入口实现"一条龙"服务；"一码服务"，通过"链码"打造科协组织链上门户，实现组织的数字化管理、服务、推广、融合等应用，利用区块链即服务平台实现统一认证、统一管理，减少维护、推广和运营成本；"一键年检"，通过社会组织日常管理产生的数据，依据民政登记管理要求自动生成可信的年检数据元，与民政现有登记管理系统对接，实现年检数据一键提交，完成自动初审服务；"一链共享"，实现一条主区块链作为科协组织管理平台业务支撑，实现链上基础权限控制、数据存证，将数据服务至科协或其他政府部门；"一链统管"，实现从上到下的穿透式管理，科协与业务主管单位可以获取社会组织的动态数据，增强科协在社会组织管理体系中的职能。

基于区块链技术的数字化管理服务平台推动了"数实结合、科技赋能"，为科协组织提供了数字化转型升级服务，加强自身管理能力，促进产业高效协同发展。利用平台的大数据赋能社会组织的管理，可以更好地以社会组织需求为导向，做好后续跟踪和服务，解决多部门、跨部门的管理需求，实现运营、监管、产业服务"三大服务体系"协同。

通过平台建设和使用，科协组织管理已实现管理模式质的飞跃，管理能级质的提升和管理习惯质的改变。

点评

　　和中心化系统相比，区块链平台在监督、评价、管控上能更及时、客观、公正，并可进一步采用智能合约实现规则的自动化执行，更好地避免人为因素干预。

　　科协组织在社团运行管理中普遍存在成员多、覆盖面广等问题。上海市科学技术协会所属社会组织的现状有一定普遍性，在其他地区同样存在。利用该平台可以向全国范围内的同类机构提供该项服务，并充分发挥区块链技术在带动技术突破、驱动经济发展、推动社会进步等方面的战略性作用。

余姚市基层科协组织全覆盖建设

浙江省科协

浙江省余姚市是历史文化名城、经济强市和最具幸福感城市，也是浙东革命老区所在地。

多年来，余姚市科协始终按照习近平总书记"形成完善的组织体系，实现有效覆盖"和"接长手臂，扎根基层"的要求，坚持眼光向下、重心下移，全力推动科协组织向基层延伸，把服务送到群众家门口，实现了市、镇、村三级科协组织、服务网络的全覆盖。

服务更精准　更有效

通过多年来的扎根服务，科协组织全覆盖，工作效果自然落到实处。

联系群众更加紧密。与科技工作者的距离更近了，惠民利民的实效更大了，可配置的资源更加丰富了，公民科学素质的提升更快了——至 2020 年年底全市公民具备基本科学素质的比例达到了 15.4%。

在习总书记回信的横坎头村所在的红色老区梁弄镇带动建成了水果基地 50 多个，全年水果销售收入超过 8000 万元，为革命老区打造新时代共同富裕样板区贡献了科协力量。

助推创新更加精准。通过健全的组织网络，市级学（协）会，乡镇（街道）、经济开发区科协，企业科协等各级科协组织，在精准服务余姚市智能经济示范区创建和建设美好活力"最名邑"等中心工作中发挥了更大作用。例如，宁波江丰电子材料股份有限公司科协技术团队研发攻克的"超高纯铝钛铜钽金属溅射靶材制备技术及应用"项目，荣获 2020 年度国家技术发明奖二等奖。

服务决策更加有效。围绕中心工作，余姚各级科协组织近年举办科技工作者沙

农业"三长"邀请省农科院专家到横坎头村开展樱桃培育管理技术培训

龙 38 期，开展重点学术活动 40 多次，提供决策咨询 63 次，48 篇调研报告得到市级以上领导批示。围绕产业发展，成功举办了国家智能制造论坛、"青茶计划"全国研讨会、"科创中国"产学融合会议等高端学术活动。

引领作用日益凸显

截至 2022 年 7 月底，余姚市 21 个乡镇（街道）和 1 个经济开发区均成立了科协，304 个行政村（社区）都建有科普协会，新建"三长带三会"组织 67 个，建成 57 家企事业（园区）科协、20 个市级学会（协会）、11 家院士专家工作站（创新中心）、6 个国家级学会服务站、32 个农村专业技术协会、1 个海智基地、1 家中学科协。

这个过程中，科协组织的引领作用更加凸显。对科技工作者的政治引领、思想引领作用进一步强化。密集、顺畅的组织神经末梢，可以第一时间把党委政府的声音传递给科技工作者，第一时间掌握科技工作者的思想动态，第一时间了解科技工作者的诉求，把科技工作者更好地团结在党的周围。

对科技工作者的组织动员更加有效。"重品行、树形象、做榜样""三长带三会"等活动，引领科技工作者主动投身到创新实践和志愿服务中，成效明显。如在新冠肺炎疫情防控工作中，各涉医学会会员始终冲在防控第一线，守好了城市"安全门"，筑牢了群众"生命线"。

尊重知识、尊重人才的社会氛围更加浓厚。近年来，各级科协组织积极举荐浙江省和宁波市最美科技追梦人、省优秀科技工作者、宁波青年科技奖等各类优秀科技工作者180余名，大力表彰宣传优秀典型事迹，让科技工作者赢得了更多尊重、更高地位。

余姚市"三长"推进会、村科普协会换届会议、观摩会议"三会合一"

总结经验 继续前行

余姚全市科协基层组织的覆盖面不断扩大、服务能力不断提升、工作活力不断增强、社会影响更加广泛。他们是怎么做的呢？

第一，着眼全域全面，把组织拓得更广。

强化协同。针对科技工作者相对集中的行业和区域，主动争取科技、经信、卫生、农林、教育等市级部门以及乡镇（街道）、经济开发区的支持，推进市级学（协）会和企业科协的组建。同时，打造了市级专家科普讲师团、专业服务团、草根科普讲师团和科普志愿者等四支科普队伍。

精准施策。坚持典型引路、全面推开，坚持先易后难、先急后缓，坚持需求导向、问题导向。如为满足新时期农民日益增长的科学知识需求，培育新型职业农民，率先实现村科普协会的全覆盖。

聚焦发展。把更有效地服务科技创新、服务转型升级作为推进科协基层组织建设的重要遵循。例如，以产业发展需求为依托，建立中国机械工程学会服务站等助推产业发展的高层次科技创新与研发的综合性服务平台。

第二，着眼从优从强，把队伍建得更硬。

配齐配强班子，将更多教育、医疗卫生、农业、工业等领域的负责人和技术骨干加入基层科协组织委员会。

选优用好会员，把有业务专长、热爱科协工作的技术干部、能工巧匠、"土专家""田秀才""乡村名嘴"充实到各级基层科协组织，使科协工作更接地气、更贴近百姓。

做到规范有序，严格执行基层科协组织五年一次换届选举的规定，编印下发换届工作行动指南，市科协加强会前审定、会中指导、会后跟踪，保证基层科协组织顺利完成换届。

第三，着眼有板有眼，把管理抓得更实。

明确"干什么"。根据不同类型科协组织的工作特点，分别出台乡镇（街道）科协组织细则、村级科普协会工作内容与职责等一系列制度文件，明确基层科协组织的工作职责、内容、目标、流程和要求。

指导"怎么干"。加大对基层科协干部的培训学习力度，通过多种形式和途径帮助基层科协组织拓宽工作思路，提升科协干部工作能力水平。

力促"干好活"。注重考核激励，推动形成长效工作机制；注重资金保障，出台基层科普行动计划、服务科技创新、金桥工程等项目申报资助政策；注重奖优罚劣，大力整顿、撤销作用发挥不明显的基层组织，以强有力的举措倒逼基层组织积极作为。

点评

余姚市科协始终把发挥组织作用、强化组织作为放在重要位置，以科协组织建设延伸科协工作，以实际工作成果检验组织建设成效，形成了"接手长臂、扎根基层，打通末梢循环，实现基层科协组织建设全覆盖"的"余姚模式""余姚经验"在全国科协系统推广，并多次在组织建设现场会、推进会和培训班上作经验介绍。

余姚市科协先后获得了全国科协系统先进集体标兵，全国十佳深化改革县级科协，浙江省、宁波市科协成立六十周年"60组织"等荣誉称号。

兰考县"一懂两爱"科技志愿服务

河南省科协

农民张德根，家住河南省开封市兰考县许河村杨桥村，种了 60 亩梨树希望能增加收入。但是由于缺乏果树管理经验，每到修剪果树的时候就犯难，产量也一直不理想。

在了解到村民需求后，兰考县科协组织"一懂两爱"科技服务团现场教学，为群众"传经送宝"，打药、施肥、修建、管理……果树专家讲得清清楚楚，教得明明白白。

针对本地特色农业发展战略和农民科技致富需求，兰考县科协抓住巩固脱贫攻坚成果与乡村振兴有效衔接的历史机遇，将焦裕禄精神与科学家精神紧密结合，成立了"一懂两爱"科技服务团，先后技术指导蜜瓜 6500 亩、红薯 2.6 万亩、花生 4 万亩、温室蔬菜 1620 亩。

他们在服务乡村振兴和共同富裕中探索出组织成网、示范先行，快速响应、服务入户，一呼百应、立信于民的工作模式，架起了科技人员与广大农户心心相印的桥梁，也为各类实用技术人才将所研所学服务国家战略、服务人民群众提供了广阔舞台。

自立自强　有为有位

"一懂两爱"，听起来是个很有情调的名字，但既然要懂农业、爱农村、爱农民，服务团成员势必经常要在田间地头忙活。

这支由县科协主席任团长、农技专家和乡土人才组成的服务团，从 3 年前的 50 人发展到了现在超过 200 人，有效弥补了农村科技人才不足的短板，成为兰考县脱贫攻坚和乡村振兴中一张响当当的名片。

然而，兰考县科协仅有 3 名工作人员。面对事业发展的诸多制约，他们发扬焦裕禄同志的"三股劲"，主动率服务团开展科技服务，下沉科技服务资源，为群众解决生产中的技术难题，获得了群众的信任，探索出了一条科协带动专家以一带十、

2021年4月，兰考县"一懂两爱"科技服务团专家到红庙镇东刘陈铺村开展科技志愿服务活动，指导群众科学种植春季红薯

倍增服务效能的新路子。

组织成网　示范先行

根据当地农业生产的特点，兰考县科协先后发起成立了兰考县红薯协会、兰考县花生协会、兰考县小米协会等11个协会，入会会员达1000多人，组织动员科技志愿者3000多人。

各农技协会长多由科技服务团成员担任，他们在田间地头"做给农民看、带着农民干、领着农民富"，不但为群众提供种植技术，还利用电商平台积极与市场对接，打造销售平台。

这些协会从成立之初，就扎根于农户日常生产实际，有天然的亲和力，通过"一做、一带、一领"的示范，快速形成服务网络，对农民进行广泛联结。

结合全县稳定脱贫奔小康工作，兰考县科协及时引入现代化的种植方式，进一步增强服务的能级，在产业发展初具规模的乡村，建立2个现代农业科普示范园和7个科普示范基地，并前瞻开展新型农产品营销人才培训，目前4个电商技能人才培训基地共培训电商人才710人，发展科普示范户100户。

兰考每年农作物种植面积约 80 万亩，近年来科技服务团服务覆盖面积就达 40 余万亩。

2018 年，在"一懂两爱"科技服务团的指导下，葡架乡王庄村村民李自豪家的 5 亩大棚蜜瓜用上了"秘方"——硒肥。喷肥后的蜜瓜亩产达到了 5000 千克，再加上品相好、口感佳，让李自豪一年就挣了 10 万元。

兰考县科协时刻把问需于民摆在首要位置，通过面向全县 16 个乡镇（街道）400 多个行政村（社区）的种养合作社、种植园区发放问卷，广泛征求群众对科技服务工作的愿望和需求。

围绕全县乡村产业发展需求，组成 7 个由首席专家带队的科技服务组。每个服务组由一名首席专家带队，负责制定本组的科技服务方案，评估服务效果。科技服务团设有服务电话和微信工作群等信息网络平台，收到科技服务求助信息后，第一时间到达求助地点为群众提供免费科技服务，打通了科技服务群众"最后一公里"。

科技志愿服务信息化对农业生产一线需求的精准把握，极大地提升了服务的有效性，同时大量活跃需求的不断生成，使科技服务团的工作覆盖实现了倍增效应，也对提升科技志愿服务的信息化水平拓宽了发展空间。

一呼百应 立信于民

2021 年，在新冠肺炎疫情、洪水灾害轮番冲击的情况下，兰考县科协与群众想在一起、干在一起。应部分乡镇、村委、农技协会、种植合作社和种植户的要求，分别到 30 多个村开展科技志愿服务，针对果树修剪、蜜瓜种植、大棚蔬菜管理、红薯育苗、小麦春季管理等问题对群众进行技术指导，很好地解决了农民的急难愁盼，体现了科协组织为民办实事的良好作风。

科技服务团不等不靠，创新工作方法，整合科普优势资源，开展科技惠民服务，形成了深受群众赞誉的科技志愿服务助力乡村振兴"兰考模式"。

近年来，经他们技术指导和培训服务的贫困户，许多都成了当地脱贫致富的典型。

建档立卡贫困户任杰一家，原来人均年纯收入不足 2000 元。在科技服务团的大力帮扶支持下，建了 4 座蔬菜温室大棚，年纯收入达 20 多万元，全家人均年纯收入近 3 万元，实现了稳定脱贫。

2021 年 12 月，中国科协发布《关于推广科技志愿服务助力乡村振兴"兰考模

服务团开展科技服务

式"的通知》指出，兰考的经验做法自觉践行习近平总书记关于当好群众脱贫致富领头雁、贴心人的重要指示精神，着眼农民群众的急难愁盼和生产生活所需，把助力乡村振兴和实现共同富裕作为科技志愿服务的重要抓手，大力弘扬焦裕禄精神和科学家精神，着力破解基层科协"四缺"难题，把实事真正办到农民兄弟心坎上，收到了实实在在的效果。

点评

兰考县科协开展科技志愿服务助力乡村振兴的做法，着眼农民群众的急难愁盼和生产生活所需，把助力乡村振兴和实现共同富裕作为科技志愿服务的重要抓手，大力弘扬焦裕禄精神和科学家精神，着力破解基层科协"四缺"难题，把实事真正办到农民兄弟心坎上，收到了实实在在的效果，既提升了基层群众的获得感，又增强了科技工作者的成就感，使科技志愿服务成为帮助群众打好脱贫致富"翻身仗"、发挥科技致富"领头雁"的典型范例。

打造企业科协联合会
点亮老工业基地创新路

湖北省科协

得益于 2018 年 5 月成立的武汉市青山区企业科协联合会，老工业基地青山区近年来尽显"创新范"和"科技范"。

仅靠新成立的科技服务团，青山区就组织举办"科创青山"专家行等专项行动 48 场次，40 多位专家帮助 45 家企业解决技术发展瓶颈。

成立青山区企业科协联合会后的短短 4 年时间里，青山区在创新发展方面取得一系列成果：协助成立院士专家工作站 6 个、科创工作站 2 个；举办科技成果转化 4 场，成功转化落地 45 项；联合武钢集团、武汉科技大学大学生科学技术协会举办长江大保护、重金属等主题高端论坛 7 场。

为企业科技工作者"安家"

青山区是"一五"计划时期国家投资建设的新型工业基地，是华中地区工业重镇、"国家环保产业基地核心区"，目前区内有武钢、一冶、中韩石化等一批国家大型企事业单位，形成了冶金、化工、环保、电力、机械、船舶、建筑、建材八大支柱产业。

2018 年，青山区成立孵化器 21 家，小微企业 1200 余家。青山区科技人员密集，企业研发人员众多，居武汉市前列。他们不仅是基层科协组织的重要组成部分，也是科协组织深入企业、深入基层的重要触角，更是党和政府团结联系企业科技工作者的重要抓手、科协组织服务创新驱动发展的重要力量。

青山区的科技人员虽多，但此前因为没有把这一群体的力量联合起来，其发挥的作用并不明显，这些人才资源也没有被很好地利用起来。

青山区科协意识到，作为重工业集聚地成立企业科协联合会的紧迫感和重要性。2017 年，青山区委印发了《群团改革实施方案》，突出要求科协组织要眼睛向下、面向基层，密切与科技工作者的联系，推动科协向园区和企业延伸。

2018 年 5 月，青山区企业科协联合会正式成立，这是由该区企业科协、高校科协组成的科技社团组织，是推进科技经济深度融合过程中实现组织更强、能力更强、功能更强、实效更大的新型组织，是装在企业内的科技服务器，是能够实现广泛组织动员、紧密联系、精准服务科技工作者的基层组织，更是青山区企业科技工作者的"家"。

2018 年 5 月 3 日，青山区企业科协联合会正式成立

搭建"金字塔"式平台

青山区以建设企业科协联合会实体化阵地的工作定位，在建立"科技工作者之家"的基础上，搭建"金字塔"式平台，最大限度地实现对科技工作者的常态化联系，切实提升科技工作者对科协组织的普遍认同感。

"金字塔"式平台包括"塔尖""塔身"和"塔基"三部分。一是构建"塔尖"，积极帮助企业建立院士工作站、专家科创工作站，建设"青山院士之家"，打造高端人才建家平台。2018 年 5 月以来，青山区企业科协联合会帮助企业科协成立院士工作站 4 家、专家科创工作站 2 家，分别在钢铁冶金、医学生殖、光纤通信等领域与青山区的企业科协紧密合作，极大地助力该区的科技创新发展。

比如，普仁医院院士工作站在中国科学院院士刘以训牵头的专业领军团队指导下，助力该院生物细胞治疗中心于 2020 年 11 月正式开科，2020 年 12 月其生殖医学科顺利通过"试管婴儿"技术试运行评审，体外受精－胚胎移植以及衍生技术试运行申报成功。

二是筑牢"塔身"，组建"科技服务团"，搭建人才交流平台。青山区企业科协联合会以科技助力区域经济高质量发展为己任，引导各行业、领域专家为青山科技经济发展提供技术与人才服务。2021 年年底，制定"青山区科技服务团活动方案"；次年 3 月，青山区科技服务团正式成立，首批团员 20 名登记入册。2022 年 6月，青山区科技服务团的《节能低碳绿色产业——智能环保科技交流会》成果已申报2022 年度武汉市第二批创新驱动助力计划项目。

三是夯实"塔基"，不断完善青山企业科协联合会平台体系。青山区企业科协联合会紧紧围绕平台共建、信息共通、资源共享、利益共赢 4 个方面，实现企业的事企业间自己商量着办；建立微信群，共享科技活动、科技创新信息；企业间共享项目经验、人才、科技成果等；企业利益互惠互利，合作双赢。

此外，青山区企业科协联合会每年春节前召开青山区企业科协联合会总结大会，交流问题，共同探讨，倾听企业科协的心声和诉求，2021 年在辖区内重点企业、企

2021 年举办的材料多尺度模拟学术交流会

业科协会员单位以及各孵化载体等 100 余家企业开展调研，形成调研报告；组织举办"青山·产学研合作"直通车行动，有效促进学术交流；通过科技项目跟踪，让企业科协创新成果科普化，在青山区营造讲科学、爱科学、学科学、用科学的良好氛围。

科协服务更精准更有力

经过 4 年多的发展，目前青山区企业科协联合会正有包含园区、孵化器等在内的会员单位 35 家，涵盖辖区企业百余家。

青山区企业科协联合会的服务还在不断延展，其坚持问题导向和需求导向，每年开展科技工作者工作座谈会，精准导入科创、科普和智库资源；主动服务青山地区科技工作者，推荐他们参评优秀科技工作者等评选；发现、培养和举荐各类优秀科技人才，帮助企业科技工作者获得认同感和社会认可；加大企业科协组织覆盖面，目前服务企业科协 100 家，服务科技工作者上万人，2021 年推荐产生政协委员 2 人。

不仅如此，青山区企业科协联合会还建立企业需求常态化调查机制，开展技术预见，研判关键技术路线和产业创新方向；以青山区环保产业、化工产业、数字产业等为重点，汇聚院士、高校院所专家创新资源和中小企业技术需求，积累形成"问题库""成果库""人才库"的"产学研金用"服务平台，构建渠道融通的创新创业生态系统。

点评

企业是科学技术创新的主体，企业科协联合会在推动创新发展中起着重要作用。武汉市青山区成立企业科协联合会后，积极发挥各会员单位科协上下联动和人才荟萃的资源优势，通过开展一系列活动成功搭建了服务企业科技创新平台，推动了"科技工作者之家"建设，在经济建设主战场上大有作为，极大地提高了科协组织的社会地位和影响力。

加快数字化转型　以智慧科协
助力深化群团组织改革

中国科协信息化工作领导小组办公室

中国科协于 2021 年 10 月启动"智慧科协 2.0"建设，打造"以科技工作者为中心的科技服务和内容生产综合运营平台"，作为推动科协系统深化改革的先导性、战略性和基础性工程。目前，三年规划蓝图已经完成，基础平台正在内部测试，组织人才库和智慧党建取得阶段性成果，8 个域场景建设正在推进，"一体两翼"共建共享已开展试点示范，数字化转型意识和工作氛围初步形成，推动科协工作从职能驱动型向流程驱动型、数据驱动型转变，由"管理"向"服务"转变。

服务大局　深化改革

中国科协深入贯彻落实以习近平同志为核心的党中央关于加快数字化发展和科协系统深化改革的有关要求，加快"智慧科协 2.0"建设，遵循科协工作规律和数字化转型发展规律，以更广泛团结引领和联系服务科技工作者为目标，以改革创新为动力，以数字技术与科协业务深度融合为主线，不断推动人才、组织、业务数据融合发展，带动"一体两翼"高效共享协同。通过强化数字理念、优化应用场景、夯实基础设施，有效提升科协组织网上群众工作能力，提升"四服务"效能，赋能各级各类科协组织，让数字技术成为推动科协治理体系和治理能力现代化的新动力。

理念创新　用户导向

"智慧科协 2.0"平台聚焦团结引领广大科技工作者主责，以科技工作者爱用好用作为衡量标准，打造依靠科技工作者、为了科技工作者、服务科技工作者的共建共治共享平台。更新评价指标体系，将联系服务科技工作者的数量和质量作为核心指标。推进组织人才库建设，2022 年实现 1000 万科技工作者入库，通过科技工作者画像，为人才举荐和精准服务奠定基础。开展 650 万学会会员统一入库，强化全国学会数字化服务和管理能力。加快整合，将科协业务归纳为 67 个业务组件，开展 300 多个业务系统的迁移整合，实现统一应用程序集成和展现，实现"一网通办"，推动服务和内容供给标准化、流程化，加快服务变革。

机制创新　统筹建设

为避免信息化系统"烟囱"林立、数据不通、用户不足等问题，"智慧科协 2.0"建立了"统一规划、统一标准、统一建设、统一预算、统一管理、统一运营"工作机制，统一指挥、协同作战，统分结合、并行建设。加强统一规划，形成 1 个总体规划、4 个专项规划、8 个域实施方案和一系列标准制度组成的"1+4+8+N"规划体系，形成一张蓝图。通过项目跟着规划走、经费和要素配置跟着项目走，完成科协信息化项目 2023 年统一预算工作，避免重复建设，节省财政资金。统一发布人才、组织等数据标准、应用架构标准等系列标准制度，支持与全国学会和地方科协共建共享工作。统一建设公共集成平台、组织人才库、核心业务组件等，实现一个平台上集成数据、用户和资源，提升数据治理能力。加强统一管理，形成覆盖"规划、标准、预算、建设、需求管控、架构管控、项目群管理、运维、运营"等管理体系。加快统分结合的运维运营队伍建设，努力形成"一体两翼"分工明确、相互支撑的工作机制。

凝聚共识　形成氛围

党组书记处将"智慧科协 2.0"作为一号工程，靠前指挥，亲自指导、部署，督促落实。各域域长、各部门单位"一把手"主动担当作为，积极整合业务和信息化项目，层层合并同类项。学服中心、人才中心、科技馆、青少中心、出版社等深度参与"智慧科协 2.0"建设，承担了多个共性业务组件和场景开发。航空学会、浙江省科协等全国学会和地方科协踊跃参与，提出业务需求、共享应用场景。经过半年多培训和两期"工作坊"，广大干部职工的数字化思维、数字化能力得到大幅提升。

目前，分管领导下的域长负责制和"四联动"工作机制正逐步落实、取得实效，"智慧科协 2.0"正从"要我干"向"我要干"转变。

点评

　　建设网上科协是党中央交给中国科协的一项重要政治任务，"智慧科协2.0"主动融入"数字中国"战略大局，勇立潮头、领数字化转型之先，按照数字化、网络化、智能化要求，开创网上群团建设新格局，有效推动科协系统深化改革，实现"以科技工作者为中心"的组织重构和流程再造。

十、
深化科协系统改革

秘书长制度改革提质学会工作

中国计算机学会

中枢是在一套事务系统中发挥总的主导作用的部分。人体中枢神经系统一旦发生问题就会影响到全身组织器官，轻则器官不能正常工作，重则人体瘫痪。

秘书长，是一个学会组织的中枢，学会工作的好坏、能否发展壮大，秘书长起到关键作用。

中国计算机学会（CCF）经过多年改革实践，建立了聘任秘书长的遴选机制，迈出了学会运营更加职业化、现代化的重要一步。

梅宏为 CCF 新任秘书长唐卫清颁发聘书

在 2021 年 2 月举行的 CCF 秘书长就职典礼上，CCF 理事长、中国科学院院士梅宏提出："计算时代，计算机行业还会持续发展。如何发挥计算对社会的推动，让更多行业拥抱计算，是学会的重任。让更多的计算机学术和产业界的人士认同 CCF 的理念，也是新任秘书长的历史担当和责任。"

秘书长职业化是非营利组织发展的必然趋势

在很长的一段时间里，国内的学术社团由于在社会活动中的地位不明确，大多不能独立运营和生存，依托政府机关或者行政事业单位等挂靠单位提供的人力和财力生存。

此时，秘书长更多的是代表所挂靠单位来管理学会事务，或者以其自身或其所在单位在本领域拥有的声望和资源来支持学会运转。秘书长虽然也是通过选举方式产生，但往往是所挂靠单位或政府部门具有一定级别的领导。同时，按照当时的中国科协全国学会组织通则，秘书长任期最长两届，这必然导致绝大多数秘书长为兼职人员。

随着社会发展，政府越来越重视学术组织在建设和谐社会、促进科技创新发展方面的作用，同时，出于深化行政管理体制改革以及国务院机构改革和职能转变，国际交流需要，把学会推到了按照真正非营利组织（NGO）运营的改革前沿，学会要脱离挂靠独立生存，秘书长在运营管理方面的职能和能力要求愈发凸显。

学会工作是一项社会性、综合性很强的工作，而秘书长需要贯彻和执行理事会的决议，在主持日常工作中，还要发现和提名工作机构负责人人选，决定秘书处专职人员的聘用，并带领工作机构和秘书处执行年度工作计划。除此之外，还要协调各分支机构的工作，负责学会运营和财务管理，等等。

因此，秘书长必须转变为一个组织的首席执行官，既要懂专业，具有领导力和执行力，还得会运营会"理财"。为了学会能够长期平稳发展，秘书长必须职业化，他国发展良好的科技社团，无不如是。

逐步形成理事会领导下的秘书长负责制

在秘书长制度改革中，CCF 从立法、赋权、监督等多角度推进秘书长职业化进程。在《CCF 章程》中，关于秘书长产生方式先后经历了从由理事会选举，到选举和聘任，到明确由理事会聘任的过程，章程还对秘书长的一应职权做了详尽表述。工作方法，则是理事会领导下的秘书长负责制。CCF 的决策机构和执行机构各司其职，涉及学会规则建立与修订，重大人事任免，学会工作方针及任务制定，分支机构和办事机构设立、变更和注销，财务预决算等均由（常务）理事会按照学会理事会议事规则决策决定，秘书长则是获得学会运营的管理授权，负责带领各工作机构和秘书处按照（常务）理事会的决策实施和执行。

财务方面，在常务理事会批准的预算框架内，由秘书长负责预算范围内项目支出审批。对于预算外突发性支出项目，学会《财务管理条例》规定了可以由秘书长批准执行的额度以及超出额度的处理办法，从而保障秘书长有权力在职权范围内行使权力。

关于秘书长工作的评价和约束机制，《CCF 章程》第三十六条规定："秘书长的薪酬和奖励办法，由理事会或常务理事会批准后执行。"2013 年 6 月，CCF 正式设立常务理事会薪酬及考核委员会，参照企业管理机制，负责制定针对秘书长的薪酬和考核机制，确定秘书长的薪酬和奖励事宜，委员会任期 1 年，理事长和司库为该委员会当然的成员，另外每年再选三位常务理事。

此后，每年 1 月，常务理事会薪酬委员会召开会议，对秘书长过去一年的工作从会员规模、营收规模、资金使用、会员服务、影响力、执行力 6 个方面进行考核，在评价的基础上，确定秘书长该年度的奖励以及下一年薪酬的金额。

夯实秘书长职业化的制度基础

2018 年，根据多年改革实践和学会发展要求，理事会表决通过了《秘书长遴选聘任条例》，这是秘书长职业化的重要制度基础。

2020 年 10 月 21 日，CCF 十二届一次理事会议以无记名投票方式，对秘书长遴选委员会提交的秘书长人选进行了表决，中国科学院计算技术研究所研究员唐卫清被聘任为秘书长。

前任秘书长杜子德为 CCF 工作了 24 年，在学会治理架构设计、制度完善、新产品创新、经济实力提升以及品牌营销等方面发挥了重要作用，被认为"抓住了学会改革的机会，推动 CCF 成为真正的学术社团"。

由于我国尚未将从事非营利组织工作列入职业目录，社会上很难找到能满足学

唐卫清宣誓就职

会发展需要的专业人士，找到一位称职的秘书长绝非易事，而聘任则是秘书长职业化的起点。

2022 年 2 月，在 CCF 举行的秘书长就职典礼上，新旧秘书长工作正式交接。这个刚度过 60 岁生日的学会，始终生机勃发，正迎来又一次革新。

点评

中国计算机学会《秘书长遴选聘任条例》制定和践行，开创了国内秘书长制度改革先河，推动学会和国际社团制度接轨。其秘书长制度的改革是学会运营发展职业化、现代化的重要一步。

种下一粒"金葵花" 收获万颗"创新果"

北京市科协

从 2022 年 5 月下旬开始，做了 30 年科普杂志编辑的老张每天都会抽出三五分钟，在手机上完成北京市朝阳区公民科学素质大赛的线上答题。因为成绩一直比较理想，老张信心满满，他决定坚持下去，杀入决赛。

这场大赛由北京市朝阳区科学技术协会主办，是实施"金葵花"品牌行动的一项子行动，旨在以赛促学、以赛促用，进一步提升朝阳区公民科学素质。目前，该活动已成为深受朝阳群众喜爱的科普品牌，每年参与答题者达 10 万人，有效推动了科学知识的广泛传播，为朝阳区科协科普行动种下了一粒粒"金葵花"。

全国科普日期间开展科普活动

种下"金葵花"

2017 年,《北京市科协系统深化改革实施方案》颁布实施,朝阳区科协领导班子经广泛走访调研、问需问计,梳理过往经验和存在的不足,重新审视科协在区域创新发展中的定位,聚焦基层的需求与痛点,形成新形势、新任务下科协工作的新思路。

在此基础上,朝阳区科协提出实施象征"朝阳绽放、团结齐心、硕果累累"寓意的"金葵花"品牌行动总体目标,围绕服务科技工作者这一核心职责,以"融智朝阳、人才朝阳、科普朝阳、爱在朝阳"四大行动,强化朝阳区科技创新软实力,引领服务广大科技人才投身科技创新主战场,助力区域高质量发展。

2019 年,朝阳区科协举办首届"金葵花"朝阳区公民科学素质大赛,经过 4 年发展,该活动已成为深受群众喜爱、社会广泛参与的特色活动。活动结合朝阳区特点,以青少年、农民、产业工人、老年人、领导干部和公务员为重点人群,利用数字化、信息化赋能,充分发挥互联网平台无门槛、广泛参与及有效互动的优势,进一步调动公众学习科学的热情。

大赛通过"每日答题""挑战答题""1 对 1 竞赛答题"等方式参与互动,并获取答题积分。通过线上答题脱颖而出的优秀选手将获得"朝阳区科学达人"称号,并有机会参与年底举办的线下总决赛。

朝阳区公民科学素质大赛总决赛

5 年来，朝阳区科协社会影响力显著增强。2021 年朝阳区被评为"全国科普示范区"，并在"全国科普示范区"测评中被评为优秀；朝阳区科协被中国科协评为全国"全民科学素质工作先进集体"，连续 6 年获"全国科普日优秀组织单位"称号，还获评"2021 年北京市科学技术普及工作先进集体"、北京市"金桥工程优秀组织单位"，2018—2020 年度"首都文明单位标兵"等荣誉称号。

深耕"科普地"

根据《北京市朝阳区科协系统深化改革实施方案》，朝阳区明确 32 家单位为科普联席会议成员单位、43 个街乡全部建立科协组织。发挥科普联席会作用，支持高校、院所、企业、学校、场馆等主动开展科普活动，资源共享，协同联动，形成了科协牵头、部门统筹、街乡主抓、社会参与的大科普工作格局。

5 年来，朝阳区科协持续开展"科技三下乡""科教进社区""红领巾科普游园会""走进科技殿堂，共享文明生活"等传统科普品牌项目，在科技周、全国科普日、防灾减灾日等重要节点举办大型科普宣传活动，年均各类活动 200 余场。连续 4 年投入 600 万元，支持 36 个街乡、9 个学会、7 个场馆和 9 所学校开展科普活动，基层科普服务能力进一步提高。

朝阳区科协推出"科学嗨翻天""公民科学素质大赛"等科普新品牌，有效增强了科普活动对公民的吸引力、参与率；创新"互联网＋科普"，打造朝阳科协"金葵花行动"服务号和"葵花唠科"订阅号，结合热点"粉碎谣言""科普新知"，提供朝阳群众贴心的科普资讯。

此外，还成立朝阳区科学教育馆联盟，联合中国科技馆、中国电影博物馆、国家动物博物馆等 32 家科教场馆，对接 43 个街乡，为新时代文明实践站（所）建设提供阵地和内容资源。

目前，朝阳区有北京市学生金鹏科技团 12 个，市级科技示范校 27 所，区级示范校 63 所，6 所北京市后备人才基地校、2 所北京青少年机器人教育特色校，科技辅导教师 600 人。

培育"创新果"

为厚植创新土壤，朝阳区科协汇聚科普资源，凝聚科普工作合力，提高基层科普服务能力。同时增强科普品牌带动作用，抓住全国科普宣传日等重要节点，与宣传部、卫健委、应急局、科信局等单位联合行动，开展各类主题科普集中宣传。5 年来，区科协通过区街（乡）两级、线上线下、全年全域开展科普活动，有效覆盖 43 个街乡和所属社区（村），累计受众超 100 万人次。

朝阳区科协深度打造"金葵花行动"和"葵花唠科"公众号，在疫情之初投放大量科学防控知识，专题宣传抗"疫"科技工作者事迹。在"朝阳群众"抖音平台上发布"科普"小视频，总浏览量超 2000 万。举办心理健康和疫情防控科普直播，首日累计受众超过 362 万人次。区科协利用短视频直播平台，带领公众线上"云游"科普场馆，播放总量 346 万人次。

此外，朝阳区科协加强青少年科技教育，举办机器人大赛、机床大赛、信息学大赛、创新大赛等赛事和青少年创客活动。将中国科技馆、中国科学技术出版社、中国科学院大学和北京航空航天大学等"国家队"科技教育类资源对接给区教委，以科普助力"双减"，用技术推动创新。

点评

朝阳区科协以品牌科普行动为突破，坚持打整体战、持久战、协同战，用科普的"厚度"成就创新的"高度"，将"闯"的精神、"创"的劲头、"干"的作风融入科协工作，推动科协系统改革走向深入。

从 2022 年开始，朝阳区科协将象征"朝阳绽放、团结齐心、硕果累累"寓意的"金葵花"行动升级，同步实施"融智朝阳、人才朝阳、科普朝阳、爱在朝阳"四大行动，以"七个一"服务模式加大对科技人才的服务力度，强化科技创新软实力，团结引领广大科技人才积极投身科技创新主战场，助力朝阳高质量发展。

建立市直接管科协　让组织拓得更广

安徽省科协

这座城市的科协有些不一样。

市卫健委利用市、镇、村三级医疗网络和专业技术人才优势开展工作；市农业农村局通过农技站站长上连专家和科研单位、下连农民，加强新型农民技术培训、示范基地申报评选；市教育局科协举办校园科技节、青少年科技创新大赛，着力提升青少年科学素质；市气象局科协、市地震局科协整合资源、抱团共建，开展防灾减灾、气象服务等科普"六进"活动……

高位推动、凝聚合力！安徽省安庆市桐城市科协以"3+1"试点为抓手，强力推进基层科协改革并取得突破性进展。在全市各级科协组织的努力工作下，公民科学素质明显提升，健康、文明的生活方式加快形成。

拓展科协组织建设

桐城市科协深入分析基层科协组织建设现状，聚焦科协组织覆盖不广、服务能力不强、社会影响不够等问题，广泛调研，发散思维，大胆创新，尝试在与"三长"联系密切的市直机关、事业单位建立科协组织，以进一步扩大科协组织覆盖和工作覆盖。

开展试点工作以来，桐城市科协成功推动教育、卫生、农业、气象、地震5个市直机关成立科协，并在桐城师专、安庆文都科技职业学校、桐城中学、实验中学4所学校成立了科协，有效团结凝聚了教育、卫生、农业等一大批政治立场坚定、有责任心和组织动员能力强的优秀科技工作者，为科协组织和科协工作注入了新鲜血液、提供了智力支持，使得《全民科学行动计划纲要》实施工作落到实处，有了具体的实施单位，同时又承担起部分学会组织功能，弥补了学会工作的缺失。

构建科协运转机制

为推动新成立的市直机关科协、事业单位科协有效运行、发挥作用，桐城市科协从实际出发，有板有眼，把管理抓得更实。

首先，市直机关、事业单位科协制定《章程》，明确市直机关、事业单位科协是市科协的基层组织，为本单位内设的群团组织，经本单位党组织批准成立，接受桐城市科协业务指导。

其次，根据不同类型组织特点，出台系列制度制成指导手册，明确目标、职责、流程，引导市直机关、事业单位科协组织把部门工作要点对标科协工作重点，相互结合交融，推动工作规范有序开展。

此外，桐城市科协还积极争取相关单位的支持，把科协工作列入本单位、本部门的年度考核内容，与部门工作对接，与工作绩效挂钩，在任务布置、活动开展、经费安排、年终考核等给予通盘考虑、全力支持。

探索科学奥秘，放飞科技梦想——实验小学东校区设立校园科普 e 站

彰显科协组织作为

通过把科协组织建到科技工作者的"家"里，桐城市科协以基层组织为依托、以"三长"为纽带、部门抱团共建共享的工作新格局正在逐步形成。

5个市直机关科协积极谋划、主动作为，工作干得有声有色：

卫健委科协将科协组织建设和工作开展情况纳入卫健系统年度综合绩效考核，利用医疗网络和人才密集的优势，发挥医院院长引领带动作用，在人才建设、技术帮扶、创建人民满意医院等工作上促进了县乡村联动。一是牵头推动与市内外各级医疗机构和专家团体的学术交流、理论培训；二是镇（街道）卫生院成立科协工作队，派驻技术人员下基层，以科技下乡、健康宣教、公共服务为载体，常态化开展医学科技普及；三是明确机制任务，院长担任队长，村（居）卫生室主任是科普员，围绕高血压日、糖尿病日等主题日开展科普宣教、卫生服务等活动。

农业农村局科协以服务"三农"为己任，充分发挥15个镇（街道）农技站站长作为镇（街道）科协副主席的桥梁纽带作用，通过农技站站长上连专家或科研单位，下连农民，狠抓新型农民技术培训、实用技术推广、建立示范基地等活动。一是发挥镇（街道）农技站站长的桥梁纽带作用，积极开展农作物新品种、新技术的试验、

桐城市地震局科协组织开展科普宣传活动

示范、推广；二是加强质量安全网格化管理，按照"区域定格、网格定人、人员定责"网格化监管架构，划分网格单元；三是抓特色产业发展，充分发挥好 8 个富锌技术试验科普示范基地作用。

教育局科协以校长为第一责任人，广泛开展校园科技节、青少年科技创新大赛等活动，服务全民科学素质提升。一是围绕青少年科技教育，以学校为主体，以校长为第一责任人，以素质教育为抓手，广泛开展校园科技节、青少年科技创新大赛、青少年科技创新市长奖、各类科普竞赛、科普讲座等活动，并不断加强教师综合素质建设；二是在教育系统组织开展"全国科普日"系列活动；三是各级学校校长组织动员广大教育工作者，将科普大篷车、科普进校园等优质资源引入学校，将教育资源和教师资源引入社会，为青少年科技教育注入全新动能。

地震局科协结合防灾减灾、地震应急演练、创建科普示范基地等工作内容，扎实推进防震减灾知识宣传教育进校园、进社区、进机关、进农村、进家庭、进公共场所等"七进"活动，大力宣传《防震减灾法》《安徽省防震减灾条例》等法律法规，发挥地震台站、防震减灾科普馆的科普资源优势，利用全国科普日、减灾救灾日等重要时间节点，组织中小学生和社区居民参观，年接待人数达万人。

气象局科协利用世界气象日、"全国科普日"等活动，通过线上知识答题、上街设摊、下乡宣传等形式开展气象科普宣传活动，发放宣传图册、宣传物品 500 余份，接受市民咨询近 180 人次。桐城市气象台被省科协认定为 2020—2024 年科普教育基地，基地全年接待中小学生等来访人员 4000 余人次。

点评

桐城市科协将持续探索基层组织建设新途径，充分发挥"三长"引领作用，不断扩大组织覆盖，在科普服务、学术交流、联系服务科技工作者等方面大胆探索和有益尝试，着力构建一个以基层组织为纽带、以"三长"为抓手、相关部门和社会各界共建共享的科协工作新格局，努力实现基层组织从"建起来"到"转起来、亮起来"，为新时期科协深化改革工作作出积极贡献。

打造全国地方科协综合改革示范区

重庆市科协

　　2022年的水稻生产关键季，中国农学会科技志愿服务"渝妹儿科普兴农分队"数次来到龙潭镇，从育苗、插秧、管理，到收割、存储，再到深加工，为村民送来急需的农具并演示种植技术，大大提升了农民科技文化素质，为当地水稻产业提质增效奠定了基础。

　　实际上，这只是重庆市科协把深化科技社团改革作为打造全国地方科协综合改革示范区"牛鼻子"来抓的一个缩影。目前，重庆市级科技社团已有174家，未来该市将围绕支柱产业和战略性新兴产业，发起一批新科技社团，推动改革向纵深拓展、向基层延伸，为重庆高质量发展汇聚科技力量，为全国地方科协深化改革提供重庆样本。

重庆市科协召开推进示范区建设工作会议

拉开大幕

2020 年 12 月 14 日，中国科协改革工作办公室一封发至重庆的商请函，拉开了重庆市打造全国地方科协综合改革示范区这场改革攻坚战的大幕。

接到商请函后，重庆市科协召开会议，对"十三五"时期深化改革情况进行盘点评估，并对未来工作进行思路梳理。

"我们同时汲取全国其他地方科协改革先进经验，完成了中国科协委托《中央和地方科协工作指导和联动机制研究》的课题，起草了《重庆打造全国地方科协综合改革示范区实施方案（2021—2025 年）》。"重庆市科协党组书记、常务副主席王合清介绍说，在这个过程中深刻认识到重庆打造全国地方科协综合改革示范区具有多重价值。

重庆是全国群团改革试点地区，是中国科协确定的科协系统深化改革试点单位。自 2016 年 5 月启动深化改革以来，重庆科协从前期夯基垒台、立柱架梁，到中期全面推进、积厚成势，各方面工作卓有成效。

重庆打造全国地方科协综合改革示范区，目的是全面贯彻落实习近平总书记和党中央在中国科协十大上对科协提出的最新要求，推动改革和发展深度融合、高效联动，力求率先实现历史性变革、系统性重塑、整体性重构，为新时代地方科协系统深化改革提供重庆示范。

《科技工作者法治知识精要》首发

2021 年 12 月 29 日，经重庆市委党的群团工作联席会议、中国科协深化改革领导小组会议和重庆市委深改委会议先后审定，《重庆打造全国地方科协综合改革示范区实施方案（2021—2025 年）》正式印发。

研判形势

根据该方案，重庆市科协把握改革取向和重点任务，开始研判形势，从理论逻辑上看"改什么"，从实践逻辑上看"怎么改"。

经调查研究和分析判断，重庆市科协认为，改革一是要突出"地方"特色，立足重庆体制优势、现实条件，结合科协组织特点、共性问题，注重从全局谋划一域、以一域服务全局；二是突出"综合"特性，注重改革的系统性、整体性、协同性，从单项突破到综合革新的系统升华、从过程赋能到结果释能的迭代升级，打造科协改革 2.0 版；三是突出"示范"特质，抓重点、补短板、强弱项，把上一轮改革未改到位的问题改彻底，探索科协变革的先行之路，开拓共性问题的破解之道，取得一批标志性引领性改革成果。

2022 年 5 月，重庆市科协、市民政局印发《关于进一步加强科技社团建设和管理的意见》（以下简称《意见》），推动科技社团提升影响力、增强贡献度，助力重庆建设具有全国影响力的科技创新中心和重要人才高地。

该《意见》认为，科技社团是党和政府团结联系广大科技工作者的桥梁纽带，是国家创新体系的重要组成部分，是建设科技强国的重要力量，承担着凝聚科技人才、优化科技治理、规范学术行为、传播科学文化、促进学科发展、推动自主创新等重要职责。同时，科技社团还具有跨界融合的组织优势、人才聚集的资源优势、合作交流的开放优势，能够不断满足各行业领域科技工作者的多样化需求。

近年来，重庆市科技社团得到长足发展，取得不小成就，但也存在布局不够合理、重建设轻管理、"塔尖"不强"塔基"不牢、内部治理不完善等问题。

数据显示，目前重庆市级科技社团有 174 家，属于市科协主管和联系的团体会员有 166 家。但是，重庆还有 12 个自然科学领域一级学科、323 个二级学科，没有对应的市级科技社团覆盖，特别是新兴领域、交叉学科布局相对滞后。

"当前，重庆正在全力打造全国地方科协综合改革示范区，'优化高水平科技社团布局'，深化科技社团改革会成为打造全国地方科协综合改革示范区的'牛鼻子'，"

王合清说，"因此，优化高水平科技社团布局也被纳入《重庆市打造全国地方科协综合改革示范区实施方案》。"

抓"牛鼻子"

近年来，重庆市新成立女科技工作者协会、青年科技领军人才等 26 个市级学会和 14 个民办非企业单位。此外该市还成立了"两学一产""村会合作"、生态文明建设等学会联合体，科技社团建设与发展取得了长足进步。

重庆市科协优化科技社团结构布局，从 5 个方面，提出了 16 项重点任务，构建联系广泛、布局合理、服务高效、充满活力的科技社团新格局，着力提升科技社团的组织凝聚力、学术引领力、社会公信力、战略支撑力、品牌影响力。未来将重点围绕电子制造业、材料业、能源工业、化工医药业等支柱产业，以及电子核心部件、物联网、机器人及智能装备等战略性新兴产业，策划发起新的科技社团，以满足科技创新和科技工作者需求。

"我们力争通过 5 年时间，在重点领域和关键环节形成一批改革范例，实现从单项突破到综合革新的系统升华、从过程赋能到结果强能的迭代升级。"王合清说。

点评

厘清思路、抓住重点。重庆市科协从筑牢"塔基"做起，让科技志愿服务队伍扎根农村，真正成为用得上、搬不走的基层科普服务力量，同时做强"塔尖"畅通科技资源下沉渠道。这些探索将形成一批可复制、可推广的案例和经验，为成渝双城经济圈建设和产业集群创新作出科协贡献。

"科九条"推动新时代
科协事业高质量发展

贵州省科协

"把科技自立自强作为国家发展的战略支撑，加快建设科技强国"，这是党中央在新发展阶段对科技创新发展的新要求做出的重要判断，是对我国科技创新的指导方针和战略谋划。

"科九条"发布现场

为牢牢抓住科技创新这个"牛鼻子"，2021年11月15日，经贵州省委同意，贵州正式印发《关于加强新时代贵州科协工作的措施》（以下简称"科九条"），为科技工作者参与贵州高质量发展提供政策保障，积极推动新时代贵州全省科协事业高质量发展。

新使命催生新举措

当前，科技创新已成为国际战略博弈的重要战场，科技制高点竞争成为国际战略竞争的重要领域。

贵州省委常委会召开会议专题学习了习近平总书记在两院院士大会、中国科协第十次全国代表大会上的重要讲话精神，专门听取了有关工作汇报，谋划部署出台相关贯彻落实意见，要求具体由省科协牵头抓好工作落实。

面对新形势、新使命，科协工作也面临着许多新要求。其中最重要的，就是要求各级科协组织主动识变应变，充分发挥科协优势，统筹推动科技创新和科学普及，着力解决好科技体系发展不平衡不充分问题，更好满足人民在经济、政治、文化、社会、生态等方面日益增长的需要，更好推动人的全面发展、社会全面进步。

科协如何立足为科技工作者服务、为创新驱动发展服务、为提高全民科学素质服务、为党和政府科学决策服务的"四服务"职责定位，发挥科技人才集聚、创新资源汇集的优势，成为一个迫切需要解决的重大问题。

贵州省科协紧紧抓住深化科协系统改革契机，立足新时代新要求，深入调研、广泛征集意见，最终形成《关于加强新时代贵州科协工作的措施》。

聚焦问题体现科技人员的期盼

"科九条"出台后，贵州省科技工作者反响热烈，他们表示，这是省委、省政府为解决实际问题出台的有针对性的具体工作举措，而非框架性的指导意见。"科九条"是深入调查研究的结果，是有关省直部门共同努力的结果，体现了广大科技工作者的热切期盼。

在起草过程中，贵州省科协始终聚焦当前热点难点问题，坚持以问题为导向，从 2021 年 6 月中旬启动至 10 月底结束，经历了政策研究和实践调研、文稿修改完善、文稿送审 3 个阶段，先后到贵州大学等 20 多家单位进行调研，召开 20 多次座谈会，广泛征求了科技工作者的意见，对相关部门的意见建议进行了认真研究、充分吸纳。

最终，"科九条"聚焦贵州科技创新和科学普及的关键领域、关键环节、关键痛点，提出了加强组织保障、加强科普经费保障、加强科技馆体系建设、加强高层次人才队伍建设、加强高端智库建设、加强学会（自然科学类社会组织）建设、加强兼职政策落实、加强科研管理机制创新、加强科普专业职称建设共九条加强新时代贵州科协工作的措施。

"科九条"制定时有三大"聚焦"：首先紧紧聚焦习近平总书记视察贵州重要讲话精神，围绕"四新"主攻"四化"（新型工业化、新型城镇化、农业现代化、旅游产业化）的战略需求，着力解决制约广大科技工作者积极参与创新创造的关键性问题，充分调动广大科技工作者积极投身贵州重大战略发展科技咨询研究。

其次，紧紧聚焦人民群众对美好生活需要的强烈呼声，着力解决制约人民高品质生活提升的现实性问题，为开创百姓富、生态美的多彩贵州新未来，奋力谱写多彩贵州现代化、建设新篇章贡献科协智慧和力量。

再者，紧紧聚焦科协"四服务"职责定位，着力解决制约科协事业发展的机制性问题，把科协真正锻造成为贵州创新体系的重要组成部分。

强化责任落实　助力新的"黄金十年"发展

"科九条"并非"纸上谈兵"，而是关系全省科技创新和科学普及事业发展新的"行动指南"。其核心目的是为广大科技工作者参与全省高质量发展事业提供政策保障，为再创一个"黄金十年"发展期提供科技支撑。

为确保"科九条"的全面贯彻落实，每条措施均明确了相关省直单位作为责任单位抓落实、促实效，各相关责任单位积极行动，协同发力，工作成效初步显现。

"科九条"提出的科学素质建设情况已纳入省综合考核监测调度事项，其全面贯彻落实情况已纳入省级督查计划。

2022年4月12日，贵州省委督查室召开了相关省直部门参加的"科九条"贯彻落实情况的专题督查调度会，明确了三项贯彻落实工作机制：责任机制、跟踪落实机制以及考核激励机制。

"科九条"明确，要构建新时代科技场馆体系，实现科普资源共建共享。目前，贵州正积极整合省内科普资源，围绕全省科技馆体系建设开展相关课题研究、摸底调查以及方案制定；贵州科技馆新馆建设项目已被列入2022年全省重大工程和重点项目名单；筹备组建贵州省自然博物馆协会，选出133家场馆作为会员单位等。

"科九条"提出，要加强学会建设，充分发挥学会在贵州经济社会高质量发展中的积极作用。2022 年 7 月，中国共产党贵州省科技社团委员会正式挂牌成立，具体负责指导省科协业务主管学会党的建设工作。目前，在相关部门的支持下，参与承接政府转移职能的学会共 46 家，涉及政府转移职能或事项 174 项。同时，指导学会按政策法规享受税收优惠。

"科九条"提出，要加强科普专业职称建设，明确在职称评定序列中的图书资料系列增设科普专业，为各类从事科普工作人才搭建职称评定平台。目前，省科协会同省人力资源社会保障厅，起草完成了《贵州省图书资料系列科普专业技术职务任职资格申报评审条件（试行）》（征求意见稿），科普专业职称建设相关工作积极推进。

如今，"科九条"的有序推动，正在把科协真正锻造成为贵州创新体系的重要组成部分，更好担负起使命职责，为着力夯实科技创新根基、提升科技创新能力，实现贵州高质量发展提供强有力的科技和智力支撑。

点评

科技创新已成为高质量发展的重要动力，贵州省出台的"科九条"去虚向实，措施聚焦当前热点难点问题，坚持以问题为导向，着力解决制约广大科技工作者积极参与创新创造的关键性问题，着力解决制约人民高品质生活提升的现实性问题，着力解决制约科协事业发展的机制性问题，为科技工作者开展科技创新工作营造了政策氛围。

构建服务学会体系
助力学会高质量发展

中国科协学会服务中心

全国学会作为科技工作者自愿组成的社会团体，是国家创新体系的重要组成部分。学会是科协的组织基础，学会工作是科协的主体工作。

近年来，中国科协学会服务中心聚焦学会深化改革和创新发展，通过优化服务机制、构建多维体系、打造优质产品、搭建交流平台等举措，积极推进中国特色一流学会建设，助力高质量发展，打造有温度可信赖的"全国学会之家"。

优化服务机制 做好学会"贴心人"

按照学科覆盖、优势互补、分级负责、分片包干的原则，使每家学会拥有直达学会服务中心的"联络员"。持续增强学会与中心的业务黏度，形成基础保障、学术交流、科技经济融合、期刊建设、高端智库、公共服务六大服务模块，并对应相关业务处室，打通了一站式解答的"快车道"。

在新冠肺炎疫情暴发初期，通过学会服务专员引导全国学会发挥自身专业优势，积极加强科普宣传、提升应对紧急情况能力，助力复工复产。

截至 2022 年年底，中心已解决学会、科技工作者提出的政策类、法律类、财务类、日常事务类、培训类等"急难愁盼"问题近 300 件，推送特色产品清单"学服早知道"7 期，分享国内外科技社团优秀案例 60 篇。探索形成了联系服务全国学会的全视窗口，打通了服务学会"最后一公里"，实现了服务学会"零距离"。

构建多维体系　做好学会"解忧人"

打造闭环服务体系。通过"年检发现问题—开发针对性产品—依托平台组织培训交流—年检检验成效"的闭环服务体系，逐项摸清每家学会存在的问题和困难，从而有针对性地设计产品，促进学会形成职责明晰、位阶有序、运行规范的治理结构，帮助学会提升内部治理能力和创新发展水平，实现年检合格率从 81.25% 到 93.75% 的有效递增。

学会工作知识竞赛总决赛现场

完善学会评估体系，组织开展全国学会评估工作，以可公开获取、来源权威的数据作为主要依据，形成评估综合结果、五大学科评估结果以及 8 个主要业务领域的评估结果，首次形成学会总体画像，首次实现对 210 个学会的全面评估排名。启动实施第四期学会能力提升专项"中国特色一流学会建设项目"，遴选 50 个中国特色一流学会建设支持学会和 37 个特色创新学会建设支持学会，引导学会改革向纵深发展，积极打造新时代一流学会样板和特色创新学会集群。

开设专属服务体系。精准对接学会需求，组织"访学会·送服务"专属活动，围绕内部治理、内控管理等方面的问题，组建专业化的专家团队，深入学会提供精准化、个性化的定制服务，帮助学会解决难题。截至 2022 年年底，已为中国公路学会、中国金属学会等 47 家学会提供专属服务。

建立服务学会传播体系。创新资讯方式,拓宽服务学会传播渠道,形成以"学会服务 365"为核心,多媒体平台为辐射的"1+N"型协同联动宣传发布格局。

打造优质产品　做好学会"知心人"

出版全国学会指导系列用书。在充分调研全国学会需求的基础上,针对学会年检、换届中的常见问题,聚焦靶心、突出重心,从学会会员管理服务、内部治理、内控管理建设等方面入手,编纂全国学会工作指导系列用书,填补了相关领域空白。

全国学会工作指导系列用书

开展国内外科技社团系列研究。打造中心特色新型智库,围绕我国科技社团的功能定位、发展趋势,建设世界一流科技社团的标准,科技社团创新发展,科技成果转移转化与技术交易等形成相关研究成果 160 多项。组织开展国外科技社团研究,发布《国内外科技社团发展动态》57 期。逐步建立了从科技社团基础理论、科技社团治理、科技社团发展战略到中外科技社团对比、科技社团发展史的研究体系。

开展科技法律特色研究。开展实用型法律研究、全国学会法律风险案例研究、科研活动常用协议研究、科研活动权益保护案例研究、国际知识产权保护典型案例研究,形成法律法规库、案例库、课程资源库、协议模板集和风险防范实用工具等产品。

搭建交流平台　做好学会"暖心人"

创建系列品牌交流活动。围绕科技社团创新发展和学会治理结构改革，创办学会创新发展论坛、学会能力建设论坛、科技社团发展理论研讨会、中国特色一流学会建设研讨交流活动、科技法律研讨活动、"学会服务365Talk"系列沙龙等多层次交流平台。

优化学会服务"智汇"平台。积极搭建学会服务"智汇"平台，提供政策解读、内部治理、法律财税等实操性课程及学会从业人员基础培训等综合性服务，真正做到精准、精致、精细，打造社会化、网络化、专业化、多功能的"一站式"服务平台，成为全国学会高质量发展的"金钥匙"。

组建来自科技社团领域、科技政策领域以及全国学会负责人的优秀专家团队，从专家视角和一线工作经验两个维度进行交流，提供理论依据、专业知识、经验做法、在线问答，共建学会从业人员的"进阶学院"。截至2022年年底，平台录制各类视频课程近7000分钟，全国学会覆盖率达99%。

升级"学会管理服务平台"。以全国学会为主要组织载体，以科技工作者为服务对象，打造一站式学会服务信息资讯、服务大厅、知识共享平台。截至2022年年底，平台总计入库个人信息191万余人，131家学会正式使用，累计校验学会基本信息、期刊信息、获奖情况等9000余项，完成210家全国学会5425个分支机构信息的校对及平台更新。

据统计，2021年为学会提供直播、录播及推广宣传服务647场，累计观看数据2000余万人次，为32家全国学会提供换届会议服务47场次，累计为学会提供5830次培训及答疑指导，解决问题1930个。

点评

学会服务中心以学会需求为导向，聚焦学会规范化建设和创新发展，健全机制，完善体系，搭建平台，创新模式，强化供给，丰富产品，精准施策，引导学会改革向纵深发展，有效提升学会内部治理能力和创新发展水平，积极推进中国特色一流学会建设，真正成为全国学会的"贴心人""解忧人""知心人"和"暖心人"，为助力学会的高质量发展作出了突出贡献。

附　录

中国科协十年优秀工作案例名录

序号	案例名称	推荐单位	页码
1	聚合国际领先资源　自主创办国际一流旗舰期刊	A-06 中国化学会	84
2	搭建平台　种下气象科学"种子"	A-08 中国气象学会	124
3	突出大数据驱动　构筑高质量设施	A-11 中国地理学会	88
4	设立生命科学青年科学家职业发展基金	A-23 中国细胞生物学学会	308
5	擦亮学会助力人才成长的金名片	A-29 中国环境科学学会	312
6	由岩石力学大国向岩石力学强国迈进	A-33 中国岩石力学与工程学会	92
7	凝聚科技力量　助力国家重大工程	A-33 中国岩石力学与工程学会	212
8	全球变化生物学效应国际研究计划	A-46G 国际动物学会	358
9	发挥科技社团优势　服务党和政府科学决策	B-05 中国电机工程学会	216
10	平台助科普　节水成风尚	B-08 中国水利学会	128
11	用民间科技外交提升国际话语权	B-09 中国内燃机学会	362
12	立根铸魂　夯实党建之基	B-14 中国自动化学会	2
13	为企业发展插上科技的翅膀	B-15 中国仪器仪表学会	254
14	科技成果转化平台	B-19 中国电子学会	258
15	秘书长制度改革提质学会工作	B-20 中国计算机学会	432
16	"走出去"于变局中寻"共识"	B-21 中国通信学会	366
17	推动国际交通科技发展	B-27 中国公路学会	371
18	从望尘莫及到同台竞技	B-28 中国航空学会	375
19	化工工程师能力水平评价助力科技人才成长发展	B-35 中国化工学会	316
20	"魅力之光"将核科普带到身边	B-36 中国核学会	132
21	煤炭领域国际交流合作开新局	B-38 中国煤炭学会	379
22	《农业科学家建议》集思汇智聚力	C-01 中国农学会	220

序号	案例名称	推荐单位	页码
23	构建中国林业智库平台　服务党和政府科学决策	C-02 中国林学会	224
24	多视角构建科技成果转化样板间	C-09 中国作物学会	262
25	滇桂黔石漠化地区的绿色之路	C-10 中国热带作物学会	266
26	海峡两岸携手提升中华茶产业科技水平	C-13 中国茶叶学会	136
27	让中国经验进入全球学习时间	D-01 中华医学会	96
28	中国中医药科普标准知识库建设	D-02 中华中医药学会	140
29	合作共赢　助力"一带一路"护理与健康	D-05 中华护理学会	383
30	向国际传递中国肿瘤科学研究的声音	D-16 中国抗癌协会	100
31	"标准"助力新冠肺炎疫情防控	D-21 中华预防医学会	228
32	国内首部《CAR-T 细胞治疗 NHL 毒副作用临床管理路径指导原则》出版	D-26T 中国研究型医院学会	104
33	三箭齐发　助力"一带一路"科普场馆合作与发展	E-15 中国自然科学博物馆学会	387
34	展青年编辑时代风华　育科技期刊未来精英	E-19 中国科学技术期刊编辑学会	320
35	党建引领　劳模先行	E-22 中国国土经济学会	7
36	汇聚国际专家资源　保障雄安战略落地	E-27T 中国城市规划学会	232
37	发布高教评估领域首个团体标准　推动完善工程教育治理体系	E-32T 中国工程教育专业认证协会	324
38	以加入《华盛顿协议》为契机　深度参与工程教育国际治理	E-32T 中国工程教育专业认证协会	391
39	23 位科学家手模亮相中国科技馆	E-41W 中国科技馆发展基金会	36
40	以公益撬动汇聚社会力量助力科普发展	E-41W 中国科技馆发展基金会	408
41	紧跟科学热点　打造"明星演讲"	北京市科协	144
42	"集智攻关"科学布局专业智库体系	北京市科协	236
43	种下一粒"金葵花"　收获万颗"创新果"	北京市科协	436
44	夯实产业发展道路　智库来支招	天津市科协	240
45	农机推广演示会打造"农机风向标"	河北省科协	270
46	"科学加油站"将科普艺术化	山西省科协	148
47	百名专家走进盟市旗县科普传播行	内蒙古自治区科协	152
48	"科技 110"快速反应机制助力地方产业发展	辽宁省科协	274
49	讲好南仁东故事　传承科学家精神	吉林省科协	40
50	"科技之星·闪耀龙江"主题展	黑龙江省科协	44
51	创建"四煤城"一体化协同机制	黑龙江省科协	278

序号	案例名称	推荐单位	页码
52	"社区书院"打造家门口的科普生态圈	上海市科协	156
53	上海市科技精英评选	上海市科协	328
54	基于区块链技术的科协社会组织数字化建设	上海市科协	412
55	苏州设立科学家日	江苏省科协	48
56	打造科学家故居群落	浙江省科协	52
57	突出"一老一少" 践行科普为民	浙江省科协	160
58	共富之路 千博千企"千帆竞"	浙江省科协	332
59	余姚市基层科协组织全覆盖建设	浙江省科协	416
60	科普产品博览交易会十载成果丰硕	安徽省科协	164
61	建立市直接管科协 让组织拓得更广	安徽省科协	440
62	构建特色科技馆体系 向高质量科普迈进	福建省科协	168
63	引智聚才打造服务高质量发展新窗口	福建省科协	244
64	"工博士"组团服务闯出新思路	江西省科协	336
65	锚定黄河重大国家战略 彰显科协组织智库价值	山东省科协	248
66	兰考县"一懂两爱"科技志愿服务	河南省科协	420
67	探索构建高层次人才社会化生活服务体系	湖北省科协	341
68	打造企业科协联合会 点亮老工业基地创新路	湖北省科协	424
69	小 e 站 大作为	湖南省科协	172
70	"六位一体"科技服务体系助力科技经济融合	广东省科协	282
71	坚果科技小院助产业腾飞	广西壮族自治区科协	286
72	精心打造《最美科技人》	海南省科协	56
73	聚焦数字经济 收获别样精彩	重庆市科协	108
74	打造全国地方科协综合改革示范区	重庆市科协	444
75	以常态"保姆式"服务和永不落幕"科创会"推动"天府科技云"服务高质量发展	四川省科协	290
76	"科九条"推动新时代科协事业高质量发展	贵州省科协	448
77	德宏州中缅经济走廊科普示范带建设	云南省科协	395
78	社区科普大学服务市民"零距离"	陕西省科协	176
79	尖端科技人才队伍践行"强科技"行动	甘肃省科协	345
80	科普进寺庙 打造"青海科普工作样板"	青海省科协	180
81	守护宁夏大地的"火焰蓝"	宁夏回族自治区科协	184
82	科普馆共同体赋能乡村振兴	新疆维吾尔自治区科协	188
83	科协组织助力企业高质量发展	新疆生产建设兵团科协	294

序号	案例名称	推荐单位	页码
84	演绎科学大师人生　弘扬科学大师精神	中国地质大学（武汉）科协	60
85	弘扬西迁精神　勇担国家使命	西安交通大学科协	63
86	服务高校科技工作者成长成才	南京航空航天大学科协	349
87	加快数字化转型　以智慧科协助力深化群团组织改革	中国科协信息化工作领导小组办公室	428
88	搭平台　建机制　筑生态　汇聚世界青年科学家的磅礴力量	中国科协组织人事部	353
89	让爱国主义和时代精神闪耀香江	中国科协宣传文化部	11
90	画出成风化人同心圆　让科学家精神扎根青年学子	中国科协宣传文化部	67
91	推进世界一流科技期刊建设　服务高水平科技自立自强	中国科协科学技术创新部	112
92	"科创中国"让产业插上创新的翅膀	中国科协科学技术创新部	298
93	倾力打造"科普中国"品牌	中国科协科学技术普及部	192
94	互联互通精准联系科情民意	中国科协战略发展部	15
95	扩大朋友圈　凝聚国际氢能燃料电池领域全球治理共识	中国科协国际合作部	399
96	篆刻时代记忆　谱写科学华章	中国科协创新战略研究院	71
97	"三三制"模式让科学家倾心科普创作	中国科普研究所	196
98	强化示范引领　激发院士专家科普工作室活力	中国科普研究所	199
99	动画说党建：科技社团党委让党建工作"动"起来	中国科协学会服务中心	18
100	为世界一流期刊建设提供"智慧"支撑	中国科协学会服务中心	116
101	构建服务学会体系　助力学会高质量发展	中国科协学会服务中心	452
102	用声音传递科技工作者之声	中国科协信息中心	22
103	发挥支部作用　助推信息化扶贫	中国科协信息中心	26
104	书写思想政治引领时代答卷	中国科学技术馆	30
105	"天宫课堂"：太空科普点燃科学梦想	中国科学技术馆	203
106	培育知华友华的未来力量	中国科协青少年科技中心	403
107	助力乡村振兴　科技小院勇当先锋	中国科协农村专业技术服务中心	302
108	科学家精神报告团——传播科学家精神	中国科协科学技术传播中心	75
109	打造科技领域"百家讲坛"	中国科协培训与人才服务中心	120
110	用服务暖家　用精神润家	中国科技会堂	79
111	《中国公民科学素质系列读本》：融合出版实现精准推送	中国科学技术出版社	207